普通高等教育应用技术型院校艺术设计类专业规划教材 总主编 / 许开强 胡雨霞 章 翔

网页设计

主 编 张国超 吴 聪 刘 慧

副主编 谭明铭 周 静

参 编 姚 菁

合肥工业大学出版社

图书在版编目(CIP)数据

网页设计/张国超,吴聪,刘慧主编.—合肥:合肥工业大学出版社,2015.8
ISBN 978-7-5650-2361-3

Ⅰ.①网… Ⅱ.①张… ②吴… ③刘… Ⅲ.①网页制作工具 Ⅳ.①TP393.092

中国版本图书馆CIP数据核字(2015)第177344号

网 页 设 计

主编 张国超 吴聪 刘慧　　　　责任编辑 王磊

出 版 合肥工业大学出版社		**版 次** 2015年8月第1版	
地 址 合肥市屯溪路193号		**印 次** 2015年8月第1次印刷	
邮 箱 230009		**开 本** 889毫米×1194毫米 1/16	
电 话 总 编 室:0551-62903038		**印 张** 13.25 **字 数** 400千字	
市场营销部:0551-62903198		**发 行** 全国新华书店	
网 址 www.hfutpress.com.cn		**印 刷** 合肥杏花印务股份有限公司	
E-mail hfutpress@163.com			

ISBN 978-7-5650-2361-3　　定价:48.00元

普通高等教育应用技术型院校艺术设计类专业规划教材
教材编写委员会

何彦彦　武汉工商学院艺术与设计学院　副院长
何克峰　湖北工业大学艺术设计学院
况　敏　武汉设计工程学院艺术设计学院　院长
李　娇　武汉理工大学华夏学院人文与艺术系　常务副主任
刘　津　湖北大学知行学院艺术设计教研室　主任
祁焱华　武汉工程科技学院珠宝与设计学院　常务副院长
钱　宇　武汉科技大学城市学院艺术学部　副主任
石元伍　武汉东湖学院传媒与艺术设计学院　院长
宋　华　武昌首义学院艺术与设计学院　副院长
唐　茜　华中师范大学武汉传媒学院艺术设计学院　院长助理
王海文　武汉工商学院艺术与设计学院　副院长
吴　聪　江汉大学文理学院体美学部与艺术设计系　副主任
阮正仪　文华学院艺术设计系　主任
张之明　武昌理工学院艺术设计学院　副院长
赵　文　湖北商贸学院艺术设计学院　副院长
赵　侠　湖北工业大学工程技术学院艺术设计系　副主任
蔡宣传　汉口学院艺术设计学院　副院长

劳动创造是人类进化的最主要因素。从蒙昧的石器时期到营养的农耕社会，从延展机体的蒸汽革命到能源主导的电气时代，再扩展到今天智能驱动的互联网时代，人类靠不断地创造使自己成为世界的主人。吴冠中先生曾经说过：科学探索物质世界的奥秘，艺术探索精神情感世界的奥秘。艺术与设计恰恰是为人类更美好的物化与精神情感生活提供全方位服务的交叉应用学科。

当前，在产业结构深度调整，服务型经济迅速壮大的背景下，社会对设计人才素质和结构的需求发生了一系列的新变化……并对设计人才的培养模式提出了新的挑战。现在一方面是大量设计类毕业生缺乏实践经验和专业操作技能，其就业形势严峻；另一方面是大量企业难以找到高素质的设计人才，供求矛盾突出。随着高校连续十多年扩招，一直被设计人才供不应求所掩盖的教学与实践脱节的问题更加凸显出来，并促使我们对设计教学与实践进行反思。目前主要问题不在于设计人才的培养数量，而是设计人才供给、就业与企业需求在人才培养方式、规格上产生了错位。要解决这一问题，设计教育的转型发展是必然趋势，也是一项重要任务。向应用型、职业型教育转型，是顺应经济发展方式转变的趋势之一。李克强总理明确提出要加快构建以就业为导向的现代职业教育体系，推动一批普通本科高校向应用技术型高校转型，并把转型作为即将印发的《现代职业教育体系建设规划》和《国务院关于加快发展现代职业教育的决定》中强调的优先任务。

教材是课堂教学之本，是展开教学活动的基础，也是保障和提高教学质量的必要条件。不少高校囿于种种原因，形成了一个较陈旧的、轻视应用的课程机制及由此产生的脱离社会生活和企业实践的教材体系，或以老化、程式化的教材结构维护以课堂为中心的教学方法。

为此，组建各类院校设计专业骨干构成的作者团队，打造具有实践特色的教材，将促进师生的交流互动和社会实践，解决设计教学与实践脱节等问题，这也是设计教育改革的一次有益尝试。

该系列教材基于名师定制知识重点、剖析项目实例、企业引导技能应用的方式，实现教材“用心、动手、造物”的实战改革思路，充分实现“学用结合”的应用人才培养模块。坚持实效性、实用性、实时性和实情性特点，有意简化烦琐的理论知识，采用实践课题的形式将专业知识融入一个个实践课题中。该系列教材课题安排由浅入深，从简单到综合；训练内容尽力契合我国设计类学生的实际情况，注重实际运用，避免空洞的理论介绍；书中安排了大量的案例分析，利于学生吸收并转化成设计能力；从课题设置、案例分析、参考案例到知识链接，做到分类整合、交互相促；既注重原创性，也注重系统性；整套教材强调学生在实践中学，教师在实践中教，师生在实践与交互中教学相长，高校与企业在市场中协同发展。该系列教材更强调教师的责任感，使学生增强学习的兴趣与就业、创业的能动性，激发学生不断进取的欲望，为设计教学提供了一个开放与发展的教学载体。笔者仅以上述文字与本系列教材的作者、读者商榷与共勉。

原湖北工业大学艺术设计学院院长
现任武汉工商学院艺术与设计学院院长
湖北工业大学学术委员会副主任

在互联网＋的时代，网页设计是新媒体艺术的主要表达形式之一。它伴随着数字技术和视觉艺术的发展而发展，是媒体艺术中覆盖面最广的艺术形式。本教材按照网页设计的流程，详细讲解了在网页设计过程中各阶段工作内容和形式，以及规范化的操作程序。

本教材针对美术生的艺术理论基础强，无计算机程序语言的特点，以网页的美工设计为基础，通过Dreamweaver的可视化操作的详细讲解，使学生在无编程基础的前提下有效学习和掌握网页制作的理论和技能。

本教材的第1章～第3章为美工内容，主要讲解网页的美工设计部分，其中包括网页设计的流程、页面设计原则和Photoshop的实用技术。

本教材的第4章～第14章为技术内容，主要讲解网页的具体制作，其中包括HTML、Dreamweaver CS6和CSS三部分。HTML是网页制作的基础语言，Dreamweaver CS6是目前较为广泛的网页制作工具，本教材重点讲解了Dreamweaver CS6可视化设置CSS样式表，解决了网页制作中的程序难题。

本教材的第15章～第16章为实践内容，通过小型企业网站、电子商务网站的实践制作使学生掌握前面所学内容。

本书附有与课程内容密切相关的思考题与练习题；同时，教材还有大量的图例用于直观的教学步骤展现，使教材更具可操作性。

本书编写过程中，各位编者认真研究，反复商讨，力争把问题写明白、讲清楚。同时，感谢江汉大学文理学院夏启聪教授对本书的编写提出了许多宝贵意见。合肥工业大学出版社廖丽娟编辑对本书编写提供了许多帮助，在此一并表示感谢！

由于水平与掌握的资料有限，书中如有不妥之处在所难免，恳请广大专家和读者批评指正。

编　者

第1章　网站的制作流程

1.1 前期策划

网站的建设与工程施工一样，每次开始之前都应该有一份详细的前期策划。网站的前期策划有着指导的作用，也是一个好网站的必备条件。网站的内容和服务让网站制作的目的与主题更加具体，更加有针对性。最初在建设网站的时候，开发者就应该换位思考一下，并且想象一下目标客户群的需求。对于企业而言，网站应以“消费者”为中心思想。主要可以分为以下几点：第一，从公司自身条件、市场优势出发，利用网站提升企业竞争能力；第二，了解企业需求与相关行业的市场的特点，研究企业是否适合互联网传播；第三，对市场上的主要竞争者分析，详细分析竞争对手上网情况及其网站策划、功能作用并作出相应的对策。对于商业性质的网站，所有的侧重点都应该放到用户需求以及制订经营方案上，当然也要将宣传时所涉及的人力、财力和物力考虑到其中。对于个人网站，网站内容也不需要过于别创新格，主要突出个人特点以及宣传重点，只须稍稍有些新意即可。

如图分别为企业类网站（如图1-1）、商业类网站（如图1-2）、以及个人网站（如图1-3）的例子。

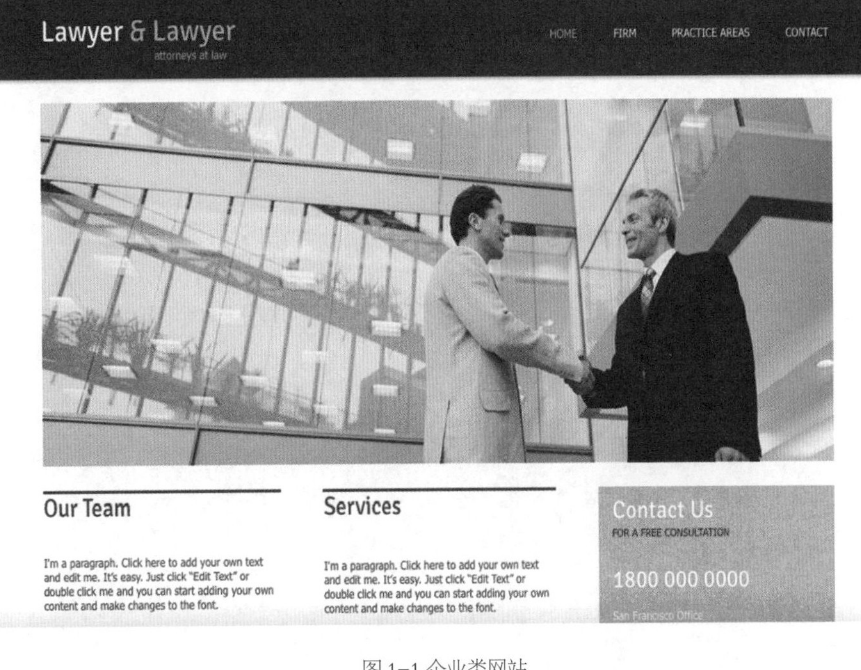

图 1-1 企业类网站

图 1-2 商业类网站

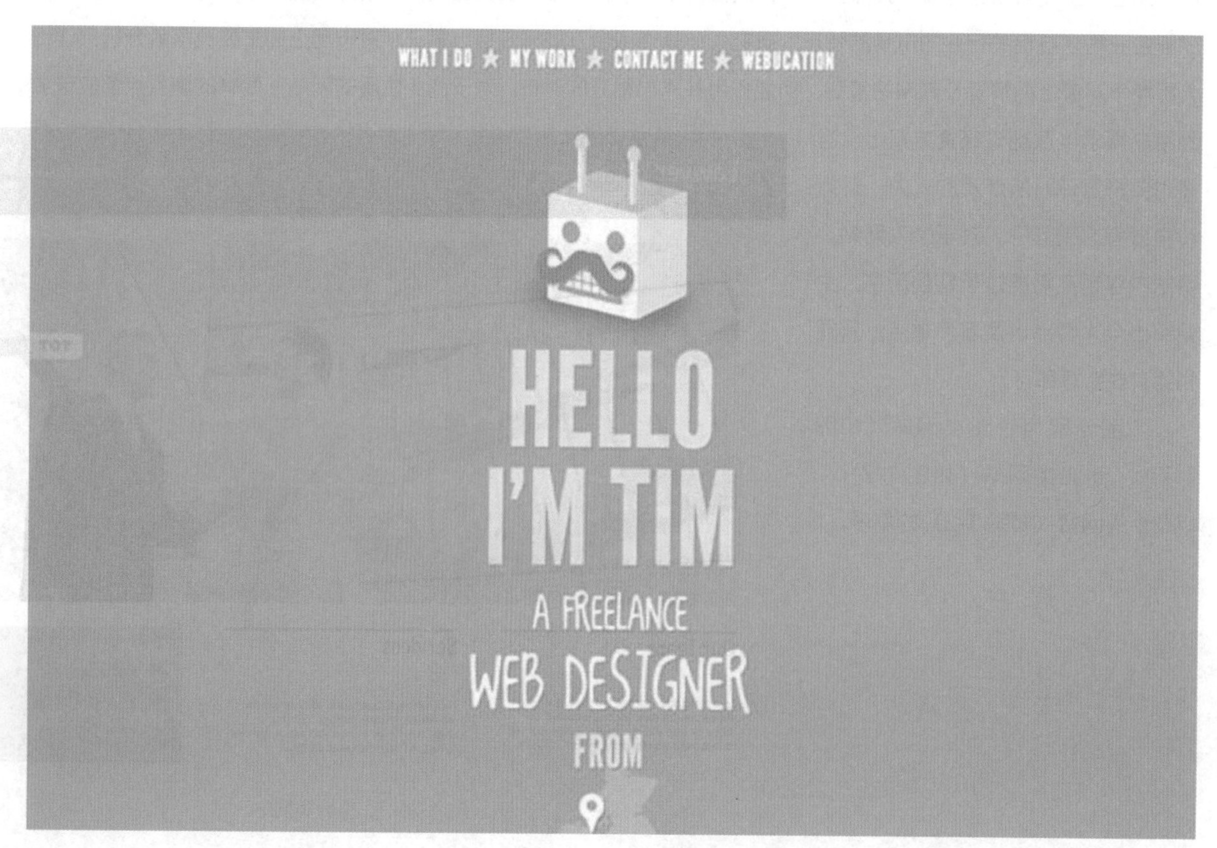

图 1-3 个人网站

1.2 具体实施

首先，我们要做的就是收集资源与网页效果图设计，网站构成的灵魂主要是文本、图像和多媒体等。相反，如果没有这些资源，再好的网站结构也都不能吸引浏览者。例如企业简介文本，我们不能随意地临时书写，一般使用企业内部的宣传文字，要简洁明了；企业标志以及背景图像也不能草率，要围绕企业文化设计。网页效果图设计包括 Logo、标准色彩、标准字、导航条与首页布局，网页设计师通常会使用一些网页制作工具将布局做好，如 Photoshop 或者 Fireworks，这样在具体的网站设计过程中将会有效地提高工作效率。其次，在页面设计完成后，如果还要需要动态功能的话，就需要开发动态功能模块。一般情况下功能模块有搜索功能、留言板、在线购物、会员注册管理系统。最后将是网站的上线，开始先注册一个可用的域名，随后需要建立一个网络服务器以方便储存网页文件，这个也就是传统意义上的网络空间。一般情况下，企业网页的网络空间大小需要 30MB—50MB，当然如果是从事网络服务相关或者需要使用大量图片的网页用户，就需要申请更大的网络空间。有了以上这些条件，一个网页就基本形成了。

1.3 前期策划

网站设计完成后，接下来便是网站的后期维护，一般分为以下四点：

- 及时更新网页内容与制订完善的改版计划。
- 对相关服务器以及软件硬件与数据库的维护。
- 测试服务器、程序与数据库的兼容性，以确保网页可以正常浏览和使用。
- 通过测试后为网页发布相关公关以及广告活动。

第 2 章　网站页面设计原则

2.1 网页结构设计

2.1.1 分栏式

分栏式设计一般为左右对称分栏（图 2-1、图 2-2），这是网页布局结构设计中最为容易的一种，具体为视觉上的相对对称，而并不是我们常规意义上的几何对称。这样的分栏将网页分割为左右两部分。基于常用的网站结构，无论是网页的固定宽度布局还是可变宽度的设计都是将左栏设置为导航，而右栏设置为主内容。这样的分栏方式有利于读者直接浏览网站，但与此同时却不方便发布大量的信息，所以这样的分栏方式不适合用于内容较为丰富的网站设计。

www.eureka.com

图 2-1

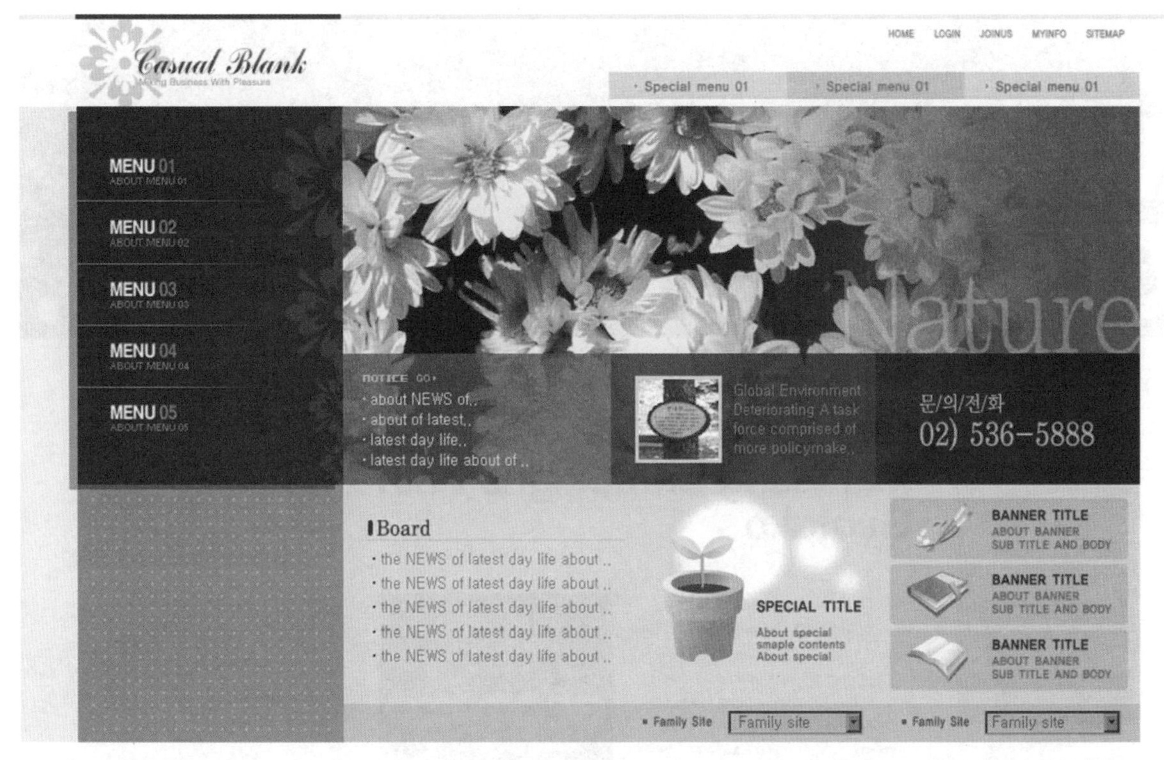

www.casualblank.com

图 2–2

2.1.2 区域编排

按区域编排的网页设计结构一般会将导航区放置于页面的最顶端，如首页、产品介绍、公司概况、搜索引擎等，而将广告条、友情链接、登陆面板、栏目条等内容置于页面的两端，这样以来，中间留下的部分就可以放置主体内容（图 2-3）。区域编排的结构设计在视觉上会有平衡感、有条理和比较直观，但是相反，这种结构设计会有一定的僵化感。所以一般使用区域编排设计时，可以在用色上打破结构上的僵硬，使页面更活泼、生动（图 2-4）。

www.tech.sina.com.cn

图 2–3

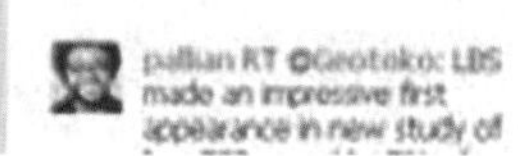

www.palliancreative.com
图 2-4

2.1.3 无规律框架设计

相对于前两种网页结构设计，无规律框架设计的随意性就比较大了（图 2-5）。这种结构颠覆了传统的图文为主体的表现形式，将图片、动画、视频等作为了网页的主体内容。也把栏目条分配到了页面顶端或者不显眼的位置，继而起到的是装饰的作用（图 2-6）。无规律框架结构有着强烈的美感，可以吸引大量的浏览者，但是也会因为文字过少而难以长时间停留。

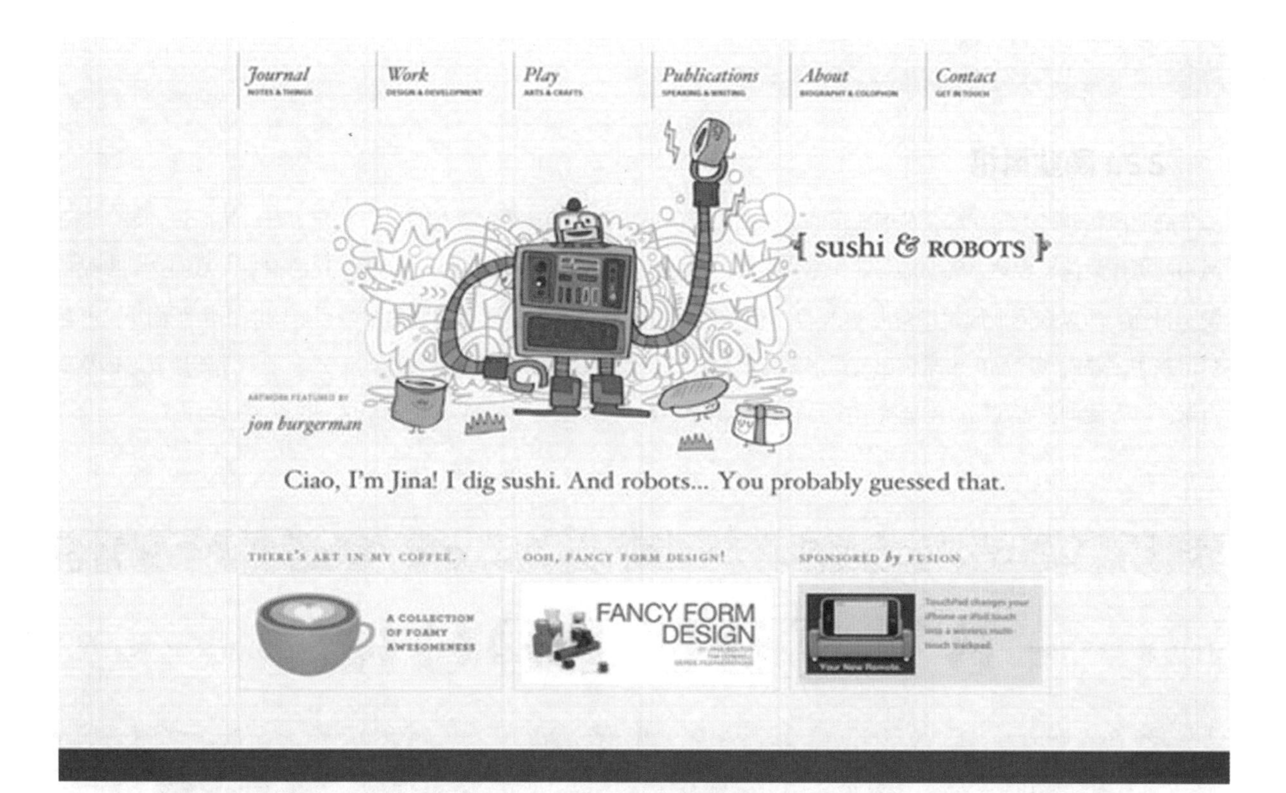

www.sushirobots.com
图 2–5

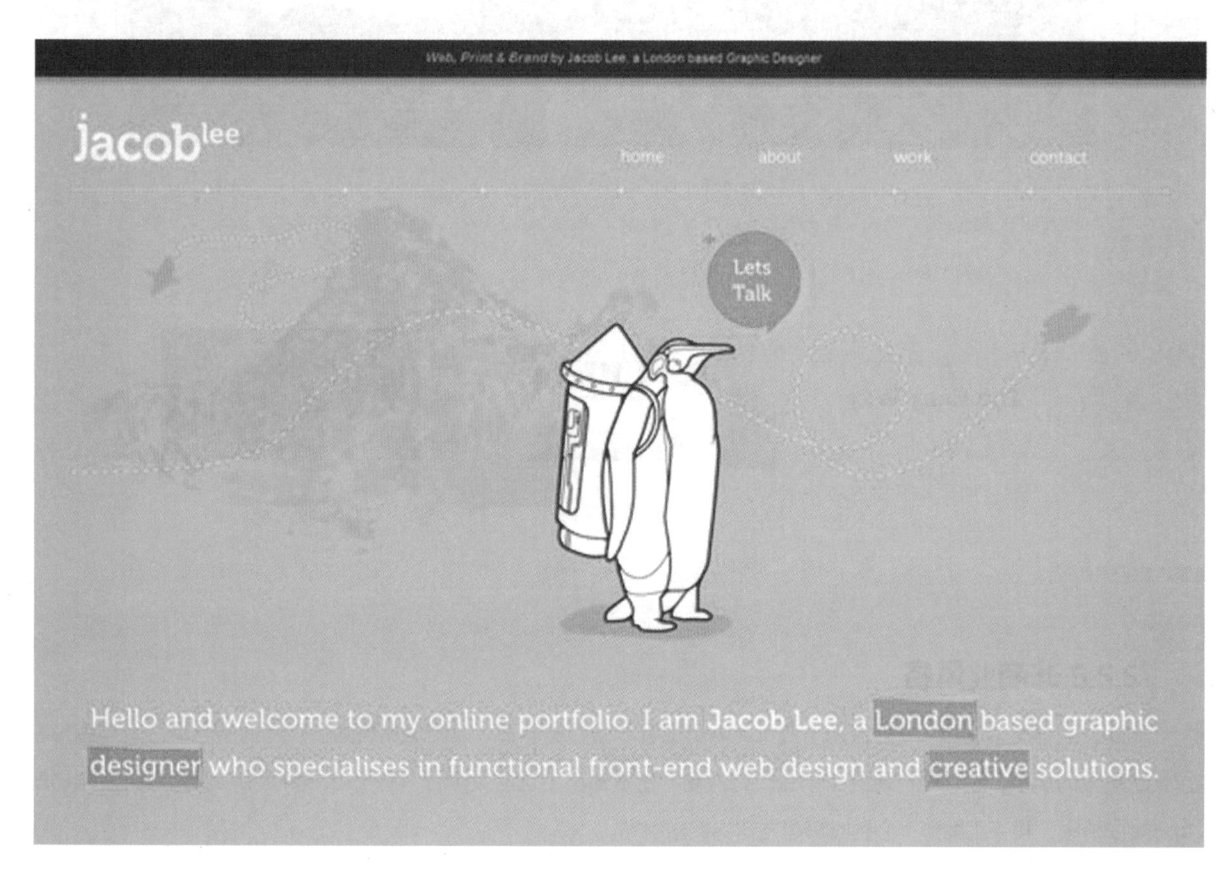

www.jacoblee.com
图 2–6

2.2 网站风格设计

2.2.1 商业风格

商业风格就是为了完成企业商业目的进行的设计风格，包括商业性的功能设计、栏目设计、页面设计等。商业风格网页作为信息传达之辅助加强而作宣传之用，目标也是能传达这个网站设计所需传达的信息，从而达到网站的营销目标。所以在商业风格中企业 LOGO 应当放置于页面最上方，尽可能做到色彩醒目，同时占用版面小，并且可以采用主题图形产品广告来突出公司形象与风格。栏目以主题图形配搭文字说明的形式表现，还要建立站内搜索引擎，以方便浏览者在网页内查找所需要的信息（图 2-7）。

图 2-7

2.2.2 非商业风格

非商业风格网站设计，一般会用于资讯类网页或者非营利类网页。非商业风格强调页面的主色调，主题图形要求反映单位的风采。设计也应围绕有创意、有内涵，庄重却又不乏活泼进行（图 2-8、图 2-9）。超级链接内的分类一定要清晰，可采用图形，必要时可建立站内搜索引擎。

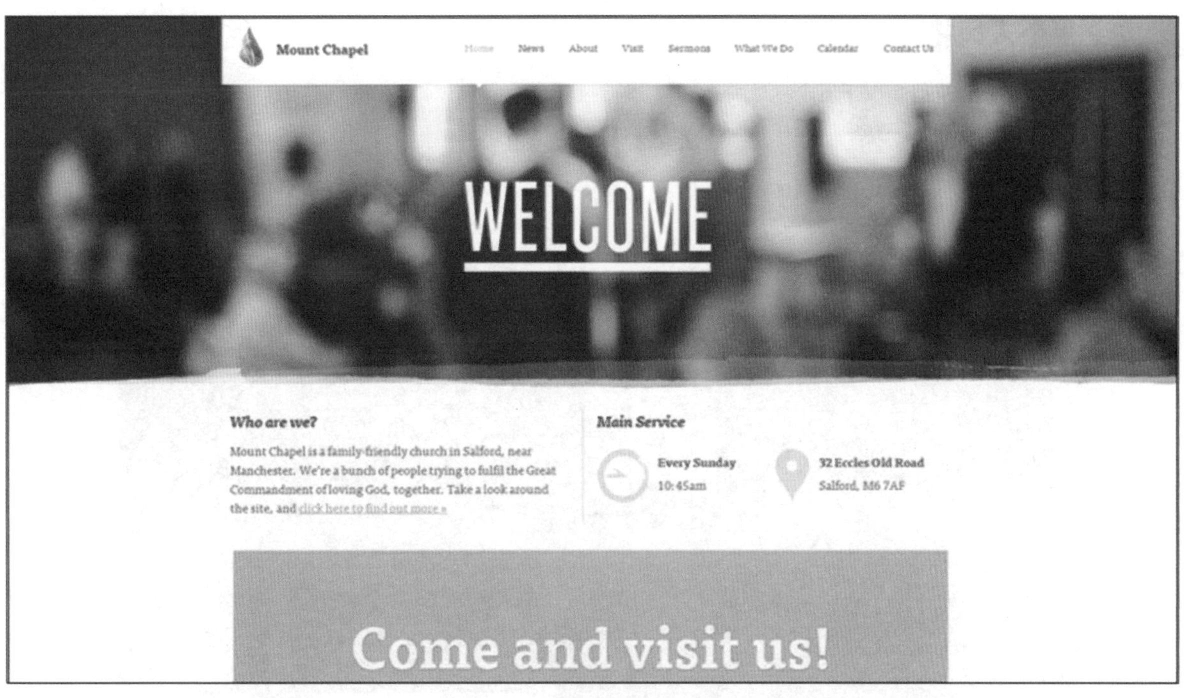

图 2-8

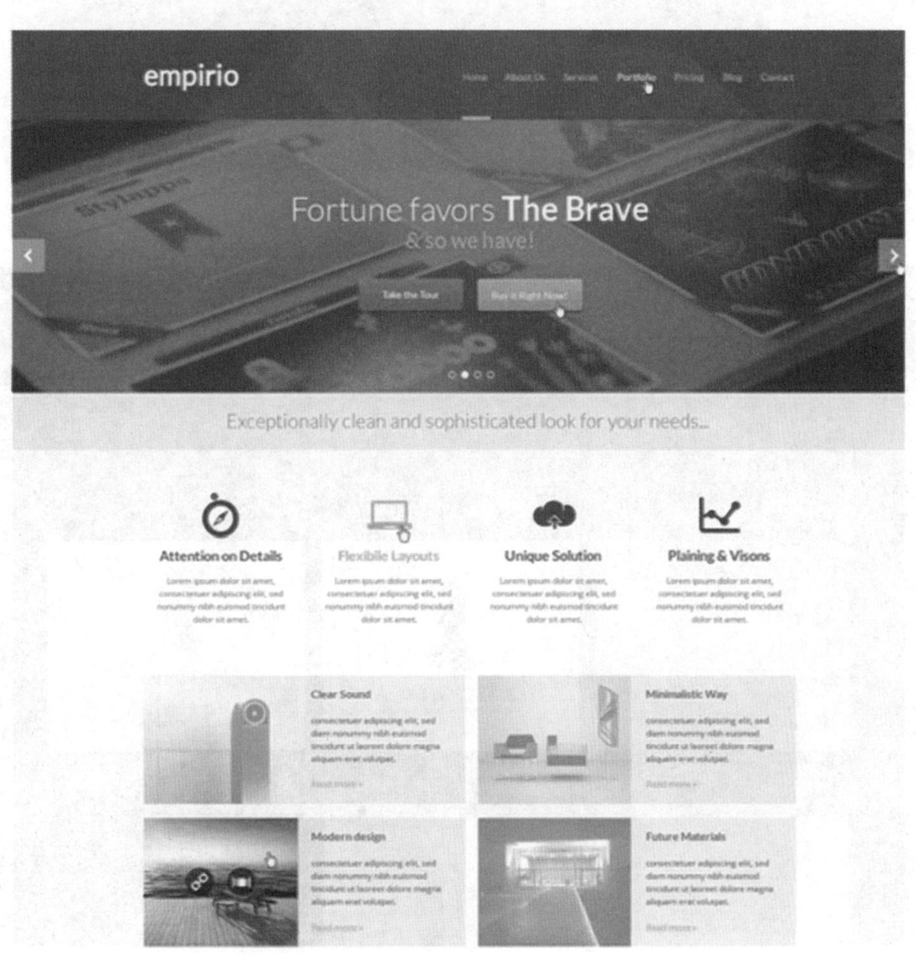

www.empirio.com
图 2-9

2.2.3 个人风格

个人风格网站设计一般有以下五个主体特点：

（1）将工作作为网站的主体

这类个人网站通常很简洁，首页大体为基本信息，内容的重点都与工作相关。（图 2-10、图 2-11）

www.juandiego.com

图 2-10

www.justdot.com

图 2-11

（2）将特色或者导航作为网站的主体重点

通常情况下该形式网站的设计者会在网页显眼的地方展示自己的设计作品，而且，设计者会利用设计艺术加上视觉设计元素使网站的首页格外引人注意(图2-12、图2-13)。

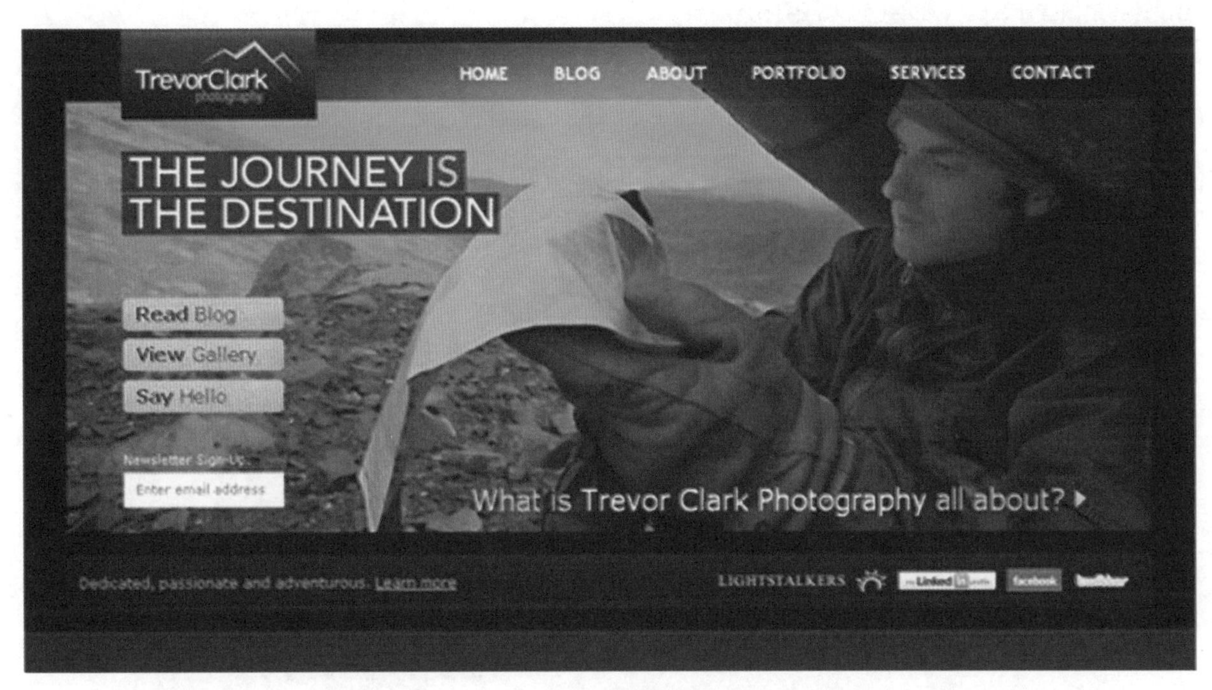

www.trevorclark.com
图2-12

www.camioholg.com
图2-13

(3) 将服务以及“关于我们”作为主体

这种网页设计会有一篇小短文宣传个人的服务或者一段关于个人的描述。这些描述也许包含在网站标题里，也可能在标题下面。这种类型的网站也许有一个网络博客，或者在标题下有个展示他们作品的平台，但主要是为了突出设计者是做些什么的（图 2-14、图 2-15）。

www.southernmedia.com
图 2-14

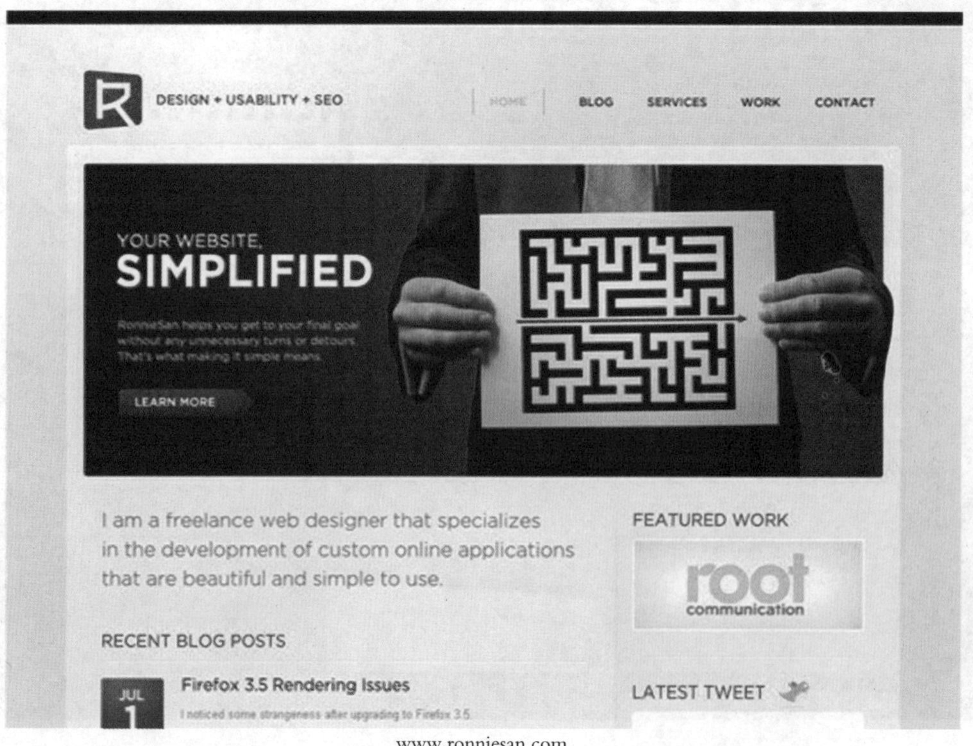

www.ronniesan.com
图 2-15

（4）将个人的博客作为网站的主体

这类个人网站重点在于展示网站创造者的个人魅力、获奖情况以及所取得的成就。有时一些新的工作任务及最近完成的作品会作为帖子混杂在博客中。这个方式可以有效地使潜在的顾客了解该行业，并且耐人寻味的内容会吸引众多浏览者（图2-16、图2-17）。

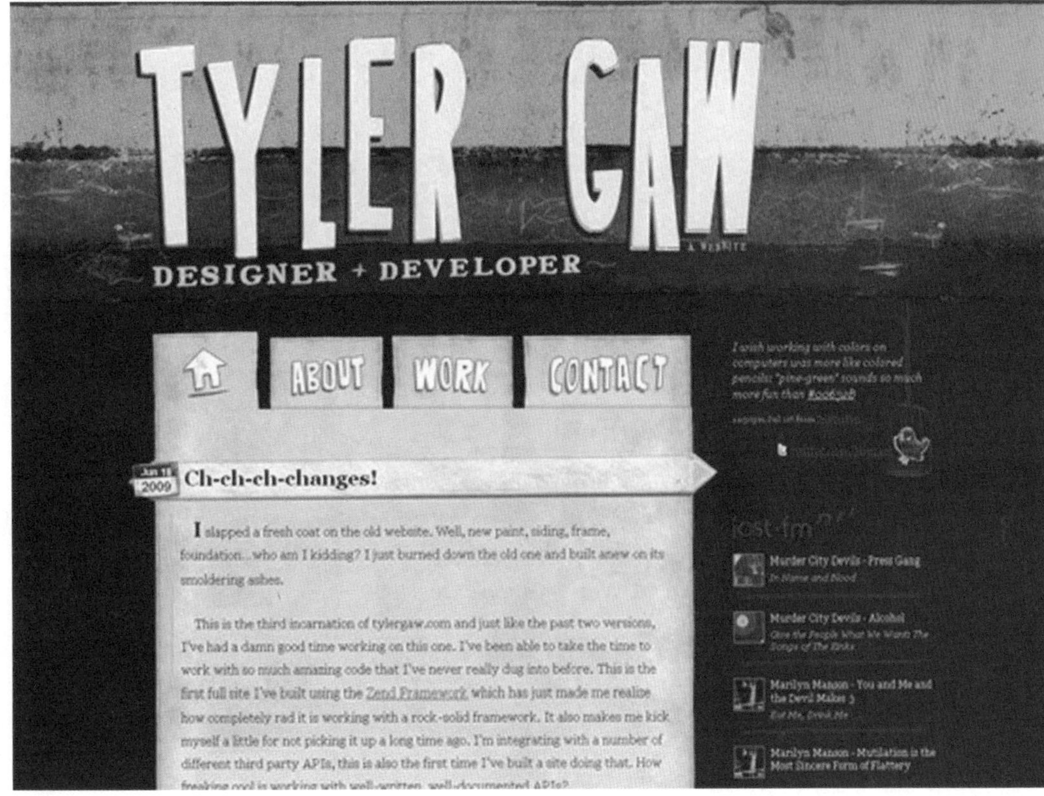

图2-16
图2-17

（5）单页的工作网站

这类网站设计利用多种解码技术，例如导航菜单及网页滚动条，使用户可以自由地在网页内移动鼠标浏览（图2-18、图2-19）。

图 2-18

图 2-19

2.3 网页元素设计

2.3.1 文字设计

文字是信息传达的主要传播方式，当然也是构成网页设计的重要组成部分。所以说文字的设计也是网页中缺一不可的，网页中的主要信息描述要素都是从文字上体现的。文字在整个页面中占据着很大的版块，继而文字设计的好与坏，将影响整个网页的质量。网页文字的主要功能是传达各种信息，所以想要做到高效地传达，就必须思考怎样以清晰的视觉印象编排，避免页面杂乱无章，并且删除不必要的装饰变化，使人容易理解，更不能因为着重于文字的造型而忽略文字本身的主体是传达内容以及表达信息。

文字设计的编排重点在于信息内容的性质与特点要与文字风格相统一。例如政府网页的文字应有规范的要求和庄重的特点，所以与之配套的文字造型也应该是规整有序、简洁大方；企业网页可以根据企业特点、行业性质来适当地使用一些富有生气的字体设计；休闲旅游或者购物网页中的文字设计便可以使用生动活泼并且具有鲜明节奏感的，这样会给浏览者一种积极的生活态度以及购物的欲望；个人网页中的文字设定可以结合个人爱好或个性，来给浏览者留下深刻的印象。

在网页设计的字体编排中，虽然我们会有很多的选择，但是一般来说，同一页面使用的字体最多不要超过三到四种（图 2-20、图 2-21）。过多的字体形象出现在同一页面不会给浏览者带来视觉上的良好体验，所以优秀的字体设计不仅仅是传达情感的功能，更是一种视觉与心理结合的完美享受。

www.marksimonson.com
图 2-20

www.dundw.com
图 2–21

2.3.2 图片设计

在网页设计中，图片的引入更能增加网页的美感，图片与文字的结合更能使网页变得有趣，并且更能清晰地表达网页内所想传递的信息。图片的位置、面积、数量、形式以及方向都直接关系到网页的视觉传递。一般想要达到和谐整齐的画面效果就应该考虑图片的选择与优化，要注意统一、悦目和突出重点，特别是在处理包含有文字内容的图片时更要注意选择图片的合理性 (图 2-22、图 2-23、图 2-24)。

www.inkling.com
图 2–22

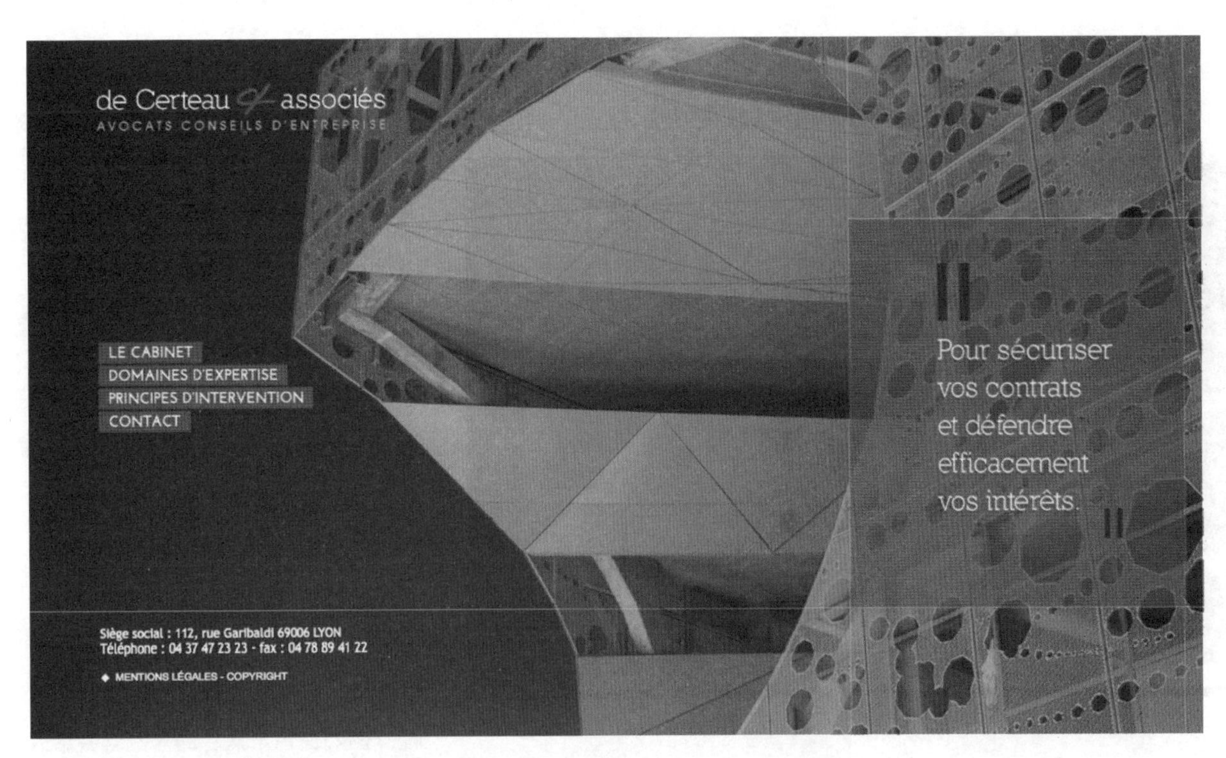

图 2-23

HOME　GALLERY　CATALOG　ABOUT　CONTACT

FR

ROGER FORBES
LUXURY PARTY RENTALS

Beautiful & Modern Rentals

Vast Selection of Styles

图 2-24

2.3.3 色彩设计

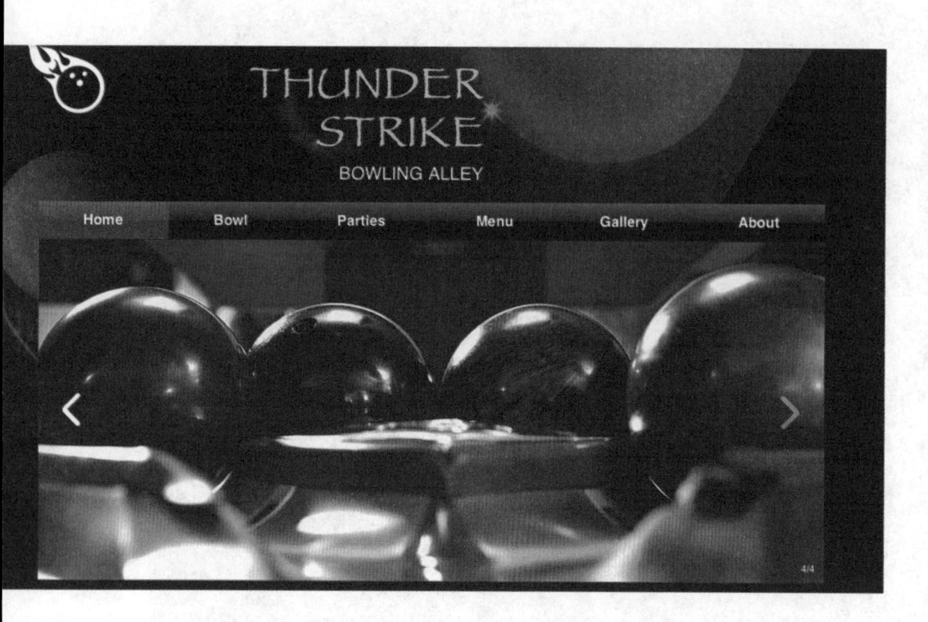

图 2-25

图 2-26

色彩设计主要体现在色彩心理学上，不同的色彩会给浏览者不同的心理感受。红色是一种令人兴奋、使人充满梦想的颜色（图 2-25）。黄色不同于红色那么激情，但却也是一种代表活泼的颜色，而且它也比较醒目，容易识别。绿色是最容易与大自然联想到一起的颜色，它使我们的眼睛感到舒适，使我们身心感受到愉悦（图 2-26）。蓝色有着凉爽、清新的感觉，它具有让人平静下来的效果（图 2-27）。白色具有洁白、纯真、清洁的感受，一般白色都会与其他颜色搭配，例如白色与黑色的搭配就会给人以沉稳、神秘的感受。每种色彩在饱和度和透明度上改变一下，便会有不同感觉的产生（图 2-28）。

当浏览者浏览网页时，留下的第一印象便会是网页的色彩搭配。所以网页内的色彩设计应该把握以下四个方面：

- 色彩的鲜明性。鲜明的色彩会引人注目，使浏览者对网站印象深刻。
- 色彩的联想性。不同主题要选择不同的色彩搭配，例如粉红色的使用就可以让人想象到网页的主要浏览者为女性群体。
- 色彩的艺术风格性。与众不同的色彩可以使网页的艺术特点更为突出，也为个人风格增加了独特性。
- 色彩的合理性。合理的色彩设计会给浏览者一种愉悦和谐的视觉感受。

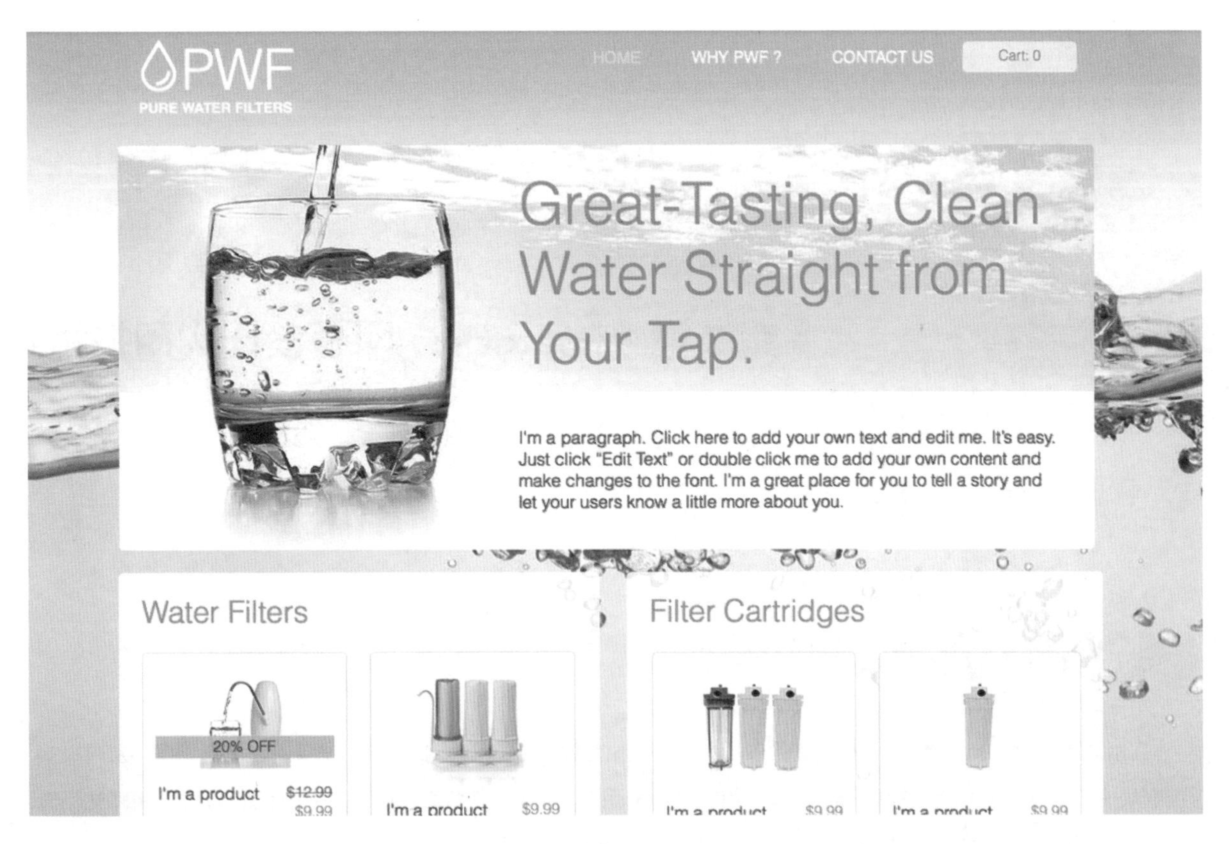
PWF
PURE WATER FILTERS
HOME
WHY PWF ?
CONTACT US
Cart: 0
Great-Tasting, Clean Water Straight from Your Tap.
I'm a paragraph. Click here to add your own text and edit me. It's easy. Just click "Edit Text" or double click me to add your own content and make changes to the font. I'm a great place for you to tell a story and let your users know a little more about you.
Water Filters
Filter Cartridges
20% OFF
I'm a product
$12.99
I'm a product
$9.99

图 2-27

LANDON
BESPOKE TAILORING
EST. 1833
HOME
BESPOKE
ABOUT
CONTACT
Welcome to Landon
Established in 1833, we offer traditional craftsmanship and outstanding workmanship, tailored to perfection.
Call us to schedule an appointment, we look forward to meeting you >>
Bespoke
Learn about our unique

图 2-28

第 3 章 Photoshop 网页设计实用技术

3.1 构造页面布局

在版式布局完成的基础上，将确定需要的功能模块（功能模块主要包含网站标志、主菜单、新闻、搜索、友情链接、广告条、邮件列表、版权信息等）、图片、文字等放置到页面上。只需要遵循突出重点、平衡协调的原则，将网站标志、主菜单等最重要的模块放在最显眼、最突出的位置，然后再考虑次要模块的摆放。

构造网页布局的方法有两种，第一种为纸上布局，第二种为软件布局。纸上布局的重要性很多网页设计师不能体会，他们喜爱直接在网页设计软件中一边设计一边添加内容，但是用这种方式想要设计出优秀的网页就比较困难，所以一个好的网页设计师在实施设计网页之前应该先在纸上画出草图（图 3-1）。

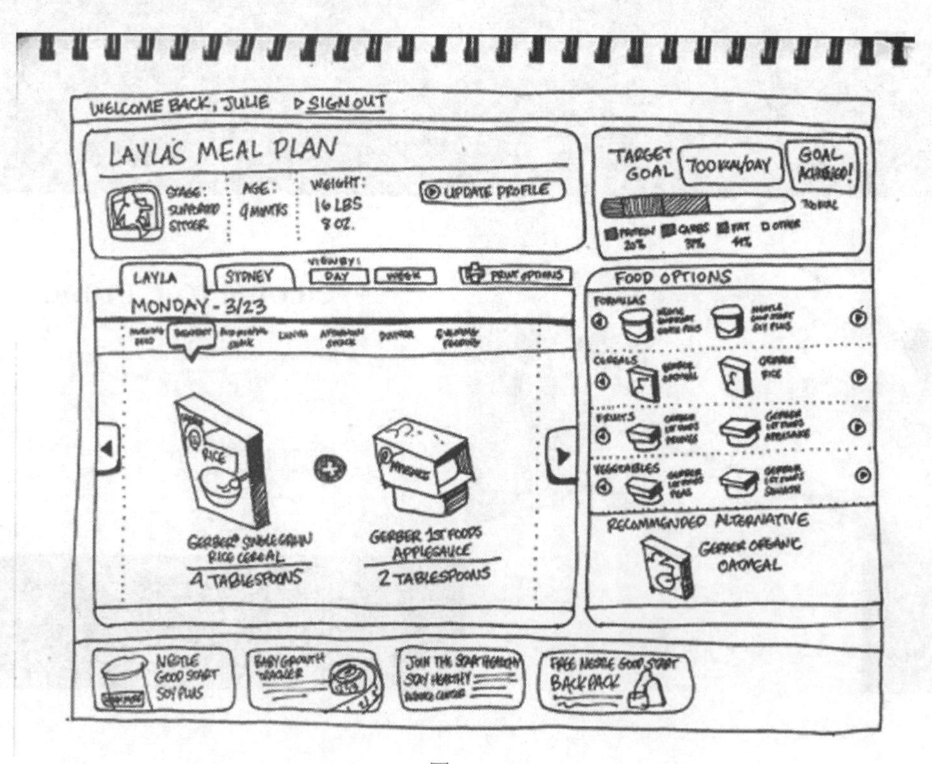

图 3-1

如果制作者不喜欢用纸来画出布局草图，那么还可以利用 Photoshop 来完成这些工作。Photoshop 所具有的对图像的编辑功能正适合设计网页布局，利用 Photoshop 可以方便地使用颜色、图形，并且可以利用图层的功能设计出纸张无法实现的布局效果（图 3-2）。

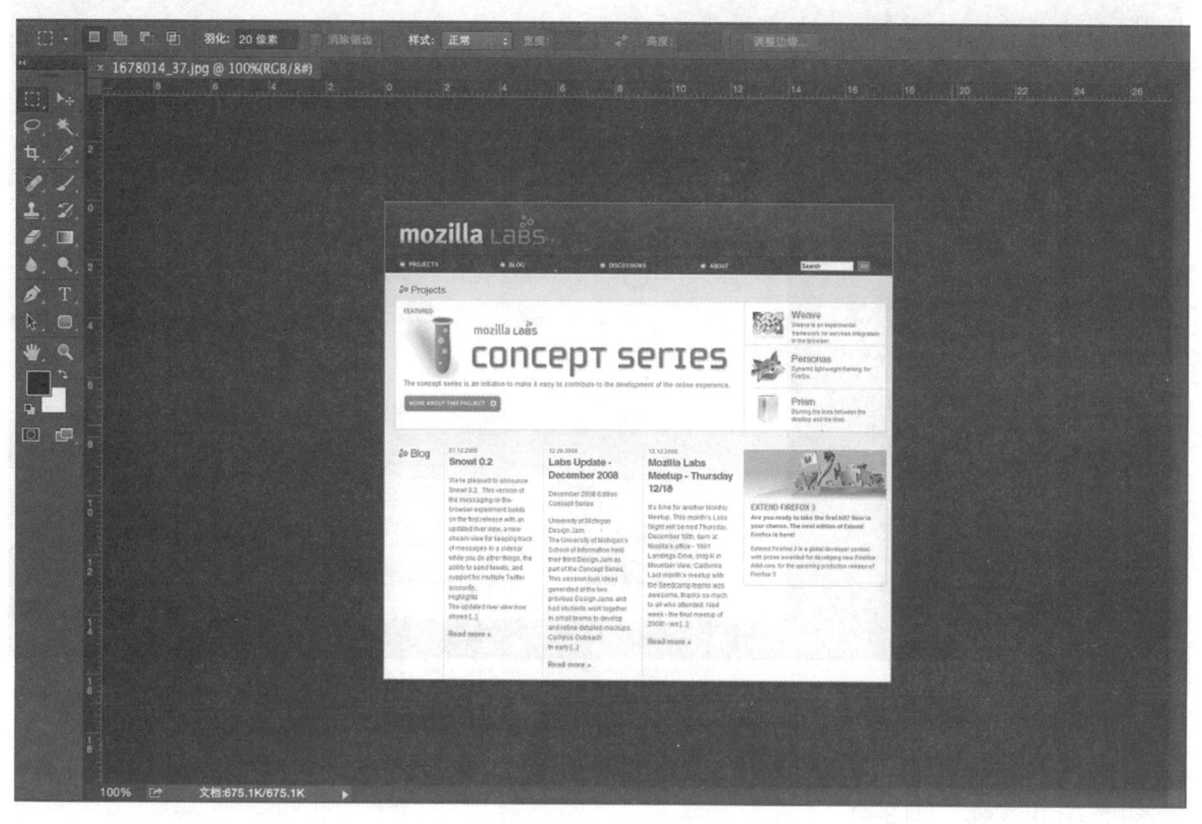

图 3–2

3.2 切图

首先要使用 Photoshop 制作出网页的效果图，将效果图内需要使用的部分剪切下来作为网页的素材，这个过程称之为切图。切图的作用就是实现效果图到 HTML 页面或者 DIV+CSS 过程的转换，并且可以将网页中过大的图片切成小图片以加快网页浏览的速度，切图还能将设计过程中的文字与图片分开。

切图有一定的原则与技巧，例如，切图要尽可能切小，要一行行地切并且背景要切成条形状，还有切片要尽可能的少，所以在切图的时候要运用这些技巧才能提高工作效率。

3.3 实训

具体的切图操作，我们可以用 Photoshop 来实现。步骤如下：

❶选择一张素材图片打开。

❷在工具箱中单击【切片工具】按钮，根据需要在网页中选择需要切割的图片。（图 3-3）

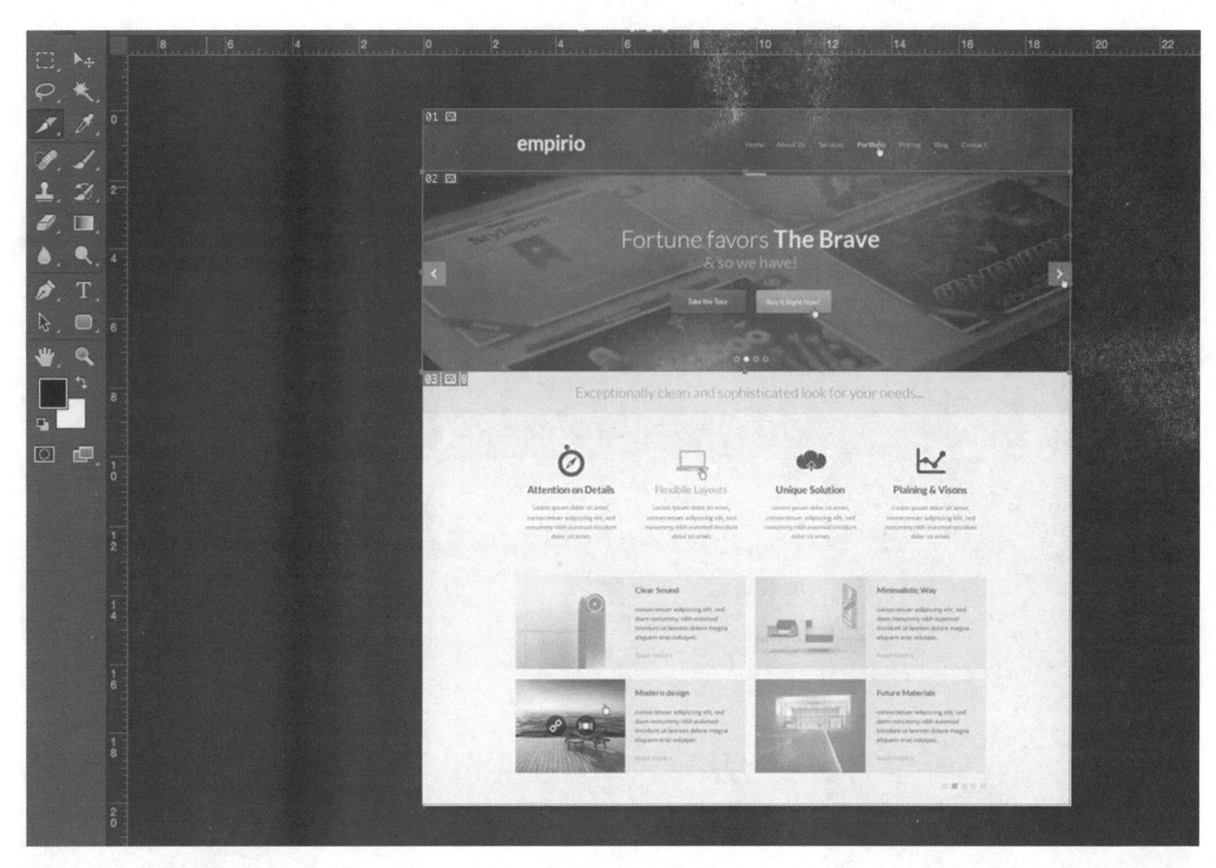

图 3-3

❸单击【文件】→【储存为 Web 所用格式】菜单命令，打开【储存为 Web 和设置所用格式】对话框，在里面选中所有切片图像。（图 3-4）

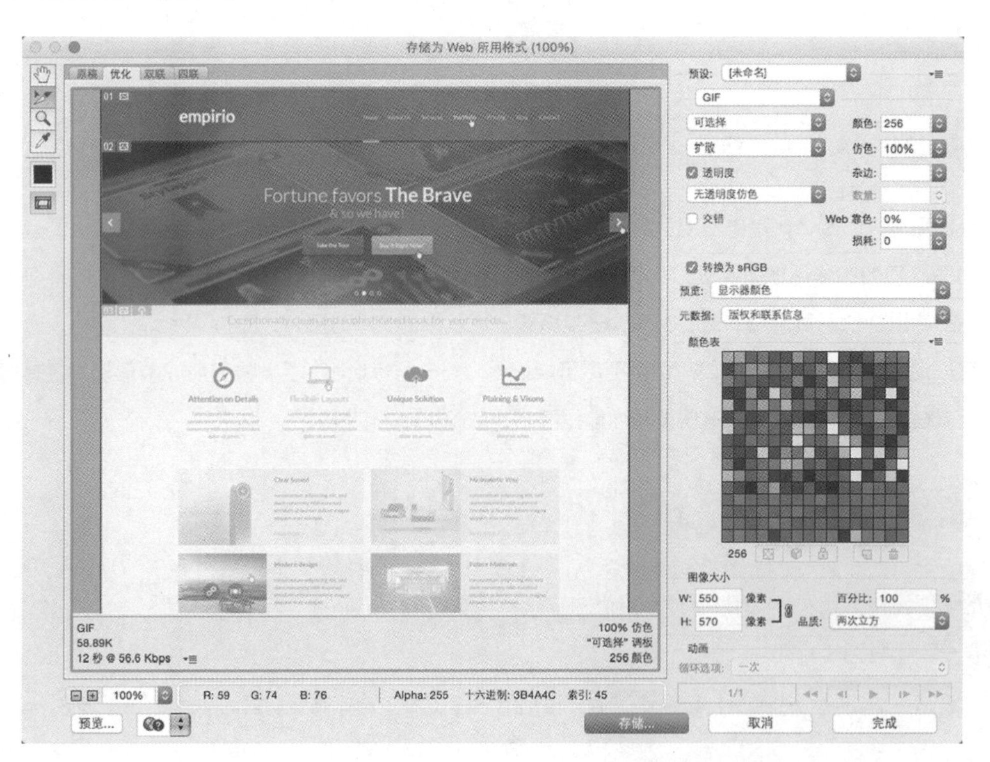

图 3-4

❹单击【储存】按钮，即可打开【将优化结果储存为】对话框，单击【切片】后面右下三角按钮，从弹出的快捷菜单中选择【所有切片】菜单项。（图 3-5）

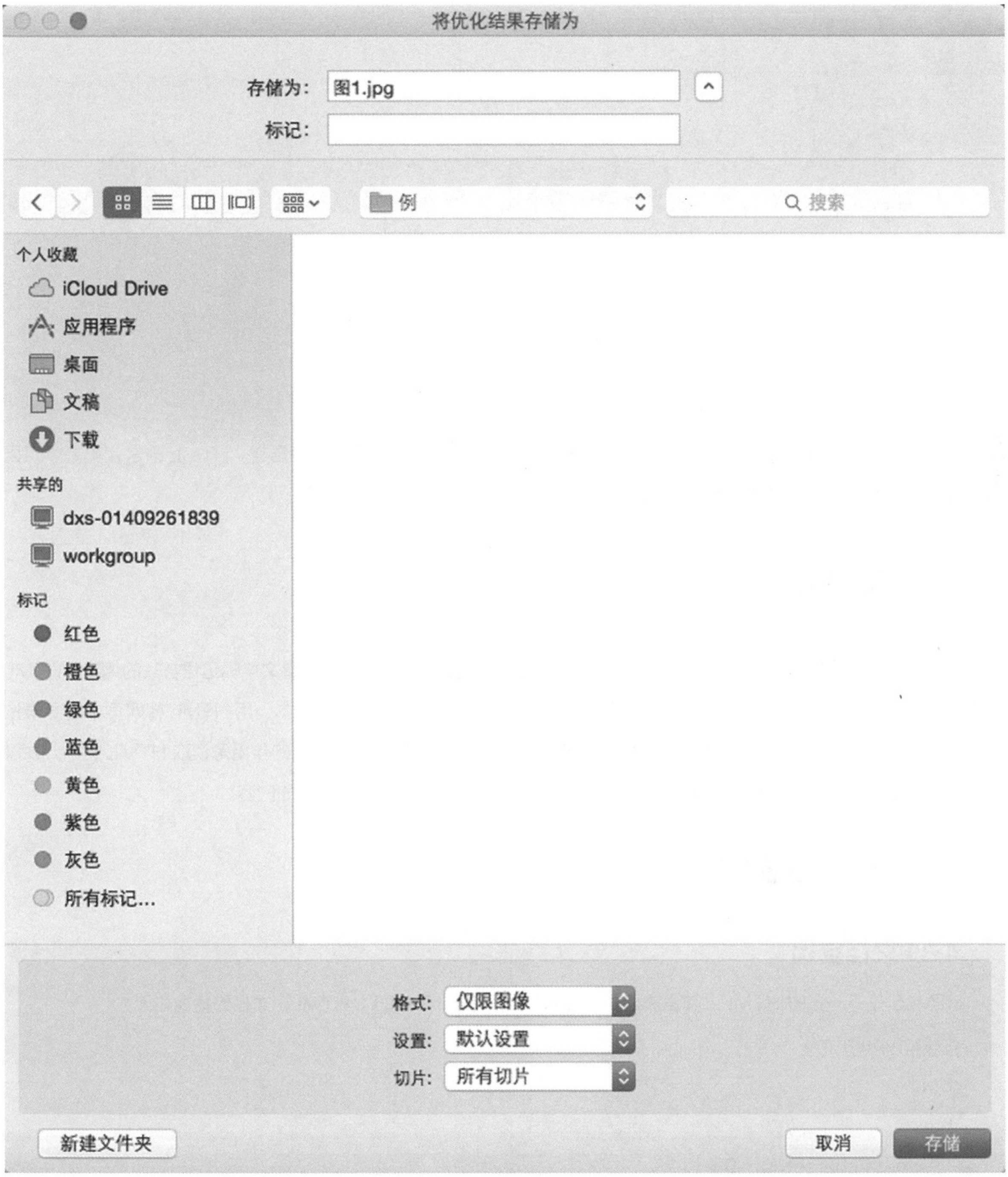

图 3-5

❺单击【储存】按钮，即可将所有切片的图像保存起来。

提示：在切图过程中，如果有格式一致的重复项，只需切一次，其他重复项可通过调整表格使其恢复正常。这样做的好处在于避免重复劳动以及包装每个重复项表格图片文字大小统一。

第 4 章　HTML 基础

HTML 语言是目前网络上运用广泛的一种标记语言，是构成网页文档的重要语言。HTML 语言代码是学习网页设计的重要基础代码，是初学者的必学内容。

4.1 HTML 概述

HTML 是用来描述网页的一种语言，是 Hyper Text Markup Language（超文本标记语言）的缩写。HTML 不是一种编程语言，而是一种标记语言，用来描述网页，其内容包含标签和纯文本；用 HTML 将网页中的要素按语法规则写成 HTML 代码，通过浏览器再把 HTML 代码“翻译”为网页。浏览器的作用是读取 HTML 文档，并以网页的形式显示出它们。浏览器不会显示 HTML 标签，而是使用标签来解释页面的内容。

4.2 文档结构及编写规范

4.2.1 文档结构

HTML5 是下一代的 HTML，其语法格式兼容 HTML4 和 XHTML1。HTML5 文档的格式如下：

```
<! doctype html>
<html>
<head>
    <meta charset=utf-8">
    <title> 文档标题 </title>
</head>
<body>
网页主体内容
</body>
</html>
```

（1）文档类型声明

在使用HTML语言编写文档时，需要指定文档类型，以确保浏览器能在指定的情况下解释文档。其声明格式如下：

<! doctype html>

doctype 是 document type（文档类型）的缩写。建立标准网页，doctype 是必不可少的关键部分，且 doctype 声明一定放在整个文档的最顶部，在所有的标签之前。

（2）<html>……</html>

是每个网页的开始和结束标签，所有内容放两个标签中间，浏览器从 <html> 开始解释直到遇到 </html> 停止。<html> 中不包含任何属性。

（3）<head>……</head>

<head>……</head> 称为头部标签，放在 <html> 和 </html> 中间，其作业是定义与此网页相关的信息，如网页的标题、定义样式表、创作信息、插入脚本代码等。

（4）<meta>

<meta> 元素可提供有关页面的元信息（meta-information），比如针对搜索引擎和更新频度的描述和关键词。<meta> 标签永远位于 head 元素内部，charset 属于用于指定文档的编码语言，对于中文用户来说，其值应设置为“gb2312”。

（5）<title>……</title>

<title> 和 </title> 称为标题标签，放在 <head>……</head> 中间，其作用是设定文档标题，在浏览器左上方的标题栏中显示此标题。标题是网页被收藏时的清单和书签，良好的标题能给浏览者带来方便，因此，设置网页标题时必须要使用有意义的内容。

（6）<body>……</body>

<body> 和 </body> 称为主体标签，位于头部之后，是整个网页的核心，网页所有要显示的内容都放入此对标签中，包括文字、图像、视频、超链接等。

4.2.2 编写规范

（1）语法格式

HTML 文档由标签和受其作用影响的内容所组成。标签分为双标签和单标签。其语法格式如下：

双标签 ：< 首标签 > 受标签作用的内容 </ 尾标签 >。首尾标签的差别在于尾标签比首标签多了一个“/”。例如：<p> 这是段落标签 </p>。首标签 <p>，尾标签 </p>，“这是段落标签”则是受作用的内容。

单标签：< 标签 />。例如
。

大多数 HTML 标签拥有属性，标签通过这些属性来制作出各种效果，属性放置于首标签中，尾标签不变。格式如下：

< 首标签 属性 1=" 属性值 " 属性 2=" 属性值 " ……> 受标签作用的内容 </ 尾标签 >（图 4-1）

英文状态输入

<首标签 属性1="属性值" 属性2="属性值" ……>受标签作用的内容</尾标签>

空格　　空格

图 4-1

例如，段落标签 <p> 里有属性 align，align 表示文字的对齐形式，具体格式如下：

<p align="right"> align 表示文字的对齐形式 </p>

(2) 代码规范

HTML 代码编写要符合 HTML 规范，良好的规范和文档结构是代码可读性和兼容性的基础。标签和属性在编写时需要注意以下几点：

- 所有的标签都有用“<”和“>”括起来，“<”和“>”与标签名称之间没有任何符号或空格。
- 所有的标签名称和属性名字都使用小写字母表示，属性之间没有先后顺序之分。
- 并非所有标签都具有属性；根据需要合理使用属性，并非同时全部使用。
- 所有的属性值需要用 "" 括起来。
- 空格键和回车键在源代码中不起作用。
- 标签之间嵌套必须正确。
- <b>、<strong>、<i>、<em>、<dfn>、<code>、<samp>、<kbd>、<var>、<cite> 等标签不推荐使用，因为有些标签可以用 CSS 统一控制。
- 使用代码缩进提高程序的结构性和层次性。
- 注释标签格式：<!-- 注释内容 -->；注释内容长度不限，浏览器不会显示其内容。

4.3 创建网页文件

下面创建一个简单的页面，通过它学习网页的创建和保存。下面用最简单的“记事本”来创建网页文件。具体操作步骤如下：

(1) 打开记事本。

(2) 输入 HTML 代码。在记事本中输入 HTML 代码，具体内容如图 4-2 所示。

(3) 保存页面。选择“另存为”，此时弹出“另存为”对话框，在保存下拉框中选择保存路径，在“文件名”文本框中输入“.html”或“.htm”作为文件扩展名。

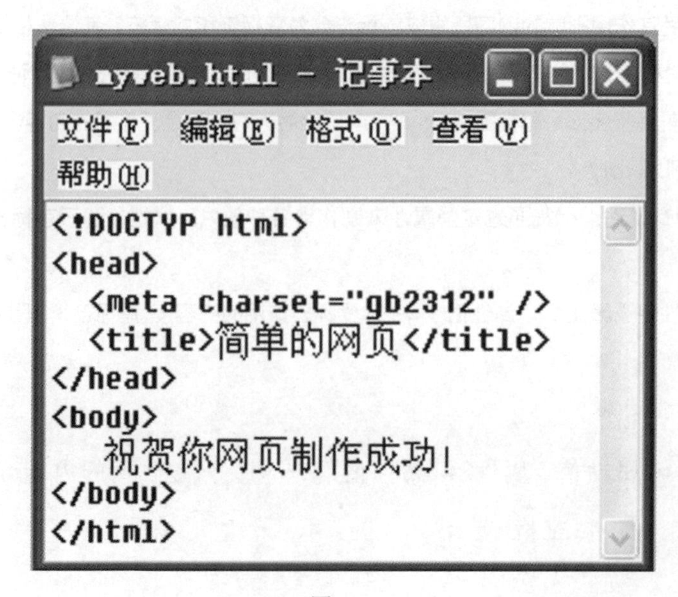

图 4-2

（4）设置完成后，单击“保存”，这时该文本文件就变成了 html 文件，在 Windows 中，可以看到它的图标就是网页文件图标了

（5）双击该网页图标，就会自动打开浏览器，并显示该文件的内容，看到的效果如图 4-3 所示。

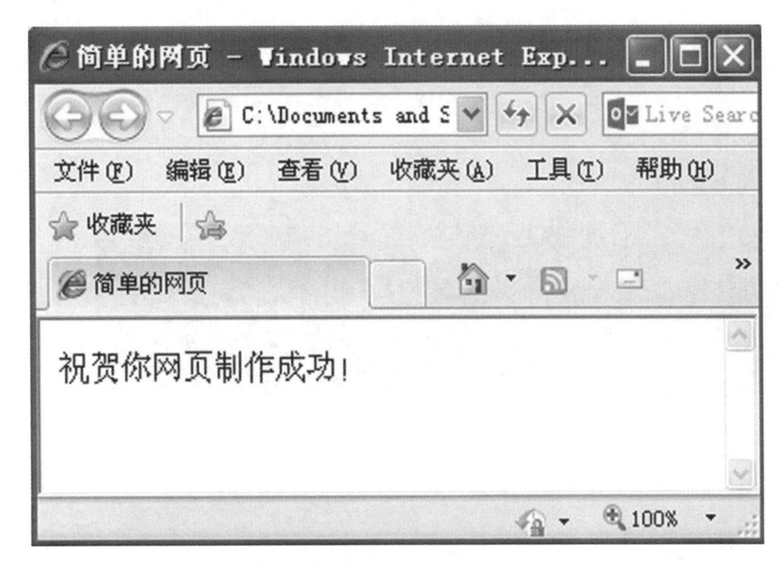

图 4-3

在此例的基础上对 <body> 属性的设置，讲解 html 标签属性的用法，其他标签的属性用法一致。

（1）右键单击“myweb.html”图标，在“打开方式”中选择“记事本”。

（2）输入 <body> 的属性 text 和 bgcolor，具体内容如图 4-4 的字。

图 4-4

● 网页文字颜色属性 text

该属性可以改变整个页面默认文字的颜色，在没有特殊定义文字颜色时，这个属性对整个网页文字颜色产生作用。

● 网页背景颜色属性 bgcolor

该属性用来设置网页的背景颜色。

（3）保存，双击 myweb.html 图标，显示效果如图 4-5 所示。

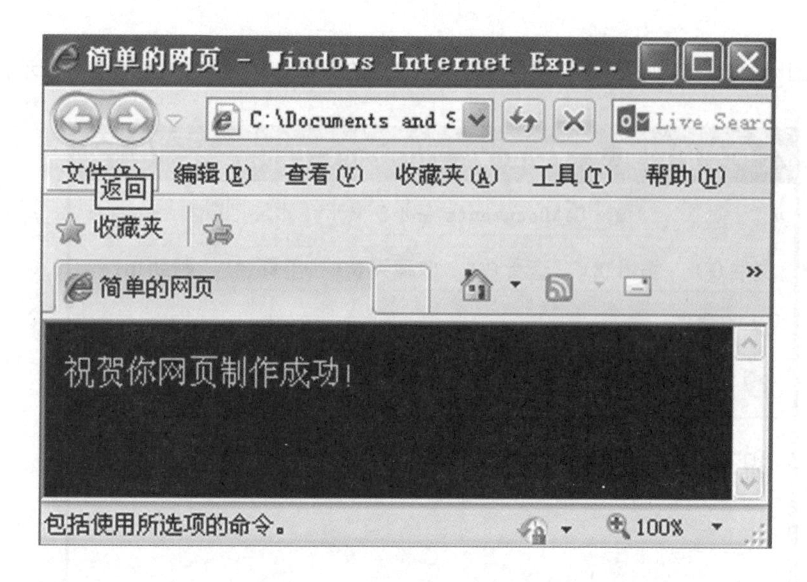

图 4-5

【注意】HTML 标签虽然是网页设计的语言基础，但是有很大的局限性。现在网页采用了更科学、更有效的 CSS 方法来控制页面样式，使得网页的结构和形式得以分离，网站的维护、修改都变得高效。但是，HTML 的基础作用不可忽略。

4.4 文本与段落

在网页中对于文本和段落的编排需要通过特定的 HTML 标签来完成。

4.4.1 强制换行标签

在网页源文档中，无法通过 Enter 键、空格、Tab 键来编辑文档段落，需要使用
 标签强制文档换行。

 称为换行标签，是一个单标签，放在一行文本的尾部，作用是使其后面的内容在下一行显示。格式如下：

文本

4.4.2 段落标签 <p>……</p>

放在需要被定义为段落的文本头部和尾部，用来定义一个段落。<p>……</p> 标签不但能使后面的文字换到下一行，还使两段之间多加一空行。格式如下：

<p align="left | center | right"> 段落文字 </p>

属性 align 是用来控制段落文字在网页上的对齐方式：left（左对齐）、center（居中对齐）和 right(右对齐)，默认值为 left。“|”表示多选的含义。

4.4.3 水平线标签 <hr/>

在页面中插入一条水平线，格式如下：

<hr align="left | center | right" size=" 水平线的粗细 " width=" 水平线的长度 " color=" 水平线的颜色 " noshade="noshade"/>

其中 size 设置水平线的粗细，以像素为单位，默认为 2px。width 属性用于设置线的长度，其属性值可以是绝对数字或百分比。绝对数字，就是线条的长度固定，不随窗口改变而改变；百分比，是指线条占窗口宽度的百分比，线条的实际长度随窗口宽度改变而改变。color 属性用于设置线条的颜色，默认为黑色。色彩可用相应的英文名称或以“#”引导的十六进制代码表示。

4.4.4 标题文字标签 <hn></hn>

标题文字标签的格式如下：

<hn align="left | center | right"> 标题文字 </hn>

其中，“n”用来指定标题文字的大小，取值范围 1 ～ 6，当 n=1 时，标题文字最大；当 n=6 时，标题文字最小。

【试一试】建立一个这样的页面，看看效果。代码如下：

```
<!DOCTYP html>
<head>
  <meta charset="gb2312" />
  <title> 文本与段落 </title>
</head>
<body>
  <h1 align="center">HTML 文本 <h1>
  <hr color="red"/>
  <p>HTML 文件是可以被多种网页浏览器读取，产生网页传递各类资讯的文件。从本质上来说，Internet（互联网）是一个由一系列传输协议和各类文档所组成的集合，html 文件只是其中的一种。这些 HTML 文件存储在分布于世界各地的服务器硬盘上，通过传输协议用户可以远程获取这些文件所传达的资讯和信息。<br/>
  网络浏览器，例如 Netscape Navigator 或 Microsoft Internet explorer, 能够解释 HTML 文件来显示网页，这是网络浏览器的主要作用。当你使用浏览器在互联网上浏览网页时，浏览器软件就自动完成 HTML 文件到网页的转换。</p>
</body>
</html>
```

【注意】从页面效果可以看出，每段前面都没有空格，如果需要空格，可以在需要空格的地方插入“ ”，一个“ ”代表一个空格且为非换行空格。

4.5 超链接

超链接如同网页精灵，它使固定的窗口有展现无穷内容的可能。超链接可以是一个字、一个词或者一段文字，也可以是一幅图像，它可以从当前网页位置跳转到指定位置，包括新的文档或当前文档的指定位置。

（1）超链接标签 <a>……</a>

在 HTML 中建立超链接的标签是 <a>……</a>，其格式如下：

<a href=" 资源地址（URL）" target=" 窗口名称 " > 链接内容 </a>

其中，href 属性定义了链接的目标，即跳转的目的文档或目的地；target 属性用于指定在何处打开目的文档，其值有 _blank | _self | _parent | _top | framename，_blank，在新窗口中打开被链接文档；_self，默认方式，

在相同的框架中打开被链接文档；_parent，在父框架集中打开被链接文档；_top，在整个窗口中打开被链接文档；framename，在指定的框架中打开被链接文档。

【注意】如果创建一个不到任何位置的空链接，则用“#”代替“资源地址（URL）”。

（2）指向其他页面的超链接

从当前页面跳转到其他页面，根据当前文件目录与目标文件的具体关系有 4 种相对路径写法，格式如下：

①链接到和当前文件同一目录内的网页文件，格式如下：

<a href=" 目标文件名 .html" target="_self"> 链接内容 </a>

②链接到下一级目录中的网页文件，格式如下：

<a href=" 子目录名 / 目标文件名 .html" target="_self"> 链接内容 </a>

③链接到上一级目录中的网页文件，格式如下：

<a href="../ 目标文件名 .html" target="_self"> 链接内容 </a>

“../”表示退到上一级目录中。

④链接到同级目录中的网页文件，格式如下：

<a href=" ../ 子目录名 / 目标文件名 .html" target="_self"> 链接内容 </a>

表示先退回到上一级目录，然后再进入到目标文件所在的目录。

【注意】在电脑上打开一个文件夹，然后在“标准按钮”栏，点击“文件夹”就知道当前文档的目录结构了；href 属性中的资源地址，尽量使用相对路径。

（3）页面内链接

在同一页面内实现超链接，需要定义一个超链接标签和一个书签（或锚点）标签。格式如下：

<a href="# 记号名（锚点名）"> 链接内容 </a>

点击“链接内容”，即跳转到“记号名（锚点名）”开始的位置。

书签（或锚点）就是用 <a> 标签对文本做一个记号。如果有多个链接，则需要对不同目标文本设置不同的书签名称。书签名在 <a> 标签的 name 属性中进行定义，格式如下：

<a name=" 记号名（锚点名）"> 目标文本附近的内容 </a>

（4）转向下载的超链接

指向下载链接的格式如下：

<a href=" 下载文件名 "> 链接内容 </a>

（5）转向电子邮件的超链接

单击转向电子邮件的超链接，将打开电子邮件程序并自动填写邮件地址，格式如下：

<a href="mailto:E-mail 地址 "> 链接内容 </a>

例如网站中的“联系我们”，可以建立这样的链接：

<a href="mailto:163123@163.com"> 联系我们 </a>

【试一试】超链接实例，效果如图 4-6 所示，代码如下：

```
<!DOCTYP html>
<head>
  <meta charset="gb2312" />
  <title> 超链接练习 </title>
```

```
</head>
<body>
  <h1>Adobe Dreamweaver<h1>
  <a href="#f"> 发展历程 </a>
       
  <a href="#g"> 功能介绍 </a>
      
  <a href="#y"> 优缺点 </a>
       
  <a href="http://www.onlinedown.net/soft/22017.htm"> 下载地址 </a>
      
  <a href="mailto:123456@163.com"> 联系我们 </a>
  <h3><a name="f"> 发展历程 </a></h3>
  <p>Adobe Dreamweaver……网页预览。</p>
  <h3><a name="g"> 功能介绍 </a></h3>
  <p> 利用 AdobeDreamweaver……ASP。</p>
  <h3><a name="y"> 优缺点 </a></h3>
   <p> 使用网站……迅速又简单。</p>
</body>
</html>
```

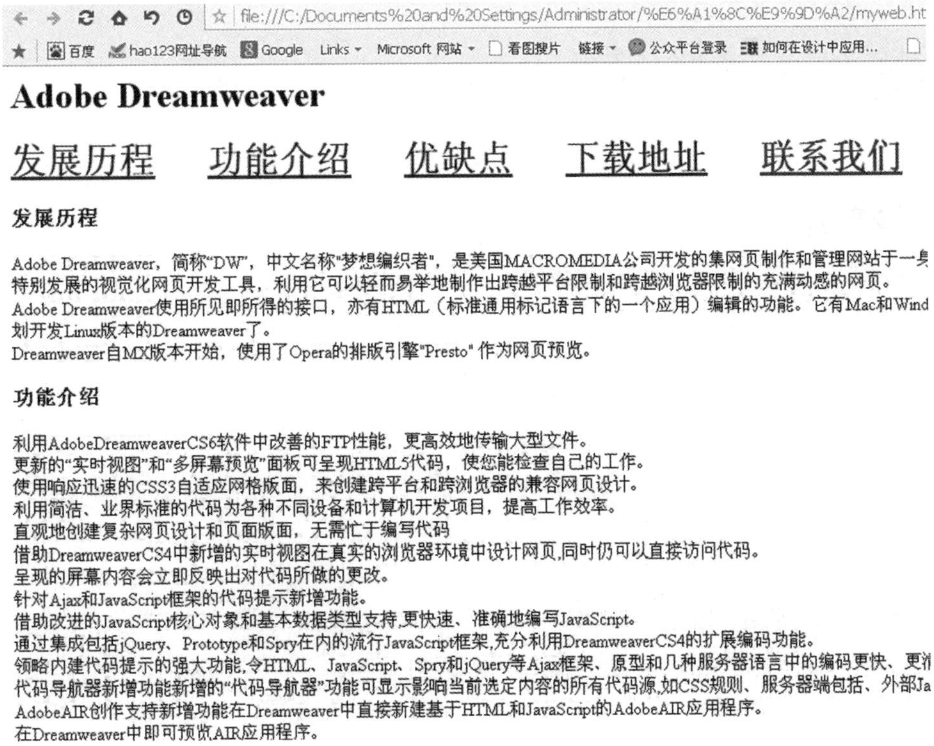

file:///C:/Documents%20and%20Settings/Administrator/%E6%A1%8C%E9%9D%A2/myweb.ht

百度 hao123网址导航 Google Links Microsoft 网站 看图搜片 链接 公众平台登录 如何在设计中应用...

Adobe Dreamweaver

发展历程 功能介绍 优缺点 下载地址 联系我们

发展历程

Adobe Dreamweaver，简称"DW"，中文名称"梦想编织者"，是美国MACROMEDIA公司开发的集网页制作和管理网站于一身
特别发展的视觉化网页开发工具，利用它可以轻而易举地制作出跨越平台限制和跨越浏览器限制的充满动感的网页。
Adobe Dreamweaver使用所见即所得的接口，亦有HTML（标准通用标记语言下的一个应用）编辑的功能。它有Mac和Wind
划开发Linux版本的Dreamweaver了。
Dreamweaver自MX版本开始，使用了Opera的排版引擎"Presto" 作为网页预览。

功能介绍

利用AdobeDreamweaverCS6软件中改善的FTP性能，更高效地传输大型文件。
更新的"实时视图"和"多屏幕预览"面板可呈现HTML5代码，使您能检查自己的工作。
使用响应迅速的CSS3自适应网格版面，来创建跨平台和跨浏览器的兼容网页设计。
利用简洁、业界标准的代码为各种不同设备和计算机开发项目，提高工作效率。
直观地创建复杂网页设计和页面版面，无需忙于编写代码
借助DreamweaverCS4中新增的实时视图在真实的浏览器环境中设计网页,同时仍可以直接访问代码。
呈现的屏幕内容会立即反映出对代码所做的更改。
针对Ajax和JavaScript框架的代码提示新增功能。
借助改进的JavaScript核心对象和基本数据类型支持,更快速、准确地编写JavaScript。
通过集成包括jQuery、Prototype和Spry在内的流行JavaScript框架,充分利用DreamweaverCS4的扩展编码功能。
领略内建代码提示的强大功能,令HTML、JavaScript、Spry和jQuery等Ajax框架、原型和几种服务器语言中的编码更快、更
代码导航器新增功能新增的"代码导航器"功能可显示影响当前选定内容的所有代码源,如CSS规则、服务器端包括、外部Ja
AdobeAIR创作支持新增功能在Dreamweaver中直接新建基于HTML和JavaScript的AdobeAIR应用程序。
在Dreamweaver中即可预览AIR应用程序。

图 4-6

4.6 图像

4.6.1 <img> 图像标签

在 HTML 中，标签 <img> 定义图像。<img> 是单标签，具体格式如下：

<img src="图像名" alt="简单说明" width="图像宽度" height="图像高度" border="图像边框宽度" hspace="水平方向间距" vspace="垂直方向间距" align="环绕方式 | 对齐方式"/>

其中，src 是指要加入的图像名称，即“图像文件的路径 \ 图像文件名”。

alt：在浏览器中图像没有完全显示出来时，在图像位置出现的提示文字。

width：宽度（像素或百分比）。通常只设为图像的真实大小以避免失真。

height：设定图像的高度（像素或百分比）。

hspace：设定图像边沿空白，以免文字或其他图像过于贴近。设定图像左、右的空间水平方向空间像素数

vspace：设定图像上、下的空间空白，采用像素做单位。

align：图文混排时，设定图像在水平（环绕方式）或垂直方向（对齐方式）上的位置，包括 left（图像居左，文字在图像的右边）、right（图像居右，文字在图像的左边）、top（图像与文本在顶部对齐）、middle（图像与文本中间对齐）、bottom（图像与文本在底部对齐）。

4.6.2 设置图像超链接

图像也作为超链接内容，单击图像则跳转到被链接文本或其他文件，即把文本换为图像。格式如下：

<a href="资源地址（URL）" target="窗口名称"><img src="图像名称"></a>

【注意】当图像添加了超链接之后，浏览器会自动给图像添加一个粗边框，将 <img> 中的 border 属性设为“0”即可取消边框。

4.7 列表

列表分为无序列表和有序列表。带序号标志（如数字、字母等）的表项组成有序列表，其他为无序列表。

4.7.1 无序列表

无序列表中每个表项的前面是项目符号（如●、■等），标签为 <ul><li>……</li></ul>，具体格式如下：

```
<ul type="符号类型">
  <li type="符号类型">第一项 </li>
<li type="符号类型">第二项 </li>
……
<li type="符号类型">第 n 项 </li>
</ul>
```

其中，type 指定每个项目左端的符号类型，可以是 disc（实心圆点，为默认符号）、circle（空心圆点）、square（方块），也可以是自定义图片。方法有两种，具体如下：

（1）在 <ul> 后面指定符号的样式

在 <ul> 后面指定符号的样式，可设定直到 </ul> 结束。比如：

<ul type="circle">　　　符号为空心圆点○

<ul type="disc">　　　符号为实心圆点●

<ul type=" square">　　　符号为方块■

<ul img src=" 路径 / 图像名 ">　　　符号为指定的图像

(2) 在 <li> 后面指定符号的样式

在 <li> 后面指定符号的样式，可以设置从该 <li> 起直到 </ul> 结束的项目符号。比如：

<li type="circle">　　　符号为空心圆点○

< li type="disc">　　　符号为实心圆点●

< li type=" square">　　　符号为方块■

< li img src=" 路径 / 图像名 ">　　　符号为指定的图像

【试一试】用无序列表列举瑜伽的好处。效果如图 4-7 所示。

```
<!DOCTYP html>
<head>
  <meta charset="gb2312" />
  <title> 无序列表 </title>
</head>
<body>
<h1> 瑜伽的好处 </h1>
  <ul>
    <li> 能消除烦恼 </li>
    <li> 能提高免疫力 </li>
    <li> 能集中注意力 </li>
  </ul>
</body>
</html>
```

瑜伽的好处

- 能消除烦恼
- 能提高免疫力
- 能集中注意力

图 4-7

4.7.2 有序列表

使用 <ol></ol> 建立有序列表，其中每个列表项仍使用 <li>……</li>, 格式如下：

```
<ol type=" 符号类型 ">
  <li type=" 符号类型 "> 第一项 </li>
<li type=" 符号类型 "> 第二项 </li>
……
<li type=" 符号类型 "> 第 n 项 </li>
</ol>
```

通过设置 type 属性来改变有序列表中的序号种类，数字为默认序号标签形式。

(1) 在 <ol> 后面指定符号的样式

在 < ol > 后面指定符号的样式，可设定直到 </ ol > 结束。比如：

< ol type="1">　　　符号为数字

< ol type="A">　　　　符号为大写英文字母

< ol type="a">　　　　符号为小写英文字母

< ol type=" Ⅰ ">　　　　符号为大写罗马字母

< ol type=" i ">　　　　符号为小写罗马字母

（2）在 <li> 后面指定符号的样式

在 <li> 后面指定符号的样式，可以设置从该 <li> 起直到 </ol> 结束的项目符号，格式就是把前面的 <ol> 改为 <li>。

【试一试】用有序列表列举瑜伽的好处。效果如图 4-8 所示。

```
<!DOCTYP html>
<head>
  <meta charset="gb2312" />
  <title> 有序列表 </title>
</head>
<body>
<h1> 瑜伽的好处 </h1>
  <ol>
  <li> 能消除烦恼 </li>
  <li> 能提高免疫力 </li>
  <li> 能集中注意力 </li>
</ol>
</body>
</html>
```

图 4-8

4.8 表格

4.8.1 建立表格

在 HTML 中表格由 <table> 标签来定义。每个表格均有若干行（由 <tr> 标签定义），每行被分割为若干单元格（由 <td> 标签定义）。单元格内容可以包含文本、图片、列表、段落、表单、水平线、表格等等。格式如下：

```
<table border=" 边 框 粗 细 " width=" 表 格 宽 度 " height=" 表 格 高 度 " cellspacing=" 表 项 间 隙 " cellpadding=" 表项内空白 ">
  <caption align=" 水平方向对齐方式 " valign=" 垂直方向对齐方式 "> 标题 </caption>
  <tr>
    <td> 第 1 行第 1 列单元格 </td>
    ……
<td> 第 1 行第 n 列单元格 </td>
  </tr>
  <tr>
```

<td> 第 2 行第 1 列单元格 </td>

……

<td> 第 2 行第 n 列单元格 </td>

</tr>

……

</table>

其中, <caption>为表格的标题, align为标题与表格水平方向对齐方式; valign为标题与表格垂直方向对齐方式。

表格的外观由 <table> 中的属性决定。

border：设置表格的边框粗细，单位为像素。如果省略，则不显示边框。

width：设置表格宽度，为具体的数字（像素）或百分比（占窗口）。

height：设置表格高度，为具体的数字（像素）或百分比（占窗口）。

cellspacing：设置表格内单元格与单元格的距离，为具体数字（像素）。

cellpadding：设置单元格内内容与单元格的间隔距离，为具体数字（像素）。

【注意】如果设置横向表头，则需要把一行内的所有 <td></td> 换成 <th> 标头内容 </th>；如果设置纵向表头，则需要把每一行的第一列的 <td></td> 换成 <th> 标头内容 </th>。在浏览器中，<th></th> 内的文字会自动粗体显示。需要说明的是，表格的样式一般会在 CSS 中设置。

4.8.2 表格的操作

1. 合并单元格

在 HTML 中有跨行合并和跨列合并两种合并方式。表头的合并，则只需把 <td></td> 换成 <th></th>。

（1）跨行合并

<td rowspan=" 数字” ></td>

（2）跨列合并

<td colspan=" 数字” ></td>

rowspan 和 colspan 的参数值是数字，表示该单元格所跨的行数和列数。被合并的单元格在原来自身的位置不再定义。

2. 表格在页面中的位置

把表格作为一个整体，它在浏览器窗口中有居左、居中和居右 3 种位置。格式如下：

<table align="left | center| right">

表格位于页面的左边或右边时，其他文字位于窗口另一边；当表格居中时，表格两边是不会填充文字的；当 align 属性省略时，其他文本会在表格下方。

3. 单元格内容对齐方式

默认情况下，内容是居于单元格的左侧。可用列、行的属性设置在单元格中的位置。

（1）水平对齐

通过设置 <th>、<tr>、<td> 中 align 的属性来实现。align 的值分别为 left（居左）、center（居中）、right（居右）或 justify（左右调整）。

（2）垂直对齐

通过设置 <th>、<tr>、<td> 中 valign 的属性来实现。valign 的值分别为 top（靠单元格顶部）、middle（靠单元格中）、bottom（靠单元格底部）或 baseline（同行内容位置一致）。

【试一试】制作手机销售情况一览表。代码如下，效果见图 4-9 所示。

```
<!DOCTYPE html>
<head>
  <meta charset=utf-8" />
  <title> 手机销售情况一览表 </title>
</head>
<body>
  <table width="500px" height="300px" border="3px" align="center">
  <tr>
    <th rowspan="2" align="center"> 品牌 </th>
    <th colspan="2" align="center"> 上半年 </th>
    <th colspan="2" align="center"> 下半年 </th>
  </tr>
  <tr>
    <th align="center"> 一季度 </th>
    <th align="center"> 二季度 </th>
    <th align="center"> 三季度 </th>
    <th align="center"> 四季度 </th>
  </tr>
  <tr>
    <td align="center"> 苹果 </td>
    <td align="center">1000</td>
    <td align="center">2006</td>
    <td align="center">3000</td>
    <td align="center">2590</td>
  </tr>
  <tr>
    <td align="center"> 华为 </td>
    <td align="center">1500</td>
    <td align="center">2000</td>
    <td align="center">3000</td>
    <td align="center">2989</td>
  </tr>
  </table>
</body>
</html>
```

品牌	上半年		下半年	
	一季度	二季度	三季度	四季度
苹果	1000	2006	3000	2590
华为	1500	2000	3000	2989

图 4-9

4.9 框架

通过使用框架，可以在同一个浏览器窗口中显示不止一个页面。每份 HTML 文档称为一个框架，并且每个框架都独立于其他的框架。

4.9.1 建立框架

框架结构由框架结构标签和框架标签构成，框架结构标签（<frameset>）定义如何将窗口分割为框架，<frame> 标签定义了放置在每个框架中的 HTML 文档。窗口框架文档中，<body></body> 换成 <frameset></frameset>，具体格式如下：

```
<html>
<head>
    <title> 框架 </title>
</head>
  <frameset>
    <frame src=" 文件路径 ">
<frame src=" 文件路径 ">
……
</frameset>
</html>
```

<frame> 标签中的 src 属性指定了一个 html 文件，这个文件是必须存在的，通过 src 属性将这个文件载入相应的窗口中。

4.9.2 分割框架

框架的分割方式有 3 种：水平分割、垂直分割和嵌套分割。

（1）水平分割

窗口采用 rows 属性，即在水平方向上将浏览器分割成多个窗口。格式如下：

```
<frameset rows="value1,value2,…,*">
<frame src=" 文件路径 " name=" 窗口名称 ">
<frame src=" 文件路径 " name=" 窗口名称 ">
……
</frameset>
```

其中，value1 表示第 1 个 frame 窗口的宽度，value2 表示第 2 个 frame 窗口的宽度，单位可以是像素，也可以是百分比，依此类推；“*”表示分配给前面所有窗口后剩下的宽度。如果将窗口均分成几个部分，可以都用“*”来表示，如 <frameset rows="*,*,*,*">，表示均分为 4 等份。

（2）垂直分割

窗口采用 cols 属性，即在垂直方向上将浏览器分割成多个窗口。格式如下：

```
<frameset cols="value1,value2,…,*">
<frame src=" 文件路径 " name=" 窗口名称 ">
```

```
<frame src=" 文件路径 " name=" 窗口名称 ">
……
</frameset>
```

(3) 嵌套分割

在现实中，一个窗口往往会进行复杂的分割，这就需要用 cols 和 rows 属性来进行嵌套，格式如下：

```
<frameset rows="value1,value2,…,*">
<frame src=" 文件路径 " name=" 窗口名称 ">
<frameset cols="value1,value2,…,*">
<frame src=" 文件路径 " name=" 窗口名称 ">
<frame src=" 文件路径 " name=" 窗口名称 ">
……
</frameset>
……
</frameset>
```

或者是

```
<frameset cols="value1,value2,…,*">
<frame src=" 文件路径 " name=" 窗口名称 ">
<frameset rows="value1,value2,…,*">
<frame src=" 文件路径 " name=" 窗口名称 ">
<frame src=" 文件路径 " name=" 窗口名称 ">
……
</frameset>
……
</frameset>
```

嵌套的根本原理就是把需要细分的 frame 看成是一个完整的窗口，然后在这个窗口里再进行框架分割，因此，在代码中那个被细分的 frame 的位置就应该换成完整的 frameset 来代替。

4.9.3 框架与超链接

在框架中建立超链接需要用的 <frame> 标签中的 name 属性和 <a> 标签，具体格式如下：

```
<frame name=" 窗口名称 ">
```

作用是告知准备载入此窗口的内容，此窗口叫什么，方便载入的内容在许多的窗口中找准窗口。

```
<a href=" 资源地址（url）" target=" 窗口名称 "> 链接内容 </a>
```

其含义是：当点击“链接内容”时，“资源地址（url）”的页面会在 target 指定的窗口中打开。

【试一试】框架与超链接的应用。代码如下，最终效果如图 4-11 所示。

先做 myweb.html, 代码如下，效果如果 4-10 所示。

```
<!DOCTYPE html>
<head>
  <meta charset=utf-8" />
```

```
  <title> 常用网址导航 </title>
</head>
<body>
<p align="center">
<a href="http://www.taobao.com" target="bottom"> 购物 </a>
    
<a href="http://www.ifeng.com/" target="bottom"> 新闻 </a>
    
<a href="http://sports.cntv.cn/" target="bottom"> 体育 </a>
    
<a href="http://www.baidu.com/" target="bottom"> 搜索 </a>
    
</p>
</body>
</html>
```

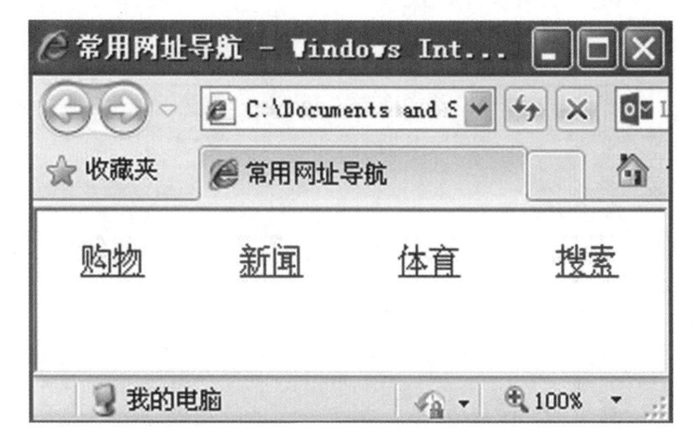

图 4-10

再做 web.html 网页，代码如下：

```
<!DOCTYPE html>
<head>
  <meta charset=utf-8" />
  <title> 框架与超链接 </title>
</head>
<frameset rows="10%,*">
  <frame src="myweb.html">
  <frame name="bottom">
</frameset>
</html>
```

图 4-11

【注意】web.html 中的 src 一定是 myweb.html，这样相当于把 myweb.html 载入到了上窗口中；web.html 中的 frame 的 name 值一定是和 myweb.html 中 target 的值相同，这就是把 myweb.html 中的目标文档，在指定的“bottom”窗口中打开。

4.9.4 浮动框架

在 HTML 中通过 <iframe> 标签来定义浮动框架，具体格式如下：

<iframe src=" 资源地址（url）"></iframe>

<iframe> 不能取代 <body>，它放在 <body></body> 标签内。

4.10 表单

HTML 表单用于搜集不同类型的用户输入，是一个包含表单元素的区域。表单元素是允许用户在表单中（比如：文本域、下拉列表、单选框、复选框等等）输入信息的元素。

4.10.1 表单标签

表单使用表单标签（<form>）定义，格式如下：

<form name=" 表单名称 " action=" 资源地址（url）" method="get | post">

……

</form>

name：表单的名字，在一个网页中用于识别表单。

action：表单的处理方式，往往是向后台网页地址提交。

method：表单数据的传输方式，是 get（获得）表单还是 post（送出）表单。

4.10.2 表单标记

（1）<input> 标记

多数情况下被用到的表单标签是输入标记 (<input>)，输入类型是由类型属性（type）定义的。<input> 的具体格式如下：

<input type=" 表项类型 " name=" 表项名 " value=" 默认值 " size="X" maxlength="Y" />

其中，type 属性：指定要加入表单项目的类型

- name 属性：该表项的控制名，主要在控制处理表单时起作用。
- size 属性：输入的字符数。
- maxlength 属性：允许输入的最大字符数。

①文本和密码的输入

type 的属性值为 text，则输入的文本以标准形式显示；type 的属性值为 password，则输入的文本显示为“*”；格式如下：

<input type="text" name=" 文本框名称 " value=" 初始值 ">

<input type="password" name=" 文本框名称 " maxlenght=" 最大字符数 ">

②重置和提交

<input type="reset" name=" 按钮名称 ">，当点击此按钮时，所填的内容全部清除。

<input type="submit" name=" 按钮名称 ">，当点击此按钮时，提交表单。

<input type="botton" name=" 按钮名称 ">，此按钮为普通按钮。

<input type="image" name=" 按钮名称 " src=" 图像路径 ">，此按钮为外观被图像替代的按钮。

③单选按钮和复选框

当 type 属性值设置为 radio 时，就是单选按钮，通常是多个选项在一起出现供选择，每次只有一个被选中。格式如下：

<input type="radio" name=" 选项名称 " value=" 提交值 " checked=" 选中 ">

当需要将某个单选按钮的初始状态设置为选中时，就将其 checked 的属性设置为 true；反之不用此属性。name 属性，需要将一组供选择的单选按钮都设置为相同的名称，这样才能保证一组中只有一个被选中。

当 type 属性值设置为 checkbox 时，就是复选按钮，通常是多个选项在一起出现供选择，可以同时选中多个。格式如下：

<input type=" checkbox" name=" 选项名称 " value=" 提交值 " checked=" 选中 ">

checked 的属性可以同时将多个复选框设置为 true；name 属性，需要将一组供选择的单选按钮都设置为相同的名称。

④文件域

用于上传文档，将 type 的属性值设置为 file 即可创建一个文件域，格式如下：

<input type=" file" name=" 文件域名 " >

⑤数值输入

当 type 属性值设置为 number 时，即可设计用于包含数值型数据的输入框。当浏览者在提交表单时，会自动校验输入的数值型数据的合法性。

<input type=" number" name=" 数值输入框名 " >

⑥电子邮件输入

当 type 属性值设置为 email 时，即可设计用于包含 email 地址的输入框。当浏览者在提交表单时，会自动校验输入的 email 的正确性，格式如下：

<input type=" email" name=" 邮件框名 " >

⑦隐藏域

当 type 属性值设置为 hidden 时，即可创建一个隐藏域。隐藏域里的内容是不在页面中显示的。

<input type=" hidden" name=" 隐藏域名 " >

⑧ URL 输入

当 type 属性值设置为 url 时，即可设计用于包含 url 地址的输入框。当浏览者在提交表单时，会自动校验输入的 url 的正确性，格式如下：

<input type="url" name=" 网站输入框名 " >

（2）<select> 标记

通过 <select> 标记和 <option> 标记创建下拉菜单或列表式菜单，节约网页空间。格式如下：

<select size=" 选择数目 " name=" 名称 " multiple>

<option value=" 提交值 " selected> 选项值 </option>

<option value=" 提交值 " selected> 选项值 </option>

```
……
</select>
```

size 属性：一次可以显示的项目数目。

multiple 属性：不带值，加上此项表示可以多选，否则就是单选。

selected 属性：不带值，加上此项表示该项是预置的。

value 属性：指定控制操作的初始值。如省略，则初始值为 option 中的内容表示选项值。

(3) <textarea> 标记

使用 <textarea> 标记可以设置允许成段文字的输入，在一些意见反馈和建议地方使用较多。格式如下：

```
<textarea name=" 文本框名 " rows=" 行数 " cols=" 列数 ">……</textarea>
```

行数和列数是指不拖动滚动条就可以看见的部分。

【试一试】注册页面，代码如下，效果如图 4-12 所示。

```
<!DOCTYPE html>
<head>
  <meta charset=utf-8" />
  <title> 注册页面 </title>
</head>
<body>
<form>
<p>* 用户名：<input type="text"></P>
<p>* 密码：<input type="password"></P>
<p>* 确认密码：<input type="password"></P>
<p>*Email：<input type="email"></P>
<p>* 移动电话：<input type="number" size="11"></P>
<p>* 性 别：<input type="radio" value="male"
checked="checked"> 男
        <input type="radio" value="female">
女 </P>
<p> 年龄：<select size="1" >
     <option>1980</option>
     <option>1981</option>
     <option>1982</option>
    </select>
    <select size="1" >
     <option>1</option>
     <option>2</option>
     <option>3</option>
    </select>
```

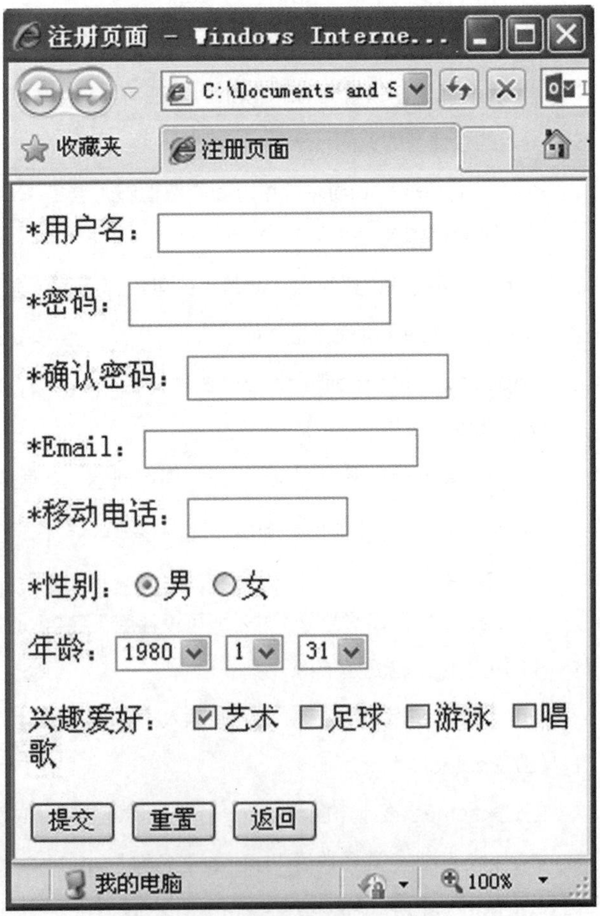

图 4-12

```
            <select size="1" >
              <option>31</option>
              <option>30</option>
              <option>29</option>
            </select
    </p>
    <p> 兴趣爱好:
      <input type="checkbox" value="art" checked="checked"> 艺术
      <input type="checkbox" value="football" > 足球
      <input type="checkbox" value="swimming" > 游泳
      <input type="checkbox" value="sing" > 唱歌
    </p>
    <input type="submit" value=" 提交 ">
    <input type="reset" value=" 重置 ">
    <input type="button" value=" 返回 ">
    </form>
    </body>
    </html>
```

4.11 实训

制作调查问卷表格，如图 4-13 所示。

代码如下：

```
<!DOCTYPE  html>
<head>
  <meta  charset=utf-8" />
  <title> 中国足球的调查 </title>
</head>
<body>
<h2> 关于中国足球发展的调查 </h2>
<form>
  <p>
  Q1: 你喜欢足球运动吗？（单选）<br/>
      <input type="radio" value="special"> 特别喜欢 <br/>
      <input type="radio" value="commonly"> 喜欢 <br/>
      <input type="radio" value="no"> 不喜欢 <br/>
  </p>
```

```
        <p>
        Q2: 新的教练会给国足带来希望吗？（单选）<br/>
            <input type="radio" value="hope"> 希望会吧 <br/>
            <input type="radio" value="maybe"> 可能会 <br/>
            <input type="radio" value="no"> 不，问题太多 <br/>
            <input type="radio" value="else"> 其他 <br/>
        </p>
        <p>
        Q3: 国足的道理应该怎样走下去？（不定选）<br/>
            <input type="checkbox" value="diea"> 发展中国足球，引进先进的理念 <br/>
           <input type="checkbox" value="echelon"> 抓青少年建设，发展梯队足球 <br/>
            <input type="checkbox" value="practise"> 踏踏实实练球，全民大众都参与踢球 <br/>
            <input type="checkbox" value="reform"> 中国的足球体制要改革 <br/>
        </p>
        <h3> 如您希望获得抽奖机会，请填写如下信息 </h3>
        <p>* 姓名：<input type="text"></P>
        <p>* 移动电话：<input type="number" size=
"11"></P>
        <p>* 通讯地址：<input type="text"></P>
        <p>* 建议：<textarea rows="2" cols="40">
</textarea></P>
        <input type="submit" value=" 提交 ">
      <input type="reset" value=" 重置 ">
      </form>
      </body>
      </html>
```

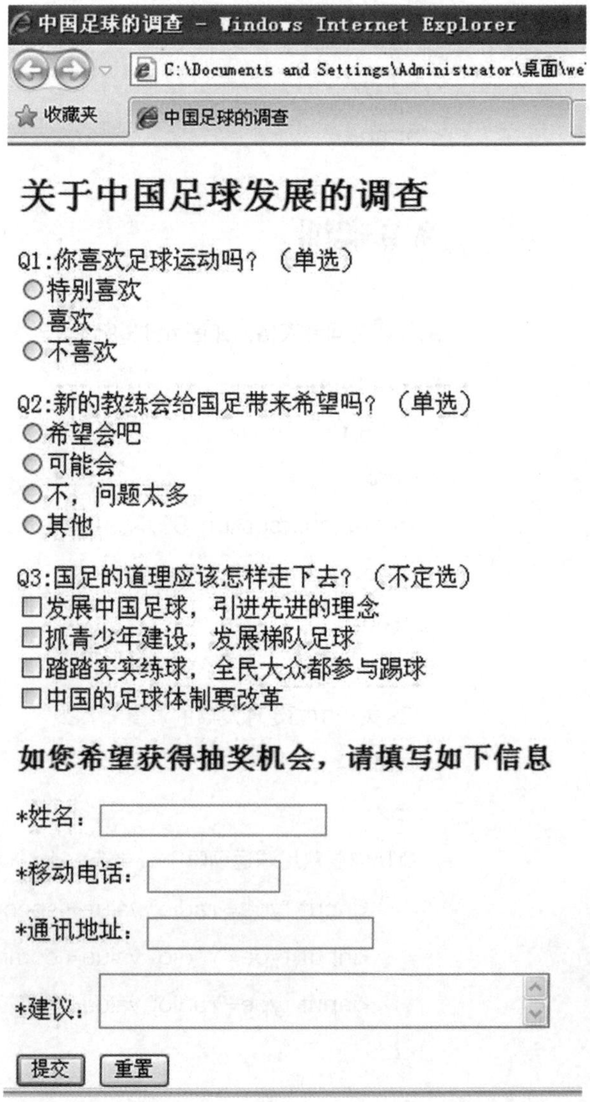

图 4-13

第 5 章　Dreamweaver CS6 概述

Dreamweaver CS6 是由 Adobe 公司开发的一款专业的网页编辑软件。由于该软件支持代码、拆分、设计、实时视图等多种方式来创作、编写和修改网页，所以可以轻松地创建跨平台和跨浏览器的网页，甚至直接创建动态的网页而不用自己编写源代码。

5.1 Dreamweaver CS6 的工作环境

该软件已经连续发布数版，与之前的版本相比，Dreamweaver CS6 能够进行多任务工作，而且操作方法和界面风格更加人性化。下面对 Dreamweaver CS6 的工作环境进行简单介绍。

Dreamweaver CS6 的工作区主要由【功能菜单】、【插入栏】、【标题栏】、【文档工具栏】、【文档窗口】、【状态栏】、【属性面板】以及【面板组】等组成，如图 5-1 所示。

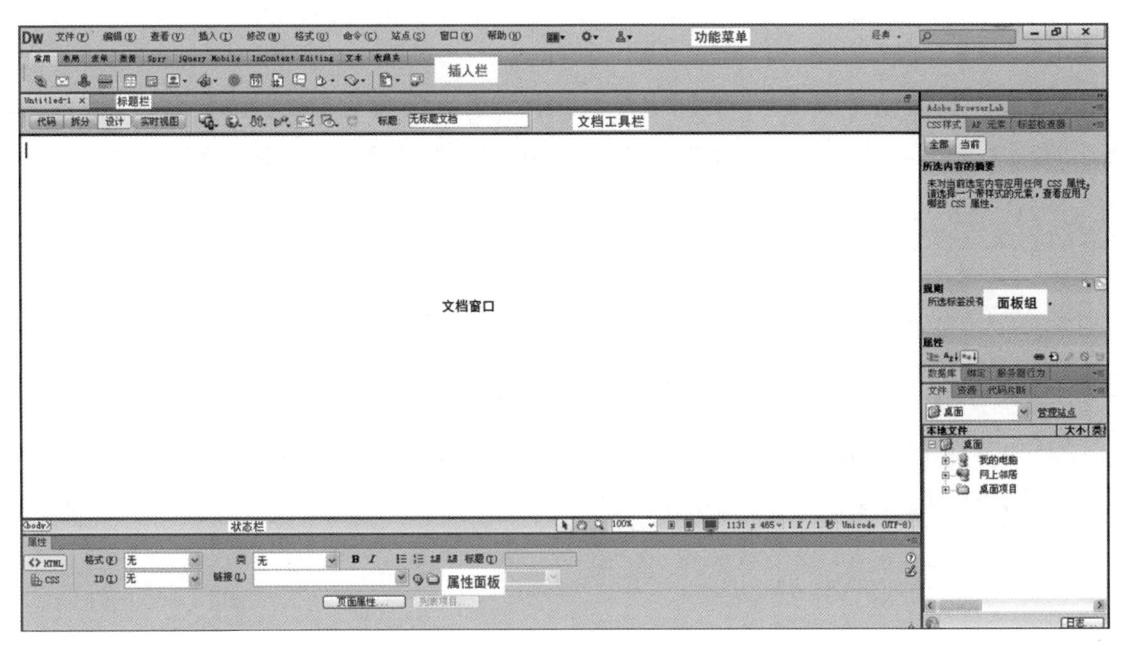

图 5-1　工作环境

5.1.1 功能菜单

Dreamweaver CS 6 拥有【文件】、【编辑】、【查看】、【插入】、【修改】、【格式】、【命令】、【站点】、【窗口】、【帮助】等 10 个菜单分类，如图 5-2 所示。单击这些菜单可以打开其子菜单。

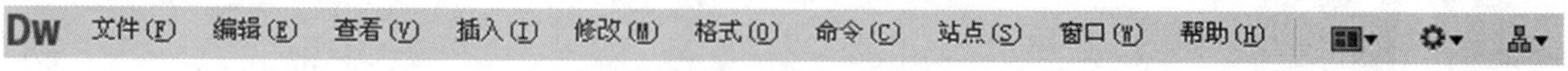

图 5-2 功能菜单

5.1.2 插入栏

【插入栏】包含用于创建和插入对象的按钮，如图 5-3 所示。包含有【常用】选项卡、【布局】选项卡、【表单】选项卡、【数据】选项卡、【Spry】选项卡、【jQuery Mobile】选项卡、【InContext Editing】选项卡、【文本】选项卡、【收藏夹】选项卡，在后面的学习中将会逐渐用到，这里不再赘述。

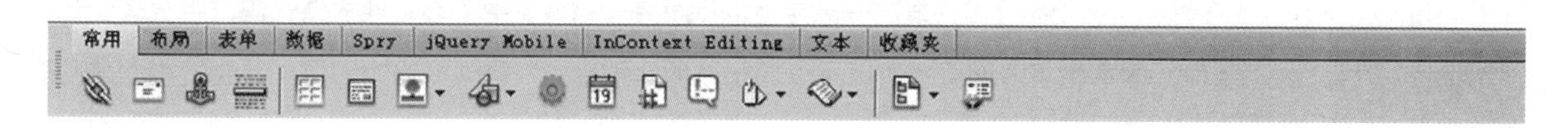

图 5-3 插入栏

5.1.3 标题栏

显示当前文件名等，如图 5-4 所示。

图 5-4 标题栏

5.1.4 文档工具栏

【文档工具栏】中包含三个功能区：视图模式（【代码】视图、【设计】视图和【拆分】视图）、文档工作按钮区（与查看文档、在本地和远程站点间传输文档相关的常用命令和选项）和标题，如图 5-5 所示。

图 5-5 文档工具栏

5.1.5 文档窗口

【文档窗口】显示当前创建和编辑的文档，在窗口中可以输入文字、插入图片、绘制表格等，还可以对整个页面进行编辑，如图 5-6 所示。

图 5-6　文档窗口

5.1.6 状态栏

状态栏位于文档窗口的底部，包括 3 个功能区：标签选择器（显示当前插入点位置的 HTML 源代码标签）、窗口大小弹出菜单（显示页面大小、允许将文档窗口的大小调整到预定义或自定义的尺寸）和下载指示器（估计下载时间、查看传输时间），如图 5-7 所示。

图 5-7　状态栏

5.1.7 属性面板

属性面板位于文档窗口的底部，用于显示在文档中被选中元素的属性，可以对被选中元素的属性进行修改，该面板因选择元素的不同而显示不同的属性，如图 5-8 所示。

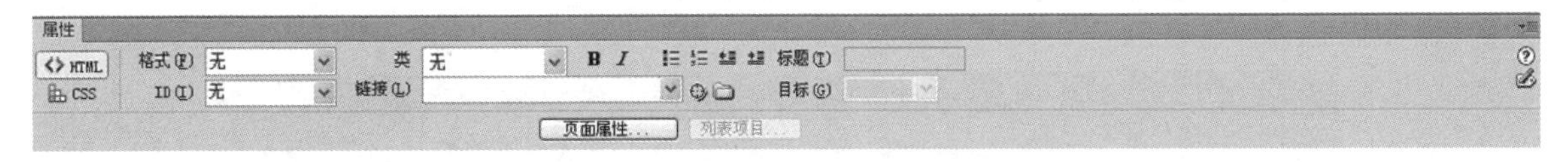

图 5-8　属性面板

5.1.8 面板组

面板组帮助用户进行修改和监控，其中包括【CSS 样式】面板和【库】面板等，如图 5-9 所示。

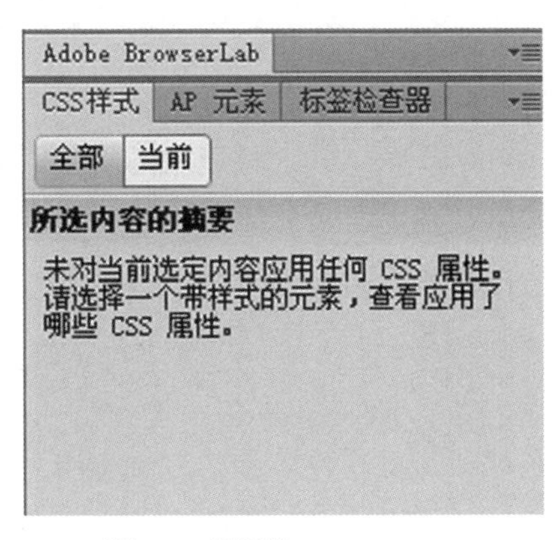

图 5-9　面板组

5.2 站点设置与管理

Dreamweaver CS6 的站点是网页文档放置的场所，是一种管理所有相关联文档的工具。严格说，站点是文档的组织形式，由文档及其所在的文件夹组成，同类文档归档到同一文件夹（或以网页为单位，同一网页的内容放在一个大的文件夹下，然后在同类文档归类），这样便于管理和更新。

5.2.1 创建本地站点

在开始制作网页之前，要先定义一个站点，即在本地硬盘上建立一个文件夹，将制作过程所创建和编辑的网页内容都保存在该文件夹中，如果网页内容较多，还需要建立子文件夹。

使用 Dreamweaver CS6 的向导建立本地站点的操作步骤如下：

❶打开 Dreamweaver CS6，选择菜单栏中的【站点】→【新建站点】命令，如图 5-10 所示。

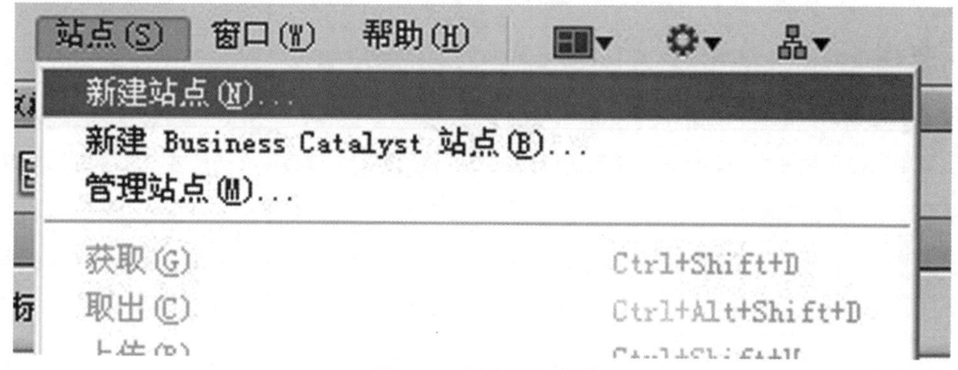

图 5-10　新建站点对话框

❷弹出【站点设置对象】对话框，如图 5-11 所示。Dreamweaver CS6 站点配置窗口中已经做了归类，对于普通用户而言，只需要配置【站点】和【服务器】；一般在大型应用程序开发时才会配置【版本控制】和【高级设置】。在【站点名称】选项中输入站点名称 myweb，站点名称一般要以英文命名，【本地站点文件夹】选择自己的工作文件夹（将要存储放置 web 文件），设置完【站点】点击保存。

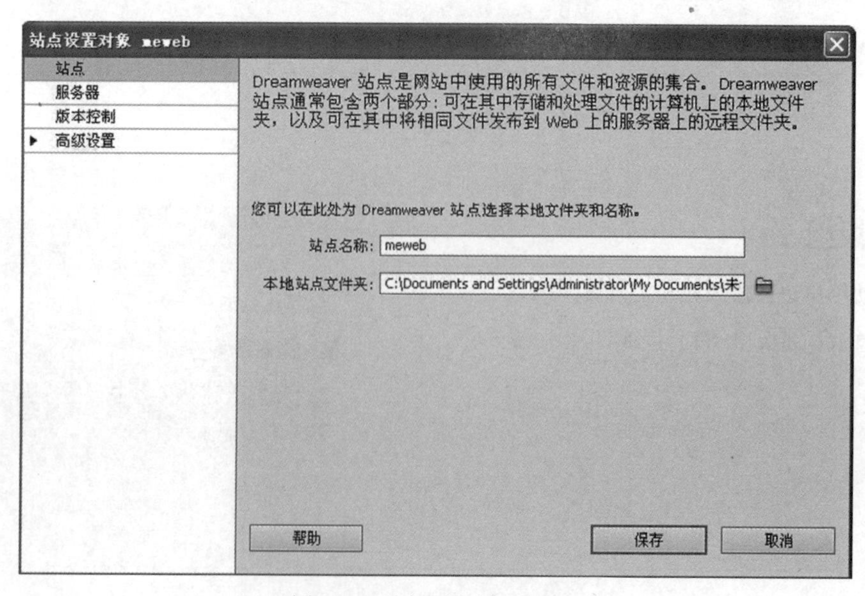

图 5-11　站点设置对象对话框

❸单击保存按钮之后，在【文件】面板中可以看到创建的站点文件，如图 5-12 所示。

图 5-12　创建的站点

5.2.2 管理站点

在 Dreamweaver CS6 中创建完站点后，可以对本地站点进行管理，如打开站点、编辑站点、复制站点和删除站点等。

（1）打开站点

打开 Dreamweaver CS6 后，系统会自动打开上次退出 Dreamweaver CS6 时正在编辑的站点。如果想打开另外站点，单击【文件】面板中左边的下拉列表，在弹出的列表中会列出已定义的所有站点，如图 5-13 所示。在列表中选择所需打开的站点，点击即可打开。

图 5-13　打开站点

（2）编辑站点

创建好的站点，可以进行编辑。具体操作步骤如下：

❶选择菜单栏中的【站点】→【管理站点】命令，弹出【管理站点】对话框，选中需要编辑的站点，然后点击【编辑】按钮，如图 5-14 所示。

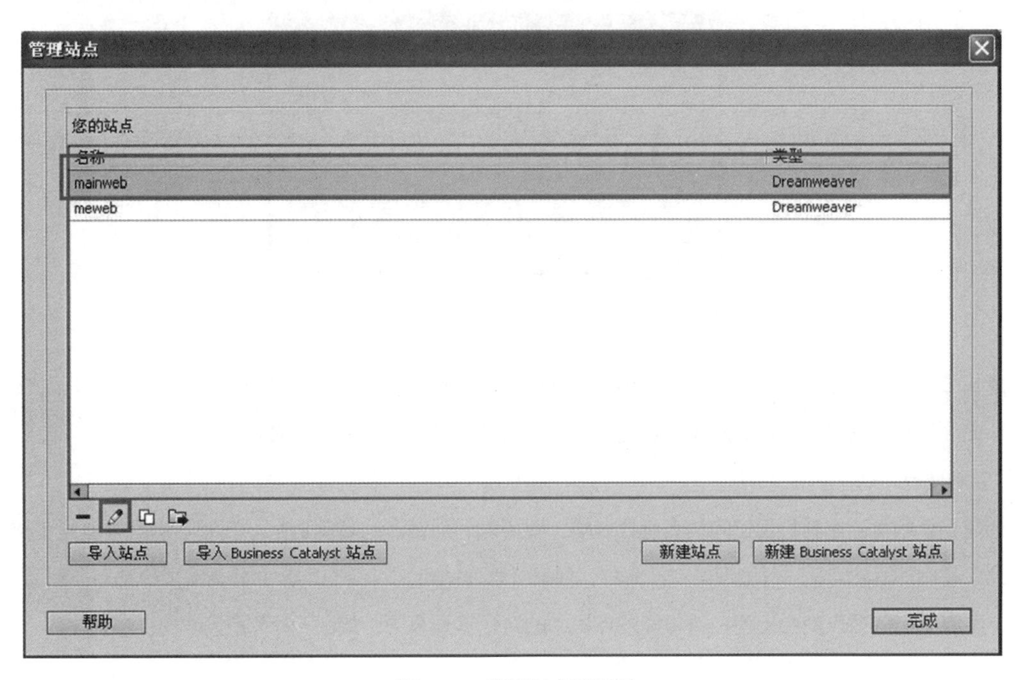

图 5-14　管理站点对话框

❷弹出【站点设置对象】对话框，在对话框中选择需要修改的部分进行修改即可，修改完成之后点击【保存】。

（3）删除站点

如果不需要站点，可以将其从站点列表中删除，删除站点的具体操作步骤如下。

❶选择菜单栏中的【站点】→【管理站点】命令，弹出【管理站点】对话框，选中需要编辑的站点，然后点击【编辑】按钮，如图5-15所示。

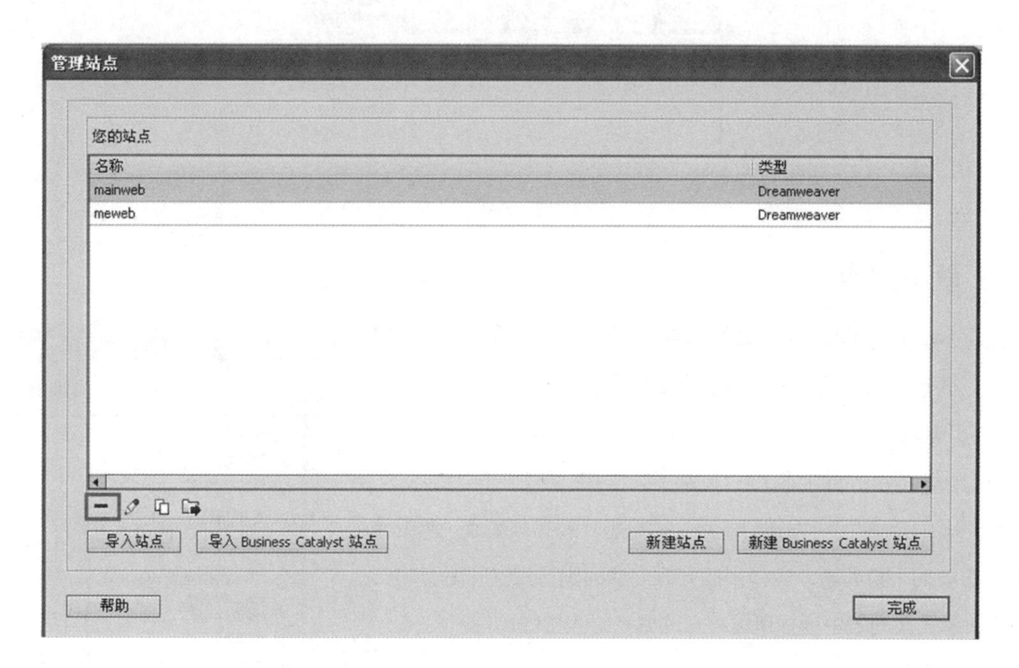

图5-15 管理站点对话框

❷弹出提示对话框，单击【是】即可删除本地站点，如图5-16所示。

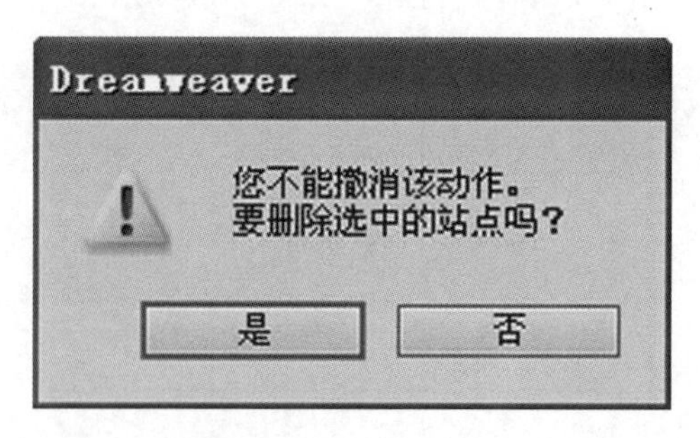

图5-16 提示对话框

【注意】该操作实际上删除了Dreamweaver CS6同该站点之间的联系，本站点中的内容仍保留在磁盘的相应位置上；如需设置为站点，只需要重新创建指向其具体位置的新站点，即可对其进行管理。

（4）复制站点

如想创建一个站点，使其和现在的站点设置一样，便可以利用站点的复制功能，复制站点具体操作步骤如下。

选择菜单栏中的【站点】→【管理站点】命令，弹出【管理站点】对话框，选中需要编辑的站点，然后点击【复制】按钮，新复制出的站点就会出现在【管理站点】中的对话框列表中，如图5-17所示。

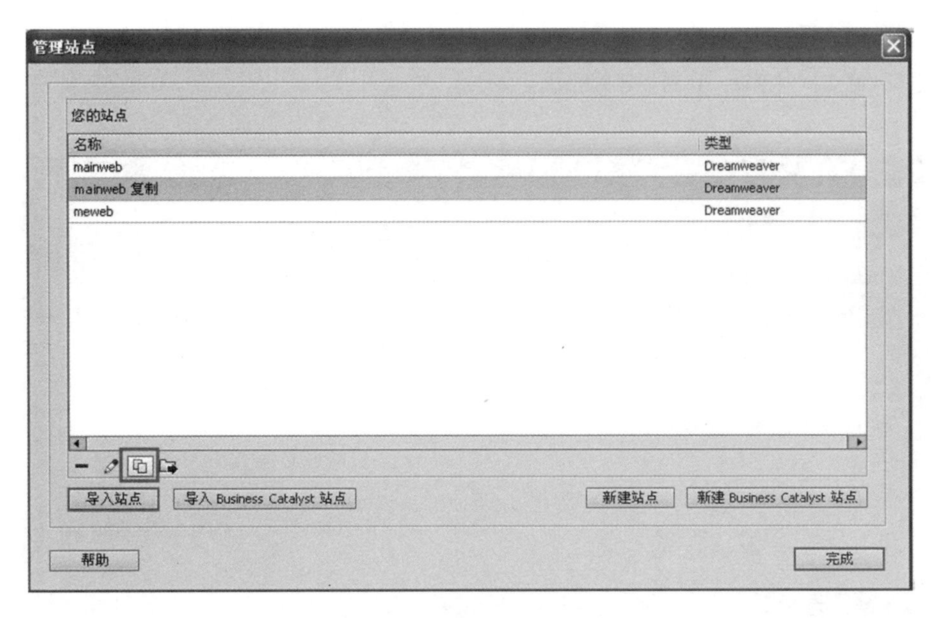

图 5-17 管理站点对话框

（5）导出和导入站点

Dreamweaver CS6 的站点编辑可以将现有的站点导出为一个站点文件，也可以将其他站点文件导入成为一个站点。导出、导入的作用在于保存和恢复站点与本地文件的链接关系。

导出和导入都是在【站点管理】对话框中操作，具体步骤如下。

❶选择菜单栏中的【站点】→【管理站点】命令，弹出【管理站点】对话框，选中需要编辑的站点，然后点击【导出】按钮，如图 5-18 所示。

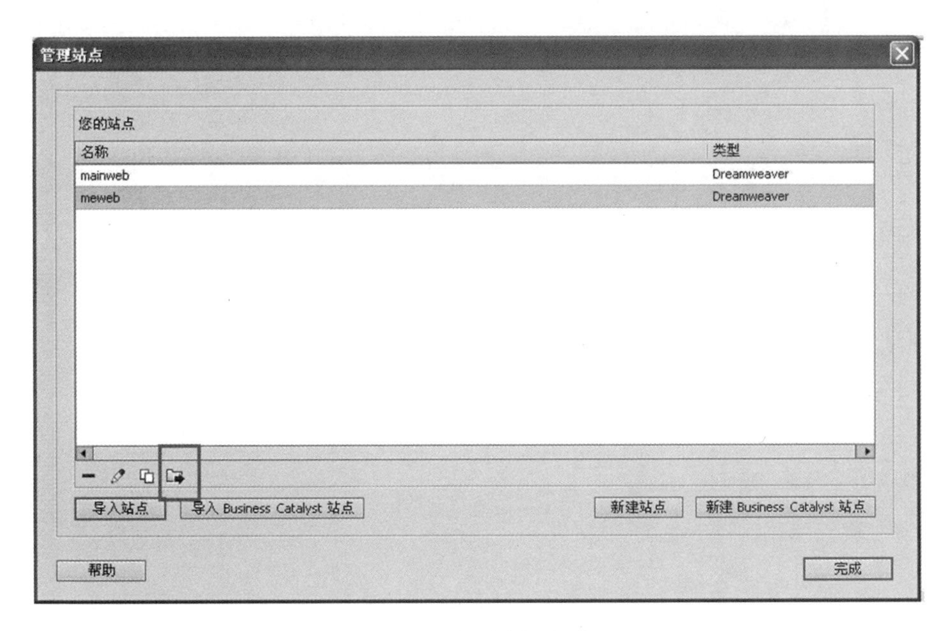

图 5-18 管理站点对话框

❷在打开的【导出站点】对话框中设置文件名和存储路径。

❸单击【保存】，将站点保存为后缀为“.ste”的文件。

❹若要将其他站点导入 Dreamweaver CS6 中，可以单击【站点管理】对话框的【导入】按钮，如图 5-19 所示。

❺打开【导入站点】对话框，选择要导入的站点文件。

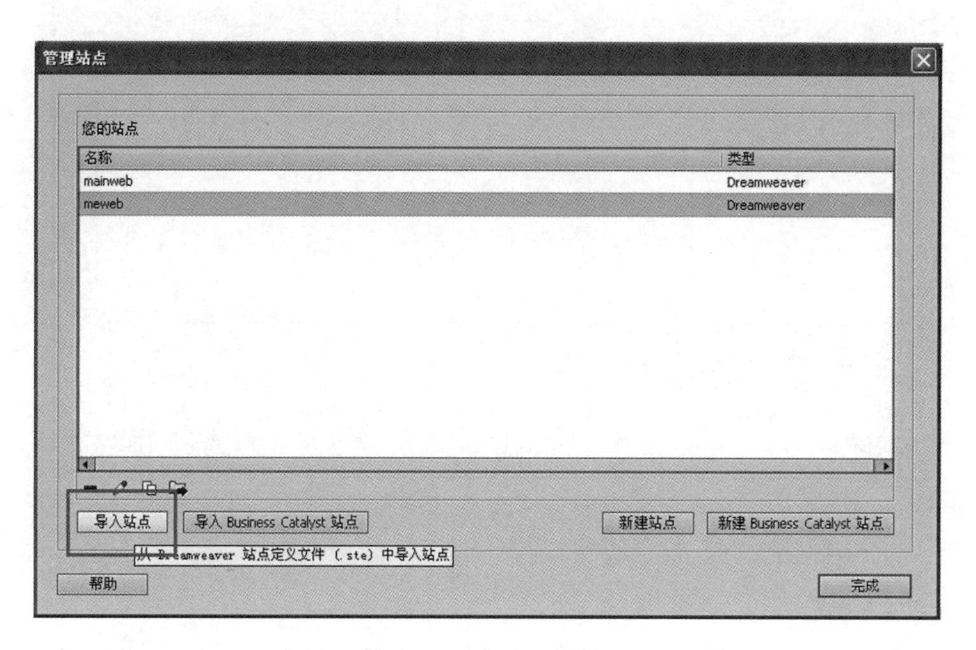

图 5-19　管理站点对话框

❻单击【打开】，将选中站点导入 Dreamweaver CS6 中。

❼单击【完成】按钮，关闭【管理站点】对话框，完成站点的导入。

第 6 章　创建和编辑文本

文本是网页中的重要元素，是网页制作的最基本的内容。文本是网页的灵魂，它关系到一个网站的成功与否。

6.1 网页文档创建与网页属性设置

6.1.1 新建及保存网页文档

❶启动 Dreamweaver CS6，打开项目创建界面，如图 6-1 所示。

图 6-1　项目创建界面

❷在新建序列下选择【HTML】，即可创建一个新文档。

还有另外一个方法创建新的文档，过程如下：

❶点击【功能菜单】→【文件】→【新建】命令，打开【新建文档】对话框，在【空白页】的【页面类型】列

表中选择 HTML，然后在【布局】中选择【无】，如图 6-2 所示。

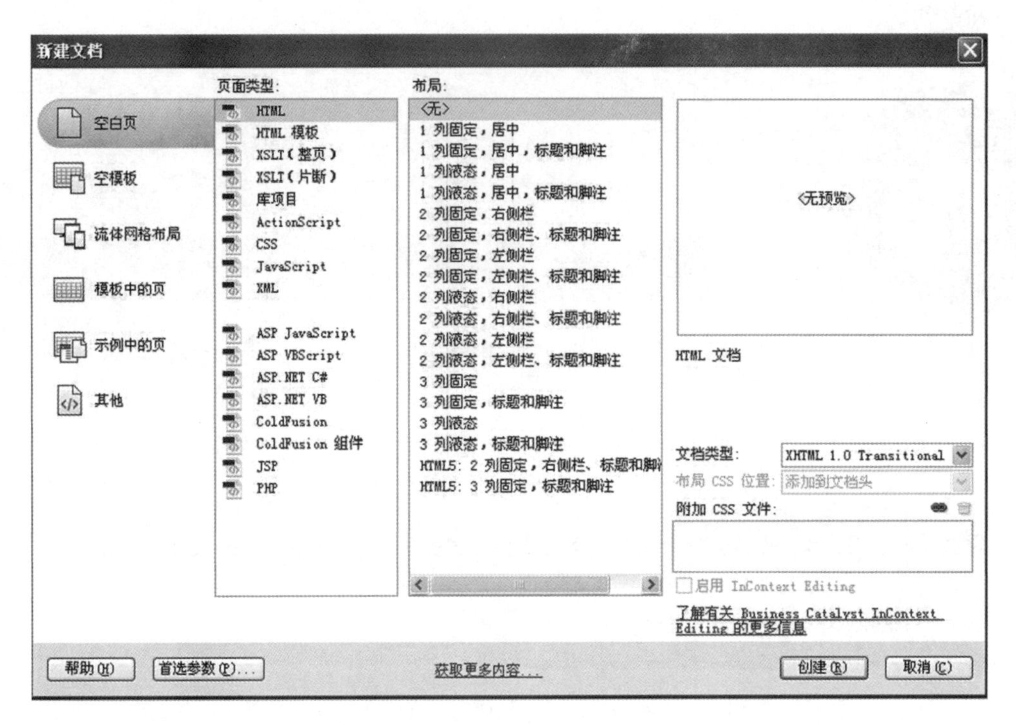

图 6-2　新建文档对话框

❷点击【创建】即可创建新文档。

❸如需保存网页，则点击【功能菜单】→【文件】→【保存】命令，打开【另存为】对话框。在该对话框中设置保存文档的路径和文件名，选择好【保存类型】，然后点击保存即可。

6.1.2 设置网页属性

网页属性是页面的最基本样式，在网页元素没有进行特定设置的时候，元素样式遵循网页属性设置。

❶点击【功能菜单】→【修改】→【页面属性】(或点击【属性面板】→【页面属性】按钮)打开页面属性设置对话框，如图 6-3 所示。

图 6-3　页面属性对话框

❷在左侧的【分类】中选择【外观（css）】选项，在右侧就可以看见所有【外观（css）】的具体设置，如图 6-4 所示。

图 6-4　外观（css）对话框

【页面字体】：单击【页面字体】下拉列表框，在下拉列表框中选择网页的字体样式。如果需要的字体列表不在列表中，可以单击列表中的【编辑字体列表】命令，打开【编辑字体列表】对话框，将【可用字体】列表框中的字体添加到【选择的字体】列表框中，然后单击【确定】即可，如图 6-5 所示。

图 6-5　编辑字体列表对话框

【大小】：下拉列表选择字体大小，如果选择数值，则数字越大，字体越大。如需自行设定字体大小，则直接输入数值，同时选择合适的单位。

【文本颜色】：设置文本字体颜色。在文本框中输入颜色的色标值（十六进制），或者单击色块，在打开的颜色选择对话框中选择合适的颜色。

【背景颜色】：设置网页背景颜色。在文本框中输入颜色的色标值（十六进制），或者单击色块，在打开的颜色选择对话框中选择合适的颜色。

【背景图像】：设置图像作为页面背景。单击【背景图像】右侧的【浏览】按钮，在弹出的【选择图像源文件】对话框中选择要作为背景的图像，点击【确定】。

【重复】：设置背景图像在页面上显示方式。有 4 个选项：no-repeat（不重复），选择此项表示仅显示背景图像一次；repeat（重复），选择此项，表示图像将以横向和纵向重复或平铺显示；repeat-X（x 轴重复）：图像将沿 x 轴横向平铺显示；repeat-Y（y 轴重复）：图像将沿 y 轴纵向平铺显示。

【左边距】、【右边距】、【上边距】、【下边距】：指定页面中的元素离浏览器边框的左边距离、右边距离、顶部距离和底部距离。

❸【外观（HTML）】的设置与【外观（css）】大致相同。两种的差别在于，css 是表现样式，HTML 是结构（标签）。

❹点击左侧【分类】中选择【链接（css）】选项，在右侧就可以看见所有【链接（css）】的具体设置，如图 6-6 所示。

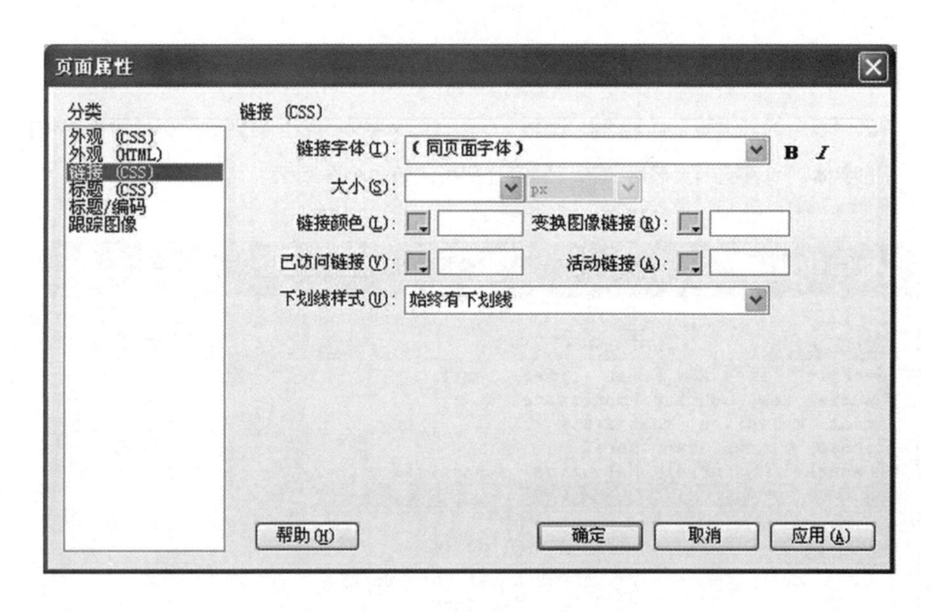

图 6-6　页面属性链接（css）对话框

【链接字体】：设置链接文本的字体。默认情况下，Dreamweaver CS6 将链接文本的字体设置为与整体页面文本相同的字体；也可自行设置为其他字体。

【大小】：设置链接文本的字体大小。

【链接颜色】：设置添加了链接的文本的颜色；【变换图像链接】：设置当鼠标指针移至链接上时链接的颜色；【已访问链接】：设置当链接被访问后呈现的颜色；【活动链接】：设置鼠标指针在链接上单击链接时的颜色。

【下划线样式】：设置应用于链接的下划线样式。

❺点击左侧【分类】中选择【标题（css）】选项，在右侧就可以看见所有【标题（css）】的具体设置。在【标题（css）】区域中设置【标题字体】，并分别设置【标题 1】至【标题 6】的字体与颜色，如图 6-7 所示。

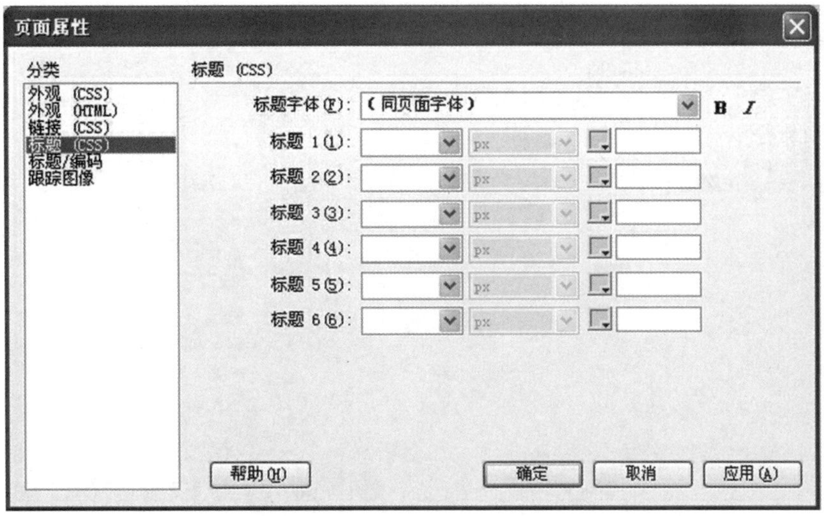

图 6-7　标题（css）对话框

❻点击左侧【分类】中选择【标题 / 编码】选项，在右侧就可以看见所有【标题 / 编码】的具体设置，如图 6-8 所示。

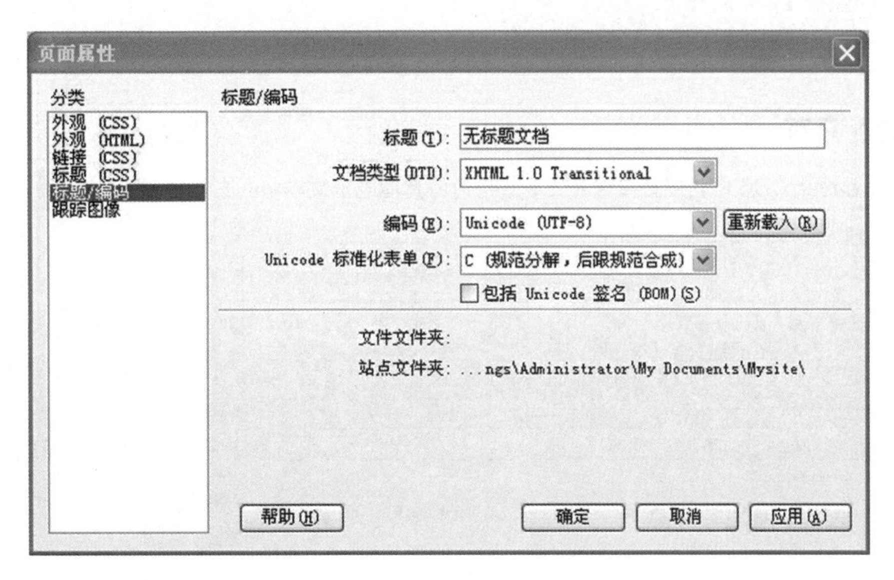

图 6-8　标题 / 编码对话框

【文档类型（DTD）】：设置文档类型，一般默认为 XHTML 1.0 Transitional。

【编码】：指定文档中字符所用的编码。如果选择 Unicode（UTF-8）作为文档编码类型，则不需要实体编码；如果选择其他文档类型，则可能需要实体编码。如果网页文档显示乱码，则设置为简体中文（GB2312）。

【Unicode 标准化表单】：仅在选择使用 UTF-8 作为文档编码时才启用。

❼点击左侧【分类】中选择【跟踪图像】选项，在右侧就可以看见所有【跟踪图像】的具体设置。在【跟踪图像】区域中指定将平面设计稿作为参考的背景图像，便于元素的定位。该图仅供参考，在浏览器中浏览页面时并不出现；可以对【透明度】进行指定，设置跟踪图像的透明度，如图 6-9 所示。

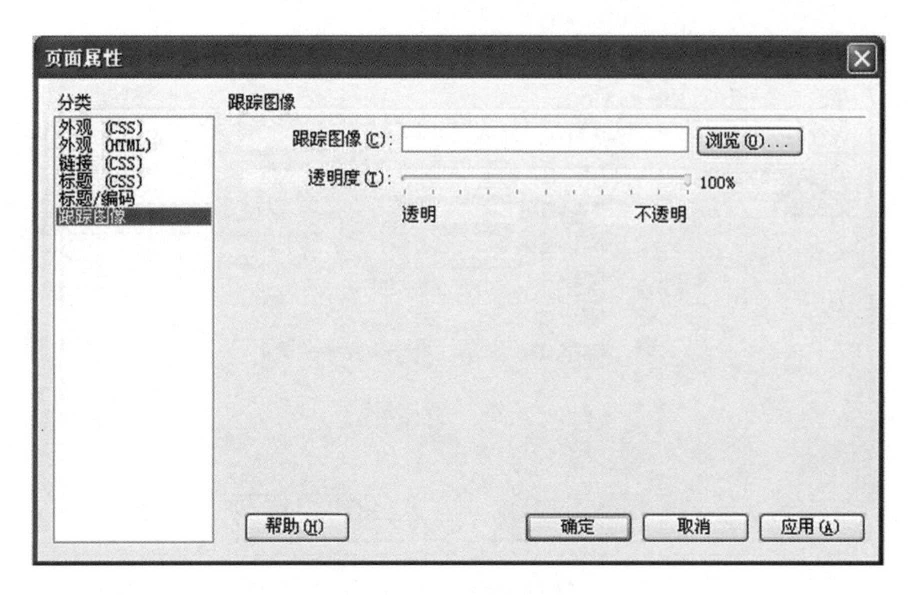

图 6-9　跟踪图像对话框

❽完成页面设置后，单击【确定】按钮。

6.2 设置文本属性

6.2.1 输入文本

在 Dreamweaver CS6 中可以直接输入文本，也可将其他电子文本中的文本复制到其中。将光标放置在要输入文本的位置，输入文本，如图 6-10 所示。

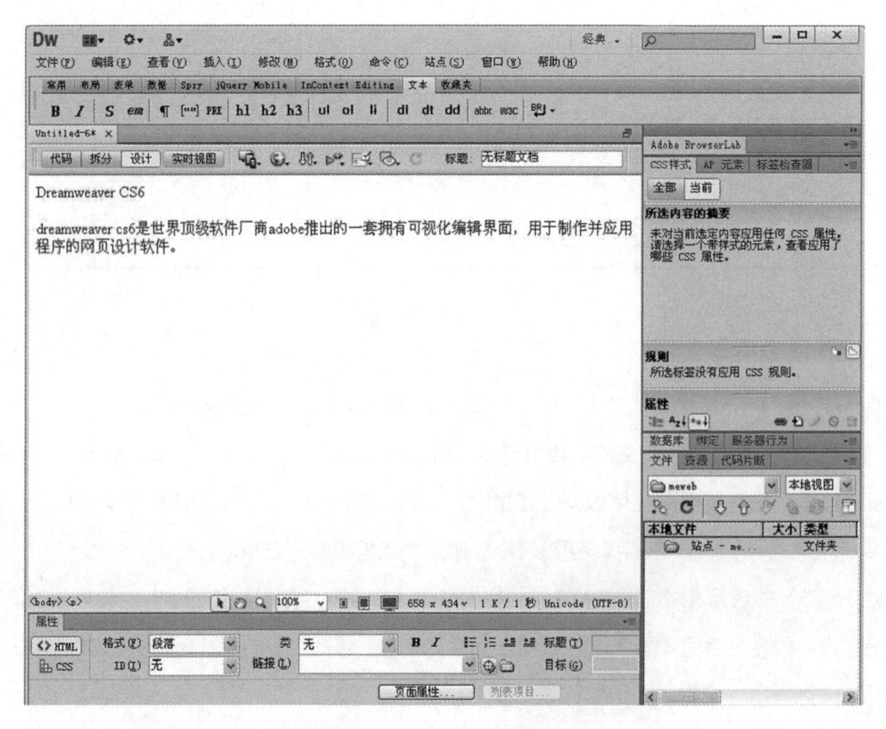

图 6-10　输入文本

6.2.2 设置字体

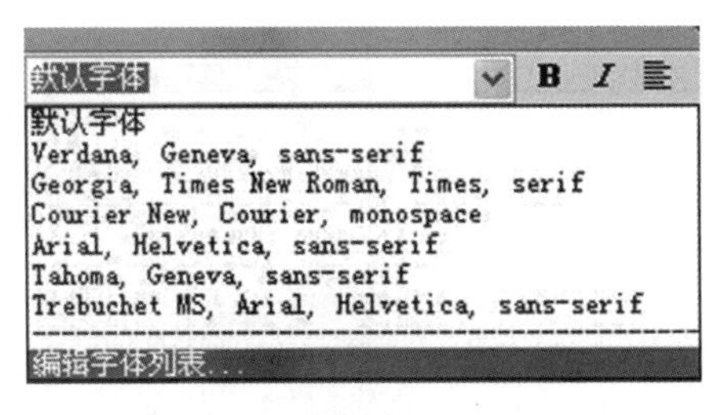

图 6-11　编辑字体列表对话框

❶选择文本，在【属性】面板中的【字体】下拉列表中选择【编辑字体列表】选项，如图 6-11 所示。

❷弹出【编辑字体列表】，在对话框中的【可用字体】选择要添加的字体，单击【<<】按钮添加到左侧列表框中，如需取消则点击【>>】按钮，如图 6-12 所示。

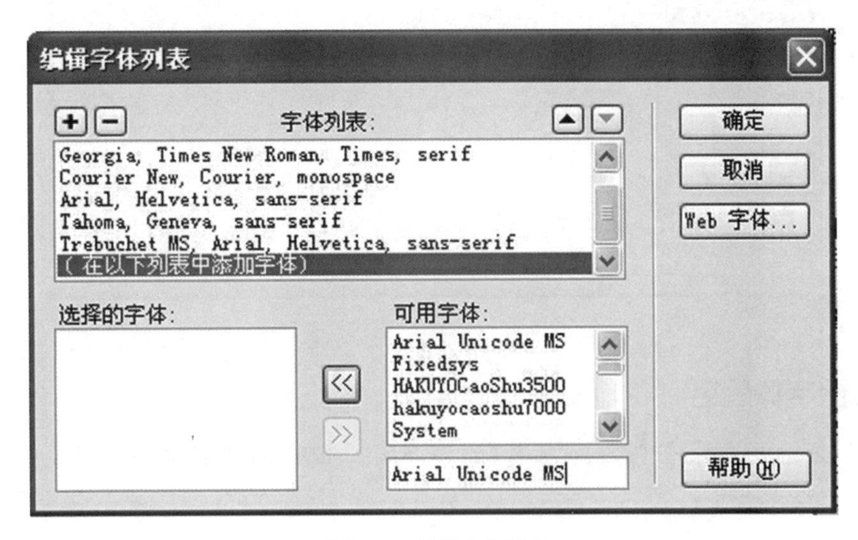

图 6-12　编辑字体列表

❸完成一个字体样式的添加之后，单击【+】按钮可进行一个字体样式的添加。若要删除某个已经添加好的字体样式，可以选中该字体单击【-】按钮。

❹完成字体样式添加后，单击【确定】按钮。

6.2.3 设置字号

❶选中设置字号的文本，在【属性】面板的【大小】下拉列表中选择字号的大小，或在文本框中直接输入数字，如图 6-13 所示。

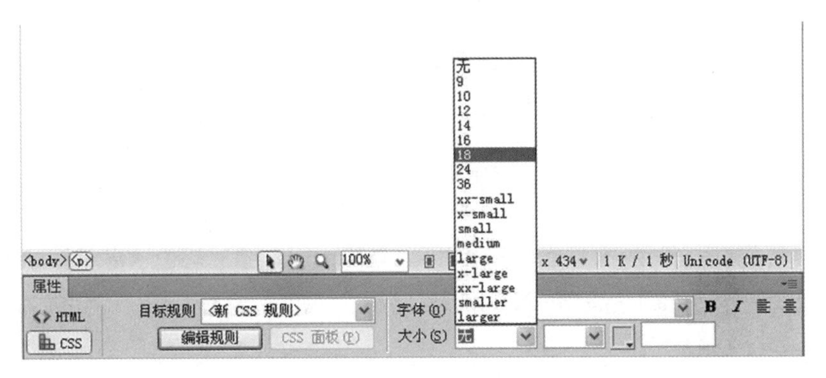

图 6-13　字体大小对话框

❷弹出【新建 CSS 规则】对话框，在对话框中的【选择器类型】中选择【类（可应用于任何 HTML 元素）】，在【选择器名称】中输入名称，在【规则定义】中选择（仅限该文档），如图 6-14 所示。设置完之后单击【确定】按钮。

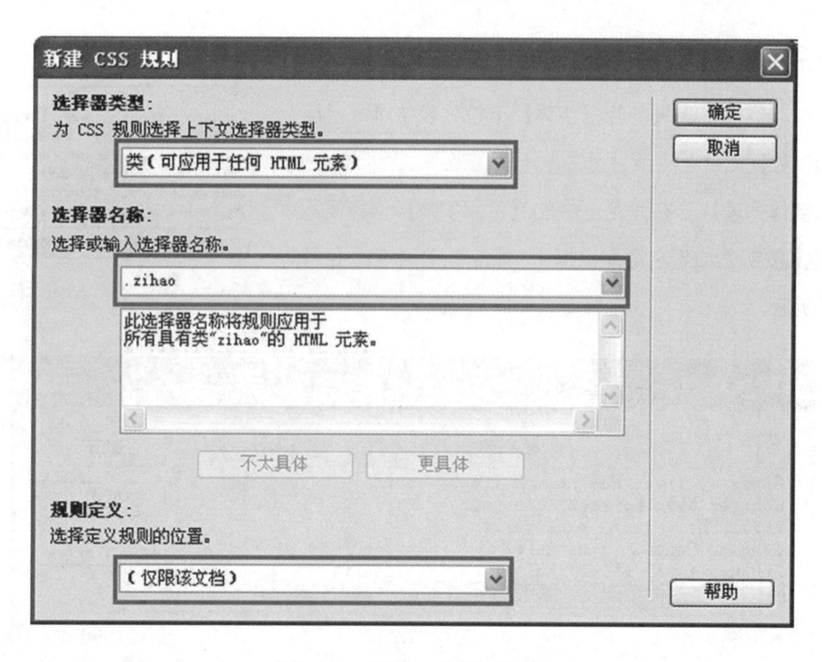

图 6-14　新建 css 规则对话框

6.2.4 设置字体颜色

❶选中需要设置颜色的文本，在【属性】面板中单击【文本颜色】按钮，弹出调色板，在调色板中选中所需的颜色，如图 6-15 所示。

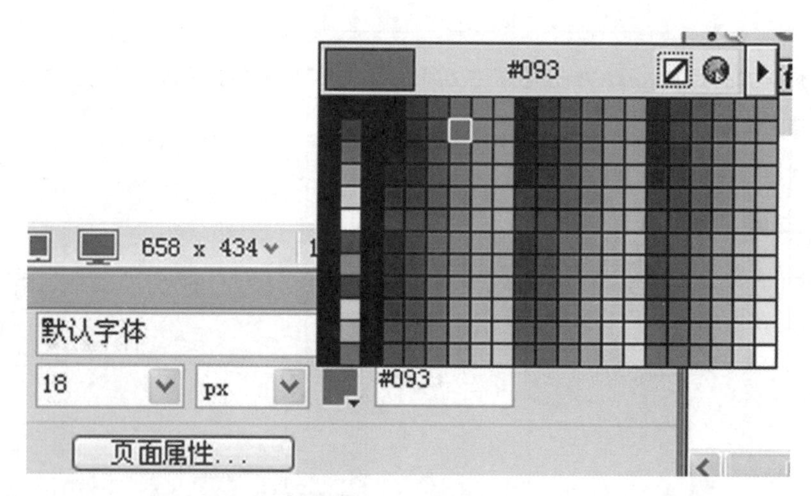

图 6-15　调色板

❷在设置了字体大小之后，设置字体颜色，则不会弹出【新建 css 规则】对话框；如果只设置颜色，则会弹出【新建 css 规则】对话框，对话框设置方法与字体大小中【新建 css 规则】设置方法一致，在此不再赘述。

6.2.5 设置字体样式

设置字体样式有两种方法，一种是通过【属性】面板设置，一种是通过【功能菜单】设置。

❶选中需要设置字体样式的文字，在【属性】面板中选择 **B** 按钮，将文本设置为粗体；选择 *I*，将文本设置为斜体。

❷第二种方法是，选中文本，在【功能菜单】的【格式】→【样式】中选择合适的样式，可以多选，如图 6-16 所示。

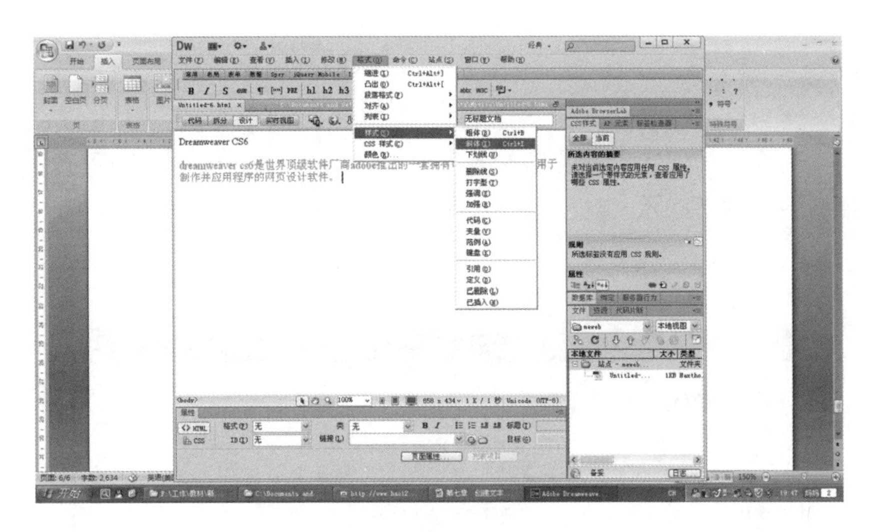

图 6-16　样式对话框

6.2.6 编辑段落

在文档窗口中每输入一段文字，按下 enter 键，就自动形成一个段落。编辑段落主要是对文本进行设置，包括段落格式设置、预格式化文本、设置段落的对齐方式和设置段落文本的缩进样式等。

（1）设置段落格式

❶将光标放在段落中任意位置或者选中段落中的一些文本。

❷选择【功能菜单】中【格式】→【段落格式】，则弹出可供选择的格式样式，如图 6-17 所示。还可以在【属性】面板中选择【格式】下拉框进行选择设置。

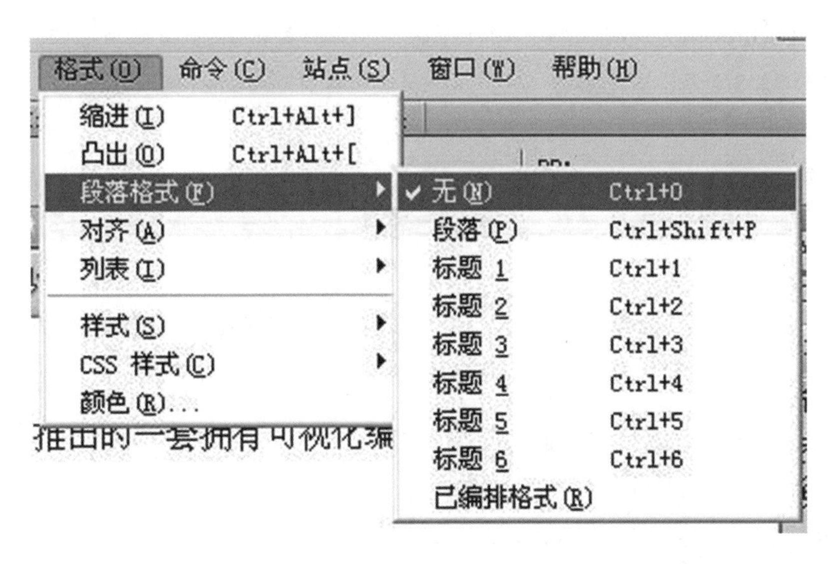

图 6-17　段落格式对话框

❸选择【段落】或【标题 1】至【标题 6】中一个合适的段落格式。如果选择【段落】，则文本表现形式上没有变化，但在【状态栏】窗口中会明显增加了 <p> 标签，如图 6-18 所示；如果选中【标题 1】至【标题 6】中的一个，则【状态栏】窗口中会明显增加了 <h1> 标签，如图 6-19 所示。

图 6-18

图 6-19

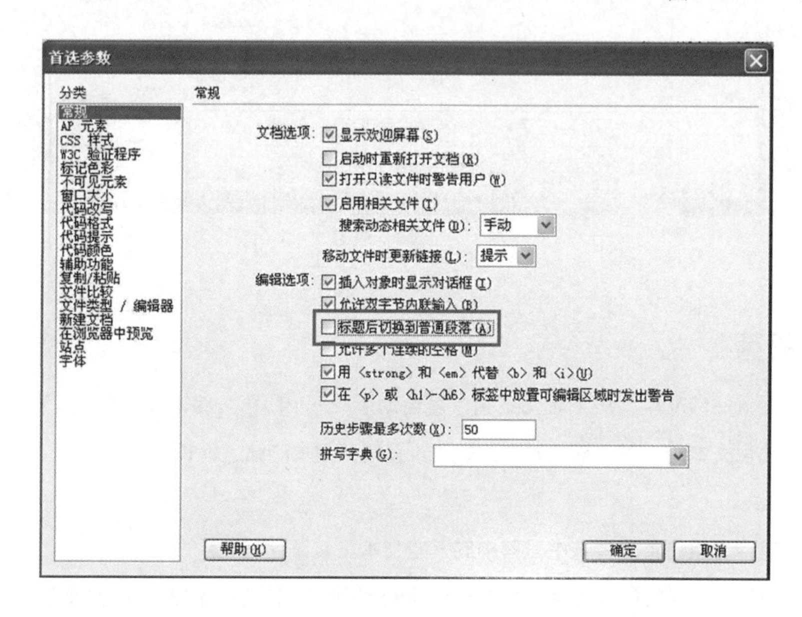

图 6-20 首选参数对话框

❹当选择【标题】时，Dreamweaver 会自动将下一行设置为标志段落。如要更改此设置，可选择【编辑】→【首选参数】命令，打开【首选参数】对话框，在【常规】中的【编辑选项】中取消选中的“标题后切换到普通段落”复选框，如图 6-20 所示。

（2）定义预格式化

在 Dreamweaver 中无法直接输入空格，这点在文档多样编辑时非常不方便。可以通过使用 <pre>…</pre> 标签解决这个问题。

将需要预格式化的文本选中，选择【功能菜单】中【格式】→【段落格式】→【已编排格式】命令，如图 6-21 所示，或者选择文本在【属性】面板中的【格式】下拉列表中选择【预先格式化的】命令，如图 6-22 所示。

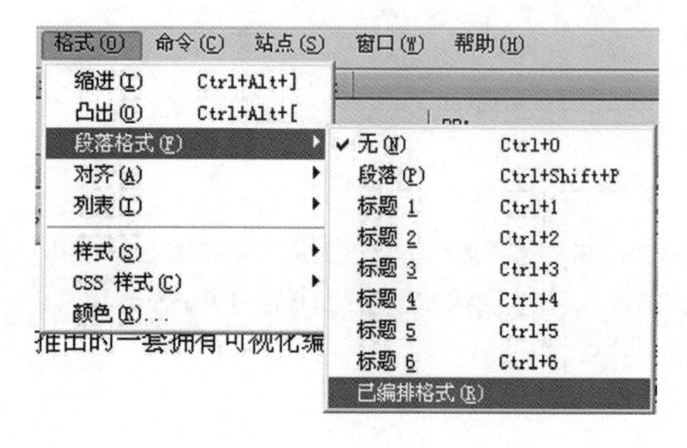

图 6-21

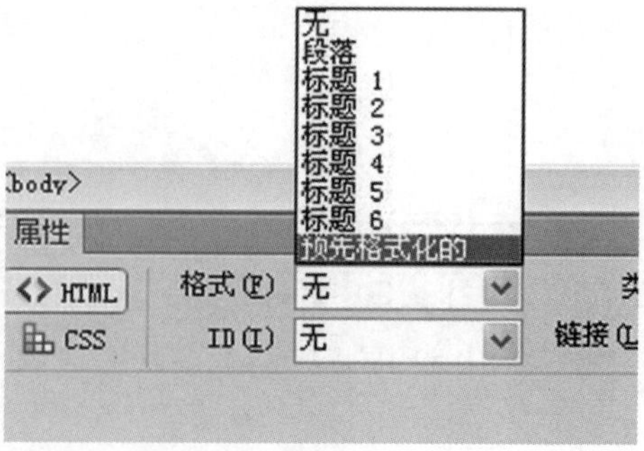

图 6-22

【注意】如果要在段落的段首空两格，不能直接在【设计视图】模式下输入空格，要切换到【代码视图】中，在段首文字前输入“ ”（英文状态下输入）。

（3）段落的对齐方式

共有 4 种对齐方式：左对齐、居中对齐、右对齐和两端对齐。

❶选中需要设置的文本。

❷选择【功能菜单】中的【格式】→【对齐】命令，从弹出菜单中选择合适的对齐方式即可。

（4）段落缩进和凸出

在强调一些文字时，需要将文件进行缩进或凸出，以示区别。

❶选中缩进的段落

❷选择【功能菜单】栏中的【格式】→【缩进】或者【凸出】命令。

在对段落的定义中，使用 enter 键可以使段落之间产生较大间距，因为 enter 键是创建了一个段落，使得 enter 键处之后的内容成为一个新段落，即用 <p></p> 定义了一个段落；如要对文字进行换行，可以使用“enter+shift”组合键，前后文字仍是一个段落，只是在使用 enter+shift 的地方加入了 </br> 标记。

6.3 设置项目列表和编号列表

在网页编辑中会经常用到项目列表，用来表达包含层次关系、并列关系等，这样有利于访问者的理解。

6.3.1 设置项目列表

将光标放置在需要设置项目列表的地方，如果同时设置多个，则需要把多个同时选中；选择【功能菜单】中的【格式】→【列表】→【项目列表】命令，创建项目列表，如图 6-23 所示。

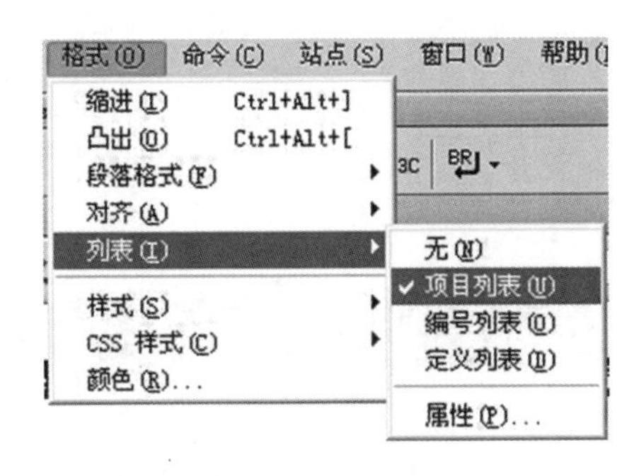

图 6–23　项目列表对话框

【注意】还可以单击【属性】面板中的【项目列表】（ ）按钮，即可创建项目列表。

6.3.2 设置编号列表

将光标放置在需要设置编号列表的地方，如果同时设置多个，则需要把多个同时选中；选择【功能菜单】中【格式】→【列表】→【编号列表】命令，创建编号列表，如图 6-24 所示。

【注意】还可以单击【属性】面板中的【编号列表】（ ）按钮，即可创建编号列表。

图 6–24　编号列表对话框

6.3.3 列表嵌套

嵌套的列表项目是项目列表或编号列表的子项目，以项目列表嵌套编号列表为例，创建方法如下：

❶选中需要创建列表的文字，点击【格式】→【列表】→【项目列表】命令，创建项目列表，如图 6-25 所示。

❷选中做为嵌套的列表项目，如图 6-26 所示。

Adobe Dreamweaver

- 发展历程
- 工作界面
- 功能介绍
- 功能特色
- 具体功能
- 新增功能
- 集成增强
- 快捷键

图 6-25

Adobe Dreamweaver

- 发展历程
- 工作界面
- 功能介绍
- 功能特色
- 具体功能
- 新增功能
- 集成增强
- 快捷键

图 6-26

❸在【属性】面板中选择缩进按钮（）或点击菜单栏中的【格式】→【缩进】命令。

❹再次选择缩进的项目列表，然后点击菜单栏中的【格式】→【列表】→【编号列表】即可，效果如图 6-27 所示。编号列表中嵌套项目列表操作方法一样，在此不再赘述。

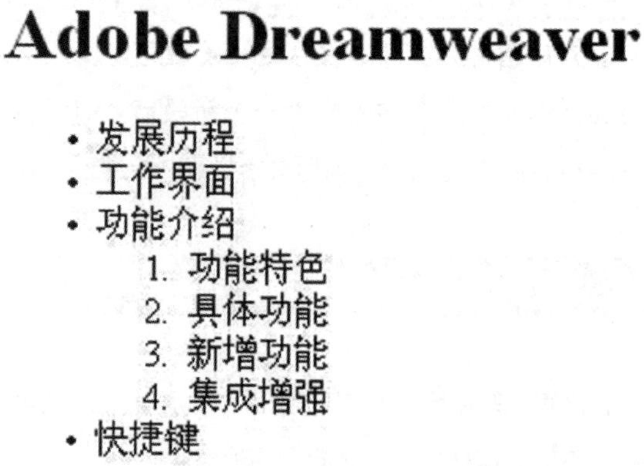

Adobe Dreamweaver

- 发展历程
- 工作界面
- 功能介绍
  1. 功能特色
  2. 具体功能
  3. 新增功能
  4. 集成增强
- 快捷键

图 6-27

6.4 创建其他元素

6.4.1 插入网页头部内容

页面头部内容指的是包括在网页头部 <head></head> 标签中间的 META 标签。其主要内容包括：标题、META、关键字、说明、刷新、基础和链接。

（1）设置 META

META 常用于插入一些为服务器提供选项的标记符，具体方法是：

❶选择【插入】→【HTML】→【文件头标签】→【META】命令，弹出【META】对话框，如图 6-28 所示。

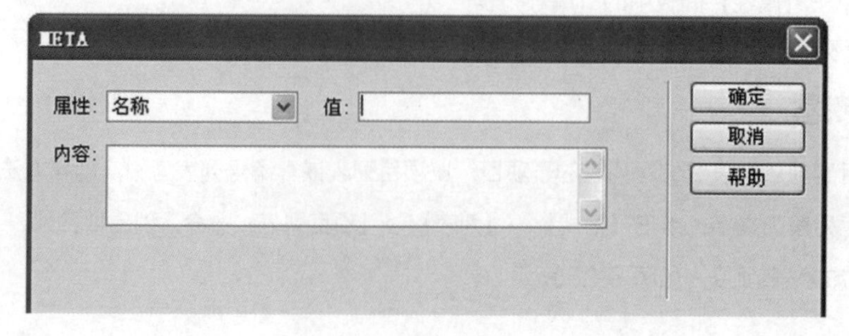

图 6-28　META 对话框

❷在【属性】下拉列表中选择【名称】或【http-equiv】选项，指定 META 标签是否包含有关页面的描述信息或 http 标题信息。

❸在【值】中指定在该标签中提供的信息类型。

❹在【内容】文本框中输入实际的信息。

❺设置完毕后，单击【确定】按钮即可。

【注意】单击【插入栏】→【常用】的按钮，在弹出的对话框中选择 META 选项，在弹出的对话框中填写信息。

（2）插入关键字

关键字是给网络搜索引擎准备的，关键字就是与网页主题内容相关的代表词语，一般要尽可能地概括网页的主题内容。

❶选择【插入】→【HTML】→【文件头标签】→【关键字】命令，弹出【关键字】对话框，如图 6-29 所示。

❷在【关键字】文本框中输入一些关键词语，单击确定即可。

【注意】单击【插入栏】→【常用】的按钮，在弹出的对话框中选择【关键字】选项，在弹出的对话框中填写信息。

图 6-29　关键字对话框

（3）插入刷新

设置网页每隔一段指定的时间，就跳转到某个页面或是刷新自身；插入刷新的具体操作步骤如下：

❶选择【插入】→【HTML】→【文件头标签】→【刷新】命令，弹出【刷新】对话框，如图 6-30 所示。

❷在【延迟】文本框中输入刷新文档要等待的时间。

❸在【操作】选项区域中，可以选择重新下载页面的地址，勾选【转到 URL】按钮时，单击文本框右侧的【浏览】按钮，在弹出的【选择文本】对话框中选择要重新下载的网页文件。勾选【刷新此文档】按钮时，将重新下载当前的页面。设置完毕后单击【确定】即可。

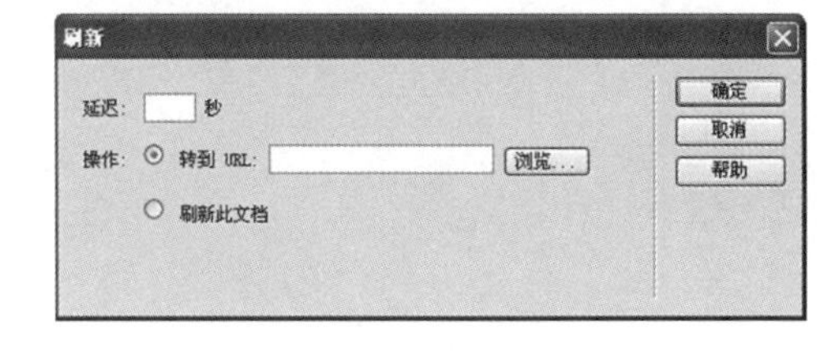

图 6-30　刷新对话框

6.4.2 创建水平线

水平线主要用于分割文档内容，使文档结构层次清楚；插入水平线的具体操作步骤如下：

❶将光标放置在要插入水平线的位置，选择【插入】→【HTML】→【水平线】命令，插入水平线。

【注意】：将光标放置在要插入水平线的位置，单击【插入栏】→【常用】中的按钮，也可以插入水平线。

❷选中水平线，打开【属性】面板，可以在【属性】面板中设置水平线的【高】、【宽】、【对齐】和【阴影】，如图 6-31 所示。

图 6-31　刷新对话框

【宽】和【高】：以像素为单位或以浏览器窗口尺寸百分比形式设置。

【对齐】：设置水平线的对齐方式，有【默认】、【左对齐】、【居中对齐】和【右对齐】4 个选项。只有当水平线的宽度小于浏览器窗口的宽度时，该设置才有效。

【阴影】：设置水平线是否带阴影，取消选择该项将使用纯色绘制水平线。

❸进入【代码视图】模式，在 <hr> 标签中，加入“color= 对应颜色的值”即可。

❹设置完毕，保存该网页，按 F12 键在浏览器中浏览效果。

6.4.3 创建特殊字符

特殊字符是网页中经常用到的元素，包括换行符、空格、版权信息和注册商标等。在网页文档中插入特殊字符时，只有在浏览器窗口中才能显示详情。

❶将光标放置在要插入水平线的位置，选择【插入】→【HTML】→【特殊字符】→【版权】命令，插入版权字符。

【注意】选择【插入】→【HTML】→【特殊字符】→【其他字符】命令，在弹出的对话框中选择更多的特殊字符。

❷保存文档，按 F12 键即可在浏览器中浏览效果。

第 7 章　插入图像和多媒体

网页中的图像文件有许多格式，但是在网页中经常使用的有 3 种，即 GIF、JPEG 和 PNG。PNG 文件具有较大的灵活性并且文件较小，几乎任何类型的网页图像都是合适的，但 Internet Explorer 和 Netscape Navigator 只能部分支持 PNG 图像显示，所以目前 GIF 和 JPEG 文件格式的使用情况最好。

7.1 插入图像

图像能给网站增添无穷的活力，同时能加深用户对网站的印象。

7.1.1 插入常用图像

插入图像的具体步骤如下：

❶将光标置于文档中要插入图像的位置。

❷选择【功能菜单】→【插入】→【图像】命令，弹出【选择图像源文件】对话框，从中选择需要的图像文件，如图 7-1 所示。

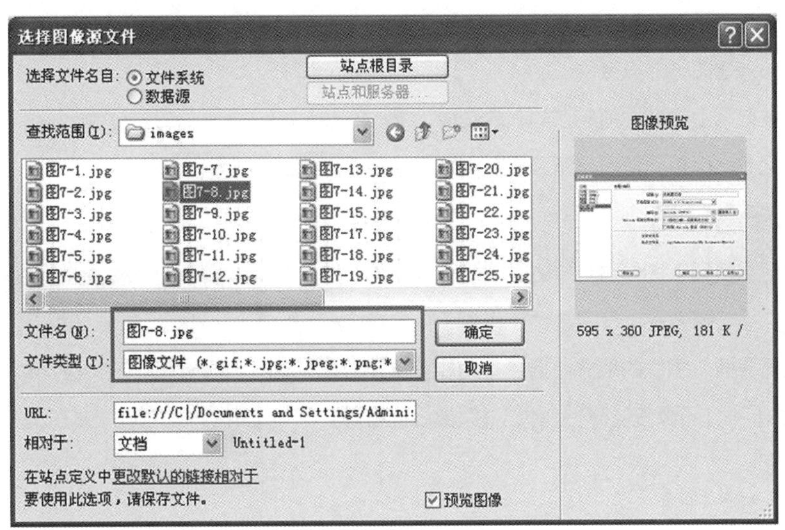

图 7-1　选择图像源文件对话框

【注意】将光标放置在要插入图像的位置，单击【插入栏】→【常用】中的 按钮，弹出【选择图像源文件】对话框，从中选择需要的图像文件。

❸单击【确定】按钮，完成图像插入。

7.1.2 设置图像属性

插入图像后，可以根据网页设计需要对图像进行属性编辑，具体操作步骤如下：

❶选择图像，在【属性】面板中显示了可以进行设置的图像属性，如图 7-2 所示。

图 7-2　图像面板对话框

在【属性】面板中可以进行如下设置：

【源文件】：设定图像的具体路径。

【链接】：为图像设置超链接。可以直接输入 URL 地址，也可以用鼠标按住 拖动到右侧【站点】面板中的网页上面；还可以单击 按钮选择要链接的文件。

【目标】：链接时的目标窗口或框架。当链接设置成功之后，此项可编辑；在目标下拉框中有四个选项：

_blank：将链接的对象在一个未命名的新浏览器窗口中打开。

_parent：将链接的对象在含有该链接的框架的父框架集或父窗口中打开。

_self：将链接的对象在该链接所在同一框架或窗口中打开；_self 是默认选项。

_top：将链接的对象在整个浏览器窗口中打开。

【替换】：当图像不能正常显示时，便在图像的位置上显示此内容，通常是图像的注释文本。

：启动外部编辑软件 Photoshop 编辑图像。

：弹出【图像预览】对话框，在对话框中对图像进行设置。

：修剪图像的大小，从所选图像中删除不需要的部分。

：调整图像的亮点和对比度。

：调整图像的清晰度。

【宽】和【高】：设置图像的宽度和高度。

【地图】：名称和创建图像热点链接。

【原始】：指定在载入主图像之前应该载入的图像。

❷调整属性完成之后，保存，然后刷新即可在浏览器中查看效果。

7.1.3 插入图像占位符

在图像设计中有时需要插入图像占位符占据一定位置，便于网页元素的位置布置。插入图像占位符的具体操作如下：

❶将光标放置在需要插入图像的地方，选择【功能菜单】→【插入】→【图像对象】→【图像占位符】，弹出【图像占位符】对话框，如图 7-3 所示。

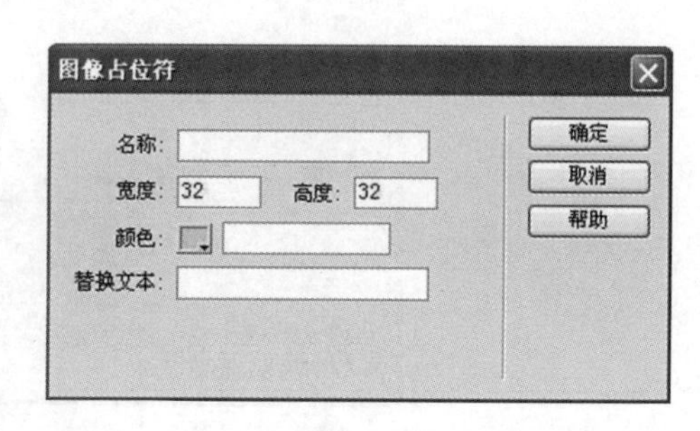

图 7-3　图像占位符对话框

【宽度】和【高度】：指图像占位符的尺寸。

【颜色】：指定图像占位符的颜色。

【替换文本】：当图像不能显示或鼠标指在其上面时显示的文字。

❷设置完成后，单击【确定】即可。

7.1.4 插入鼠标经过图像

当鼠标经过图像时，原图像会变成另外一张图像。其实质是由两张大小相同的图像组成，原始图像和鼠标经过的图像。若两张图像尺寸不一样，则当鼠标经过时第二张图像会自动调整到和原始图像一样的大小。

❶将光标置于需要插入图像的位置，选择【功能菜单】→【插入】→【图像对象】→【鼠标经过图像】，弹出【鼠标经过图像】对话框，如图 7-4 所示。

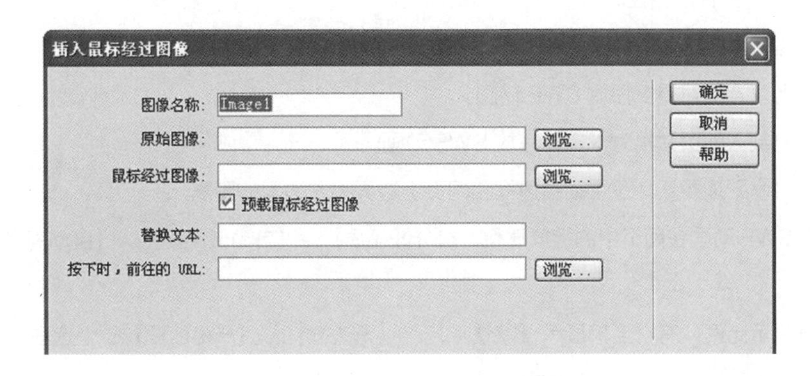

图 7-4　鼠标经过图像对话框

在【鼠标经过图像】对话框中可以设置如下参数：

【图像名称】：设置图像的名称。

【原始图像】：单击【浏览...】按钮选择图像源文件或直接在文本框输入图像路径。

【鼠标经过图像】：单击【浏览...】按钮选择图像源文件或直接在文本框输入图像路径。

【预载鼠标经过图像】：使图像预先加载到浏览器的缓存中，便于加快图像的显示。

【替换文本】：当图像不能显示或鼠标指在其上面时显示的文字。

【按下时，前往的 URL】：单击【浏览...】按钮选择图像源文件或直接在文本框输入鼠标经过图像时打开的文件路径。如果未给其设置链接，Dreamweaver CS6 会自动在 html 代码中为鼠标经过图像加上一个空链接，若将此空链接删除，则鼠标经过图像功能失效。

❷设置完成后，单击【确定】按钮，保存之后刷新页面查看效果。

7.2 插入多媒体

多媒体的运用丰富了网页效果，增加了网页的吸引力，SWF 动画和 FLV 视频是网页常用的视频形式，所以要掌握 SWF 动画和 FLV 视频在网页中的使用。

7.2.1 插入 SWF 动画

❶将光标置于需要插入 SWF 动画的位置，选择【功能菜单】→【插入】→【媒体】→【SWF】命令，弹出【选择 SWF】对话框，在对话框中选择插入文件。

❷单击【确定】按钮，插入 SWF 动画，保存文档，刷新网页页面查看效果。

❸选中插入的 SWF 文件，在【属性】面板中进行 SWF 属性设置，具体内容如图 7-5 所示。

图 7-5　SWF 属性对话框

【FlashID】：设置 SWF 动画的名称。

【宽】和【高】：设置文档中 SWF 动画尺寸。

【文件】: 指定 SWF 文件的路径。

【背景颜色】：指定动画区域的背景颜色；在不播放动画时也显示此颜色。

【循环】：勾选此复选框可重复播放 SWF 动画。

【自动播放】：当载入网页文档时，自动播放 SWF 动画。

【垂直边距】和【水平边距】：设置动画边框和网页上边界和左边界的距离。

【品质】：指定 SWF 动画在网页中的播放质量，有【低品质】、【自动低品质】、【自动高品质】、【高品质】4 个选项。

【比例】：设置显示比例，有【全部显示（默认）】、【无边框】、【严格匹配】3 个选项。

【对齐】：设定 SWF 在页面中的对齐方式。

【Wmode】：为 SWF 文件设置 Wmode 参数以避免与 DHTML 元素产生冲突。

【播放】：在编辑窗口中播放 SWF 动画。

【参数】：打开对话框，设置传达给动画的附加参数；前提是动画已经被设置好了接收参数。

7.2.2 插入 FLV 视频

在网页中插入 FLV 视频的具体步骤如下：

❶将光标置于需要插入 FLV 视频的位置，选择【功能菜单】→【插入】→【媒体】→【FLV】命令，弹出【插入 FLV】对话框，如图 7-6 所示。

❷点击 url 文本框后面的按钮，在弹出的对话框中选择视频文件。

❸单击【确定】按钮，然后在【插入 FLV】对话框中进行相应的设置，单击【确定】完成设置。

❹保存文档，在浏览器页面中刷新查看效果。

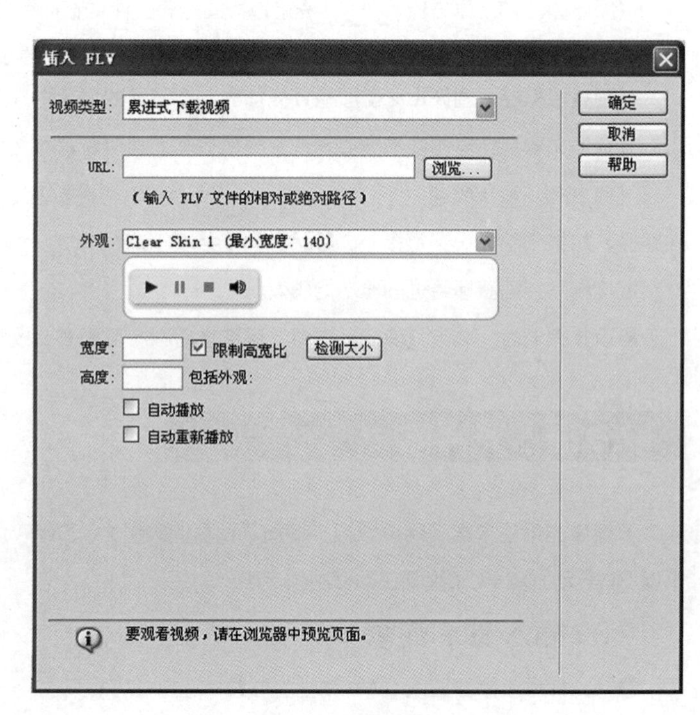

图 7-6　插入 FLV 对话框

第 8 章　超链接

超链接的存在使得有限的空间展示无限的内容成为可能；超链接是网页构成元素中不可缺少的组成部分。

8.1 创建超链接

8.1.1 使用菜单创建超链接

❶选中需要创建超链接的文本（不能是图像），选择【功能菜单】→【插入】→【超级链接】命令，弹出【超级链接】对话框，如图 8-1 所示。

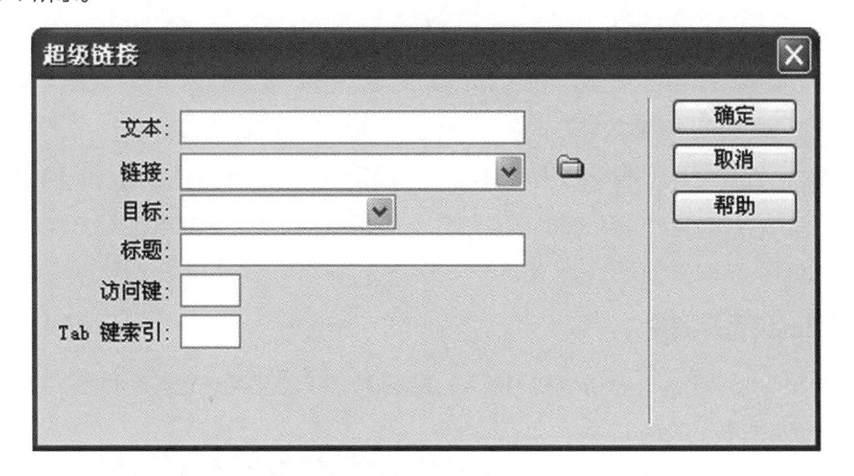

图 8-1　超级链接对话框

在对话框中可以进行超链接的相关设置：

【文本】：选中的文本会显示在此处。

【链接】：跳转到的目的地址，可以直接输入网址，也可点击【浏览】选择。

【目标】：设置目的网页的打开位置。

【标题】：设置超链接的标题。

❷设置完毕，单击确定即可。保存网页文档，刷新浏览器页面查看效果。

8.1.2 使用属性面板创建超链接

使用【属性】面板创建超链接有两种方式，一种是通过拖动图标创建，使用拖动图标创建超链接，必须有站点存在。第二种就是直接在链接文本框中输入链接地址。

（1）拖动图标创建超链接

选中需要创建超链接的文本或图像，打开【属性】面板，在面板中单击【指向文件】按钮，按住按钮不放拖动到站点窗口中的目标文件上，松开鼠标即可创建链接，如图 8-2 所示。

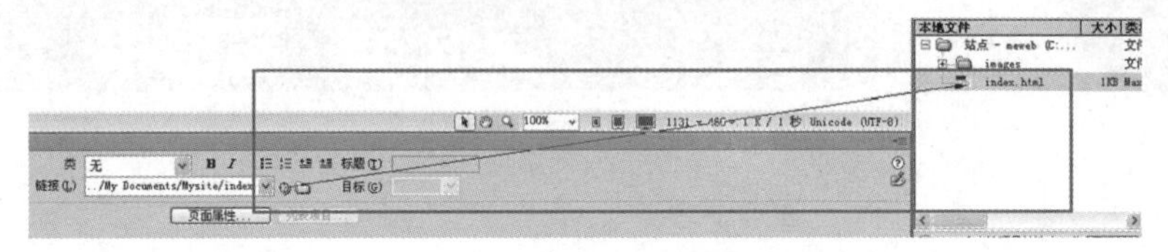

图 8−2　使用拖动图标创建超链接

（2）直接输入地址创建超链接

选中需要创建超链接的文本或图像，打开【属性】面板，在面板中的【链接】后面的文本框中直接输入目标链接地址即可。

8.2 创建其他类型的超链接

8.2.1 创建图像热点

图像热点就是一个图像上建立一个或多个链接。具体做法如下：

❶选中创建热点的图像，在【属性】面板中单击【矩形热点工具】按钮。

❷将鼠标移动到绘制热点图像的地方，按住鼠标左键不放，拖动出一个图形。

❸选中鼠标拖出的图形，在【属性】面板中的【链接】文本框中输入链接地址或者输入锚点名（# 不能删除）。

❹保存，刷新浏览器中网页，查看效果。

【注意】在【属性】面板中有 3 种热点工具：【矩形热点工具】、【圆形热点工具】和【多边形热点工具】，根据图像特征选择合适的热点工具。【圆形热点工具】和【多边形热点工具】的热点创建方法与【矩形热点工具】的创建方法一致，在此不再赘述。

8.2.2 创建 Email 超链接

有两种方式创建 Email 超链接，一种是通过【插入】栏创建，这只能适用于链接对象为文字的情况；另一种方式就是通过【属性】面板创建。

❶选中需要创建 Email 超链接的文本或者直接把光标放置在将插入 Email 超链接的位置，选择【插入栏】中的【常用】中的【电子邮件链接】按钮，弹出电子邮件链接对话框，如图 8-3 所示。

图 8−3　电子邮件链接对话框

❷保存，刷新浏览器中网页，查看效果。

在【属性】面板中创建 Email 超链接，选中链接对象，在【属性】面板的【链接】文本框中输入“mailto: 电子邮箱名”即可。

8.2.3 创建锚点链接

当一个页面内容过多、篇幅较长时，浏览非常不便；在设计时在合适的地方设置锚点有助于浏览者更方便地浏览网页，点击锚点可以快速跳转到需要查看的地方。

❶将光标放置在要设置锚点的地方，选择【插入栏】→【常用】下的【命名锚记】按钮，弹出命名锚记对话框，在锚记名称对话框中输入锚记名称，如图 8-4 所示。

❷选中需要添加超链接的内容，在其属性面板中“链接”的输入框中输入“# 锚记名称”即可。

图 8-4　命名锚记对话框

8.2.4 创建下载文档超链接

网页为用户提供了文档下载功能，则在网页设计时就需要为文档提供下载链接。实质就是超链接的指向目标文档不是一个网页文件，而是压缩文件、MP3、exe 等文件。具体操作步骤如下：

❶选中要创建链接的文字或图像。

❷在【属性】面板中单击【链接】文本框后面的文件夹图标按钮，弹出选择文档对话框。

❸单击【确定】完成选择。

❹保存文档，刷新浏览器页面查看效果。

8.3 管理超链接

8.3.1 自动更新超链接

移动或重命名文档会使指向该文档的链接失效，Dreamweaver CS6 的自动更新功能可以在不更改远程文件中文件的前提下实现链接的自动更新。

选择【功能菜单】→【编辑】→【首选参数】，打开首选参数对话框，在分类列表中选中常规项，右侧区域显示了常规项下的可设置选项，如图 8-5 所示。

【移动文件时更新链接】下拉列表中有 3 个选项：【总是】，每当移动或重命名选定的文档时，将自动更新其

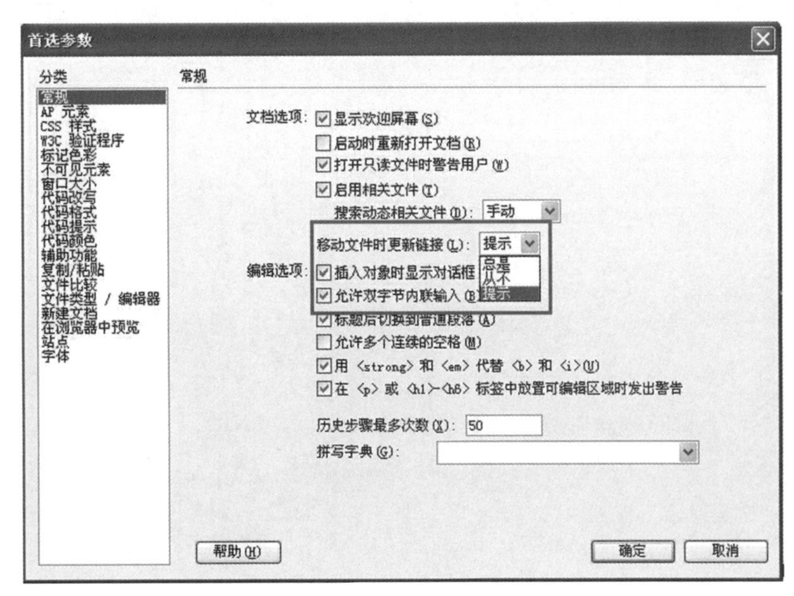

图 8-5　首选参数对话框

指向该文档的所有链接；【从不】，则无论怎样操作文档，都不进行更新；【提示】，每当移动或重命名选定的文档时，将弹出一个对话框，在对话框中列出了此次更改影响到的所有文件，提示是否进行更新，单击【更新】将更新链接。

8.3.2 站点内更改链接

除了自动更新超链接外还可以手动更新所有链接，具体步骤如下：

❶在【站点】面板中选中一个网页文档，选择【功能菜单】→【站点】→【改变站点范围内的链接】，弹出更改整个站点链接对话框，如图 8-6 所示。

❷在【变成新链接】文本框中输入链接的文件名，或者点击按钮选择链接文件，单击【确定】按钮，弹出【更新文件】

图 8-6　更改整个站点链接

对话框，如图 8-7 所示。

❸单击【更新】按钮，完成整个站点内指向最初所选择文档的链接更新。

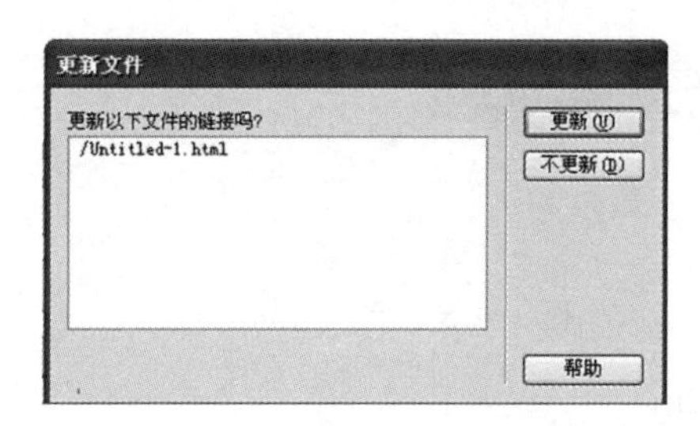

图 8-7　更新文件对话框

第 9 章 使用表格排版网页

表格是网页设计中的常用工具，不仅用于布局，还可以用来制作图表，在网页设计中起着重要的作用。

9.1 创建表格

9.1.1 插入表格

❶将光标放置于要插入表格的位置，选择【插入栏】→【常用】中的表格按钮，弹出表格对话框，如图 9-1 所示。

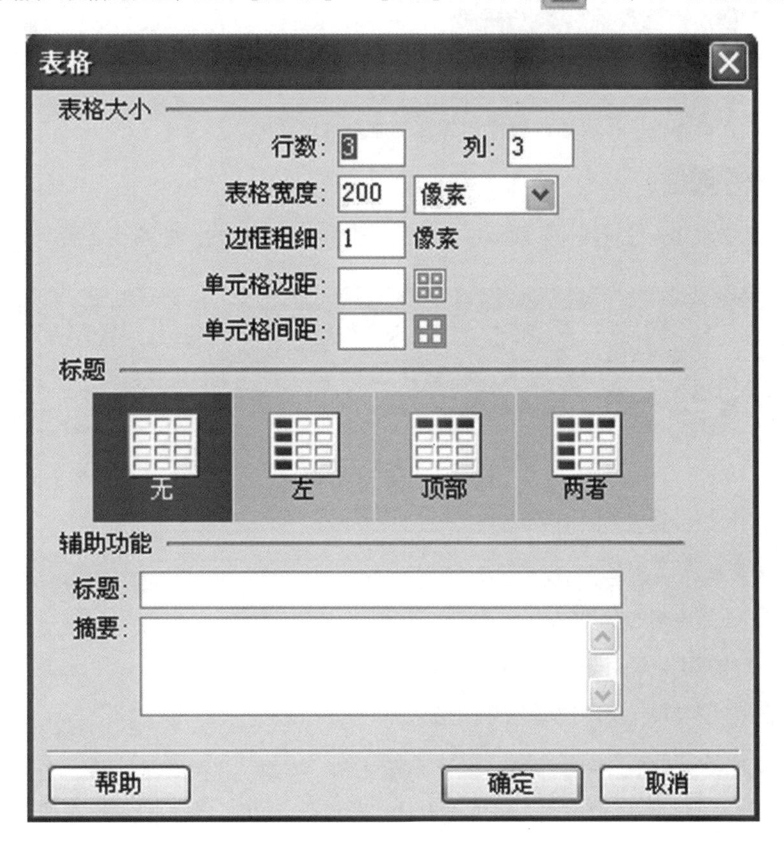

图 9-1　表格对话框

在对话框中可以进行如下设置：

【行数】和【列】：设置新建表格的行数和列数。

【表格宽度】：设置表格的宽度，有像素和百分比两个下拉选项。

【边框粗细】：整个表格的边缘称为边框，此项设置表格边框的宽度，当设置为0时，在浏览器中看不到表格的边框。

【单元格边距】：单元格内容和单元格内边框之间的距离。

【单元格间距】：单元格与单元格之间的距离。

【标题】：定义表头样式，有 4 种样式供选择。

【标题】：定义表格的标题。

【摘要】：对表格进行注释。

❷单击【确定】按钮，插入表格。

9.1.2 表格嵌套

向一个表格的单元格中插入表格即为表格嵌套。如果新嵌入的表格单位为百分比，其具体宽度受到旧表格单元格宽度限制；如果新插入单元格的单位为像素，当嵌套表格的宽度大于旧表格单元格宽度时，旧表格单元格宽度将变大。操作步骤如下：

❶将光标放置在需要插入新表格的单元格中，选择【插入栏】→【常用】中的表格按钮，打开【表格】对话框。在【表格】对话框中设置完属性之后，点击确定即可插入表格。

❷输入完成后，保存网页即可。

9.2 表格属性设置

通过设置表格或单元格属性，可以修改表格的外观使之符合设计需求。

9.2.1 设置表格属性

❶采用框选方式选中表格，在【属性】面板中显示关于表格的所有属性，如图 9-2 所示。

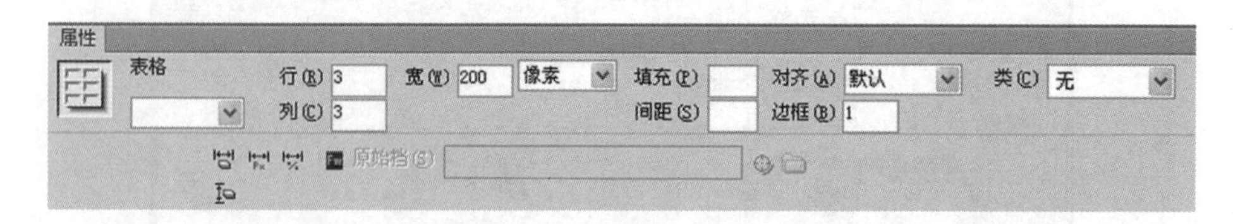

图 9-2　表格属性对话框

在【属性】面板中可以设置表格的相关属性：

：设置表格的 id 名称。

【行】和【列】：设置表格的行列数。

【宽】：设置表格的宽度，以百分比或像素为单位。

【填充】：单元格内容与单元格内边框之间的距离。

【间距】：相邻的表格单元格之间的距离。

【对齐】：设置表格相对于页面的对齐方式，有默认、左对齐、居中对齐和右对齐 4 种方式。

【边框】：设置表格边框宽度。

【类】：将表格设置为一个 CSS 类控制其表现样式。

：清除表格列宽。

：将表格的宽度由百分比转换为像素。

：将表格的宽度由像素转换为百分比。

：清除表格行高。

❷设置完成，保存网页。

9.2.2 单元格属性设置

❶将光标放置在单元格中使单元格处于被选择状态，【属性】面板中显示出可以设置的单元格属性，如图 9-3 所示。

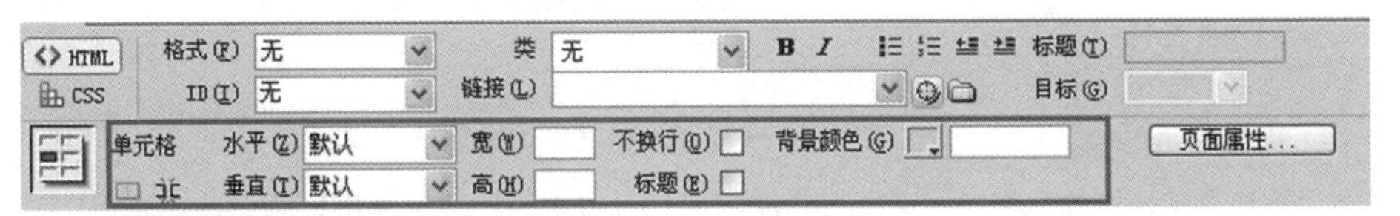

图 9–3　单元格属性面板

在单元格的属性面板中可以设置的参数说明如表 9-1 所示：

表 9–1　单元格属性面板参数

属性	说明
ID 下拉列表框	用于为当前单元格指定 ID
类下拉列表框	用于指定表格所用的 CSS 类
B	用于设置单元格内文字加粗显示
I	用于设置单元格内文字以斜体方式显示
	用于为单元格内元素添加图形项目符号，也就是为其添加 <ul><li></li></ul> 标记
	用于为单元格内元素添加数字项目符号，也就是为其添加 <ol><li></li></ol> 标记
	用于为单元格内元素添加或删除内缩区块
超链接	用于为选中的单元格元素添加超链接
水平下拉列表框	用于设置单元格内元素的水平排版方式，可选值有 Left（居左）、center（居中）、right（居右）
垂直下拉列表框	用于设置单元格内元素的垂直排版方式，可选值有 Top（顶端对齐）、Middle（居中对齐）、Bottom（底端对齐）、BaseLine（基线对齐）
宽	用于指定单元格的宽度
高	用于指定单元格的高度
不换行	用于标记单元格中较长的文本是否换行，处于选中状态表示不换行，否则为自动换行显示
背景颜色	用于为选中的单元格设置背景颜色
	用于对当前的单元格进行拆分，只选中一个单元格时可用
	用于合并当前选中的单元格，只有同时选中多个单元格时可用
页面属性	用于打开页面设置对话框

❷设置完成，保存网页。

9.3 表格的基本操作

9.3.1 选择表格

选择表格的方法有多种，常用的方法有下面几种：

（1）单击表格上的任意一个边框，鼠标下面弹出“按住 Control 键并单击以选择多个单元格”（如图 9-4 所示）时，单击鼠标左键即可。

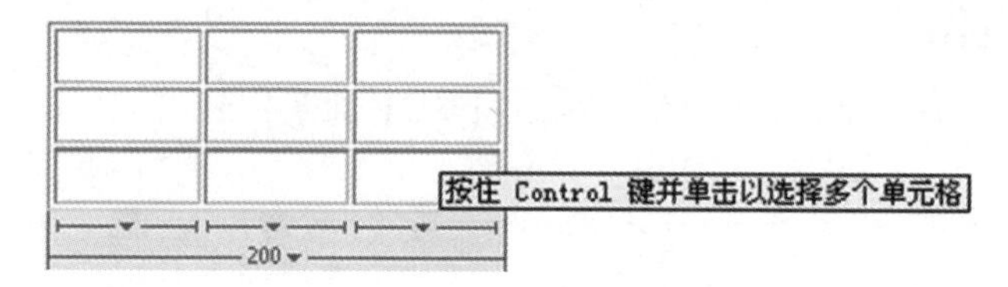

图 9-4　选择对话框

（2）将光标放在表格任意单元格内，选择【功能菜单】→【修改】→【表格】→【选择表格】。

（3）将光标放在表格内任意位置，单击【状态栏】左下角的 <table> 标签，如图 9-5 所示。

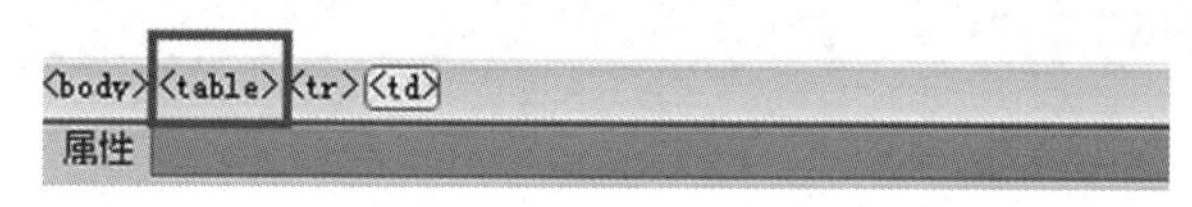

图 9-5　table 标签

9.3.2 调整表格

（1）调整表格大小

选中表格，会在表格上出现 3 个控制点，将鼠标移动到控制点上，当鼠标变成拖动状态时，按住鼠标左键拖动即可调整表格大小；还可以选中表格在【属性】面板中修改表格大小。

（2）插入和删除行、列

将光标置于需要插入或删除行（列）的单元格中，点击鼠标右键，在弹出的菜单中选择【表格】项，在子项目中选择插入或删除行（列）即可。

（3）拆分和合并单元格

将光标放在单元格内，点击鼠标右键，在弹出的菜单中选择【表格】项，在子项目中选择拆分单元格即可。将需要合并的单元格同时选中，点击鼠标右键，在弹出的菜单中选择【表格】项，在子项目中选择合并单元格即可。

9.3.3 导入表格式数据

在网页设计中经常会把 Excel 或者 Access 中的表格导入到页面中，利用【导入表格式数据】功能可以非常方便地完成此类操作。

❶在导入数据之前，需要对数据进行格式化整理，将 Excel 或者 Access 中的表格数据另存为“.txt”格式，并且将 Excel 或者 Access 中的数据采用逗号或者分号或冒号隔开。（图 9-6）

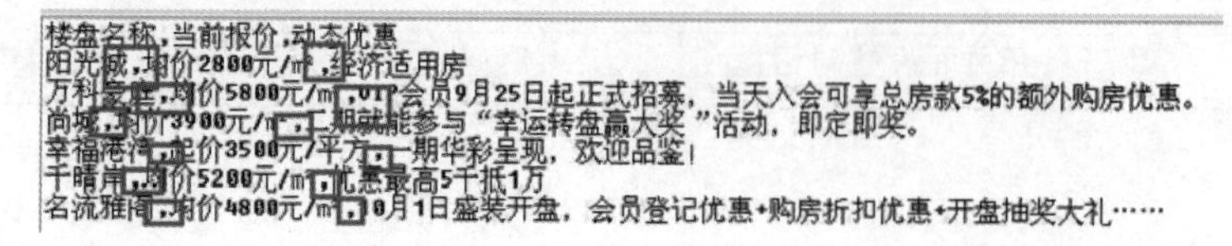
楼盘名称,当前报价,动态优惠
阳光城,均价2800元/㎡,经济适用房
万科家庭,均价5800元/㎡,VIP会员9月25日起正式招募，当天入会可享总房款5%的额外购房优惠。
尚城,均价3900元/㎡,二期就能参与“幸运转盘赢大奖”活动，即定即奖。
幸福港湾,起价3500元/平方,一期华彩呈现，欢迎品鉴！
千晴岸,均价5200元/㎡,优惠最高5千抵1万
名流雅阁,均价4800元/㎡,10月1日盛装开盘，会员登记优惠+购房折扣优惠+开盘抽奖大礼……

图 9-6

❷将光标放在插入表格式数据的位置，点击【功能菜单】→【插入】→【表格对象】→【导入表格式数据】命令，弹出导入表格式数据对话框，如图 9-7 所示。

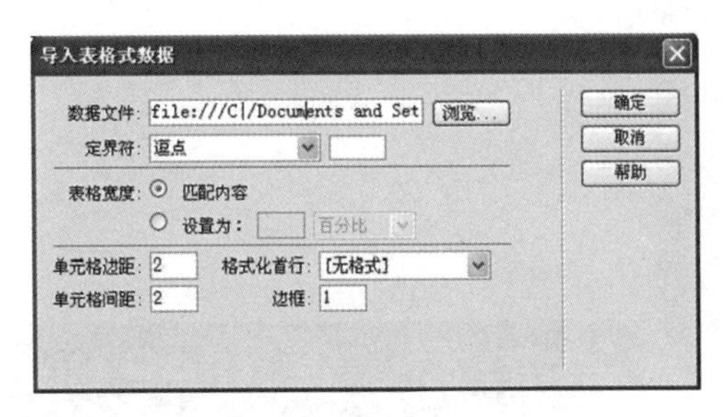

图 9–7 导入表格式数据对话框

❸点击选择数据文件，在【定界符】下拉列表框中选择在 .txt 文档中使用的符号（如逗号），并设置单元格间距和单元格边距。

楼盘名称	当前报价	动态优惠
阳光城	均价2800元/m²	经济适用房
万科豪庭	均价5800元/m²	VIP会员9月25日起正式招募，当天入会可享总房款5%的额外购房优惠。
尚城	均价3900元/m²	二期就能参与"幸运转盘赢大奖"活动，即定即奖。
幸福港湾	起价3500元/平方	一期华彩呈现，欢迎品鉴！
千晴岸	均价5200元/m²	优惠最高5千抵1万
名流雅阁	均价4800元/m²	10月1日盛装开盘，会员登记优惠+购房折扣优惠+开盘抽奖大礼......

图 9–8 表格式数据

❹设置完成，单击【确定】，导入表格式数据，如图 9-8 所示。

9.3.4 表格排序

表格排序是针对具有格式数据的表格而设计的功能，是根据表格内容来排列顺序，具体操作步骤如下：

❶选中表格，或将光标放在任意单元格内，选择【功能菜单】→【命令】→【排序表格】命令，弹出排序列表对话框，如图 9-9 所示。

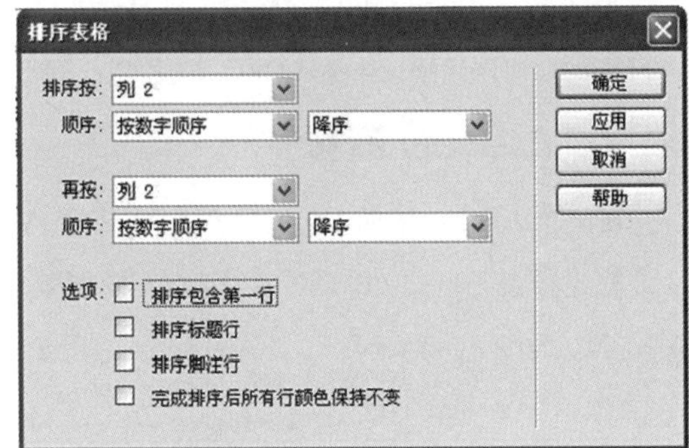

图 9–9 排序列表对话框

❷在对话框中设置排序选项。

【排序按】：确定根据哪一列的值对表格进行排序。

【顺序】：选择是【按字母顺序】方式或者【按数字顺序】方式进行排序，是以【升序】或是【降序】进行排序。

【再按】：确定在另一列上应用的第二种排序方式。

【顺序】：选择第二种排序方式的排序顺序。

【排序包含第一行】：指定将表格的第一行包括在排序中。如果第一行是不能移动的标题，则不选此项。

【排序标题行】：指定使用与标题行相同的条件对表格的标题部分中的所有行进行排序。

【排序脚注行】：指定使用与标题行相同的条件对表格的标题尾部分中的所有行进行排序。

【完成排序后所有行颜色保存不变】：指定排序之后表格的行属性应与同一内容保持关联。若表格的行使用两种交替的颜色，则不要选择此复选框，以确保排序后的表格仍具备颜色交替的行特性；如果行属性特定于每行的内容，则选择此项，以确保行属性保持与排序后表格中的内容相一致。

❸设置完成后，单击确定按钮，完成排序。

第 10 章　使用 AP Div 和 Spry 布局网页

AP Div 来自于 CSS 中的定位原理，只是 Dreamweaver 将其开发为可视化操作。Spry 框架是 JavaScript 和 CSS 库，使用它可以创建显示动态数据的交互式页面元素。

10.1 插入 AP Div

10.1.1 插入普通 AP Div

在 Dreamweaver CS6 中有两种插入 AP Div 的方法。具体方法如下：

❶选择【功能菜单】→【插入】→【布局对象】→【AP Div】即可插入 AP Div。

❷还可在【插入栏】→【布局】→【标准】下的绘制 AP Div 按钮，鼠标变成“十字”形，按住鼠标左键进行拖动，可以绘制一个 AP Div；按住 Ctrl 键不放，可以连续绘制多个 AP Div。

10.1.2 AP Div 嵌套

在一个 AP Div 中插入另一个 AP Div 实现 AP Div 的嵌套，具体做法如下：

将光标置于当前 AP Div 中，选择【功能菜单】→【插入】→【布局对象】→【AP Div】即可插入一个新的 AP Div，如图 10-1 所示。

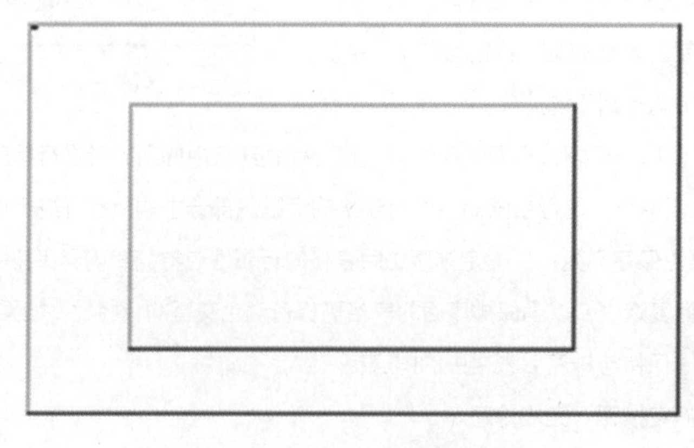

图 10-1　AP Div 嵌套

10.2 AP Div 的属性设置

插入 AP Div 后，可以在其【属性】面板中修改其属性，比如显示大小、可见性、背景等。

10.2.1 设置 AP Div 的显示 / 隐藏属性

设置 AP Div 显示 / 隐藏属性的具体操作步骤：

❶打开【AP 元素】面板，如图 10-2 所示。

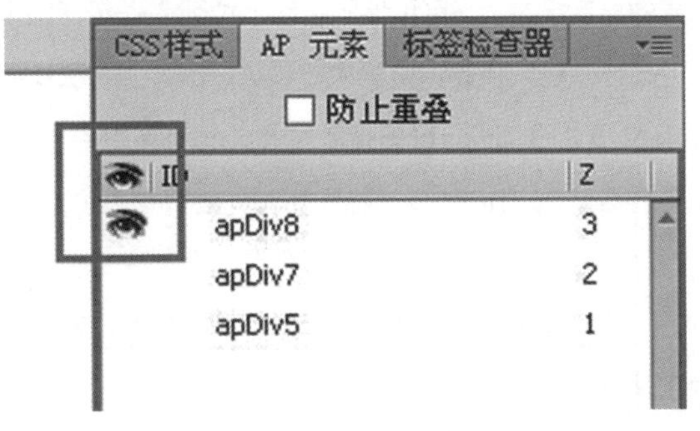

图 10−2　AP 面板

❷单击【AP 元素】面板中的眼睛按钮为亮时，可以使该 AP Div 显示；当眼睛按钮为时，则该 AP Div 隐藏。

10.2.2 设置 AP Div 的层叠顺序

❶在【AP 元素】面板选中 AP Div，单击其对应的 Z 轴序列，Z 轴序列框将变为可修改的文本框，如图 10-3 所示。

❷在文本框中输入数值即可调整 AP Div 的层叠顺序，数值越大，显示越在上面。

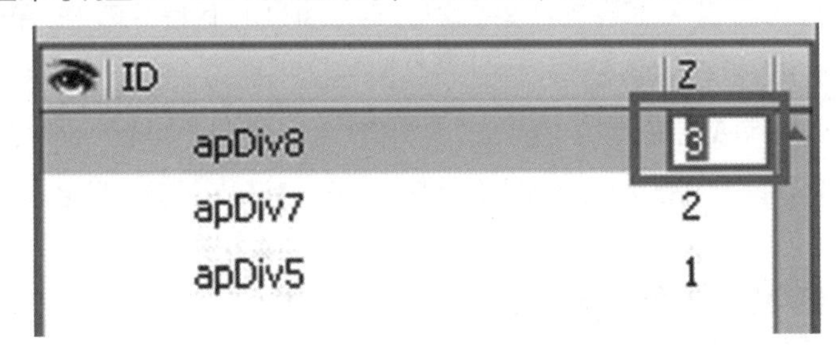

图 10−3　AP 面板

【注意】若想禁止修改 AP Div 的层叠顺序，可将光标放置在文档窗口中，选择【功能菜单】→【修改】→【排列顺序】→【防止 AP 元素重叠】命令，可以防止 AP 元素的重叠。

10.2.3 设置 AP Div 的属性面板

AP Div 的属性可以在其【属性】面板中进行设置，具体设置内容如图 10-4 所示。

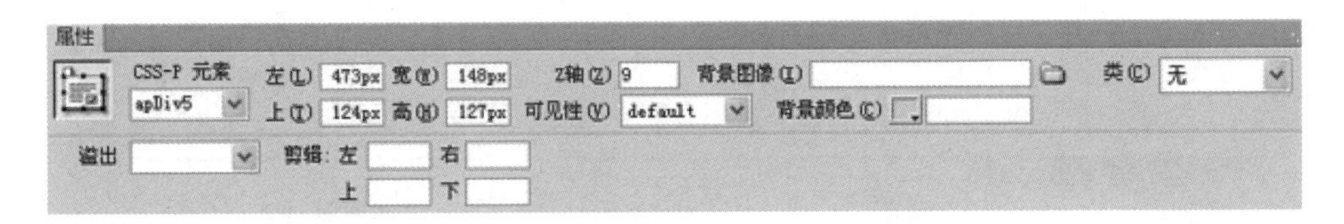

图 10−4　AP Div 属性面板

【CSS-P 元素】：为选中的 AP Div 元素设置名称。名称由数字或字母组成，不能用特殊字符。每个 AP Div 元素的名称是唯一的。

【左】、【上】：分别设置 AP Div 元素左边界和上边界相对于页面左边界和上边界的距离，默认单位为像素（px）。也可以指定为 pc（pica）、pt（点）、in（英寸）、mm（毫米）、厘米（cm）或 %（百分比）。

【宽】、【高】：分别设置 AP Div 元素高度和宽度，单位设置同“左”、“上”属性。

【Z 轴】：设置 AP Div 元素的堆叠次序，该值越大，则表示其在越前端显示。

【可见性】：设置 AP Div 元素的显示状态。“可见性”右侧下拉列表框包括四个可选项：“default（缺省）”，选中该项，则不明确指定其可见性属性，在大多数浏览器中，该 AP Div 会继承其父级 AP Div 的可见性。“inherit（继承）”，选择该项，则继承其父级 AP Div 的可见性。“visible（可见）”，选择该项，则显示 AP Div 及其中内容，而不管其父级 AP Div 是否可见。“hidden（隐藏）”，选择该项，则隐藏 AP Div 及其中内容，而不管其父级 AP Div 是否可见。

【背景图像】：设置 AP Div 元素的背景图像。可以通过单击“文件夹”按钮选择本地文件，也可以在文本框中直接输入背景图像文件的路径确定其位置。

【背景颜色】：设置 AP Div 的背景颜色，值为空表示背景为透明。

【类】：可以将 CSS 样式表应用于 AP Div。

【溢出】：设置 AP Div 中的内容超过其大小时的处理方法。“溢出”右侧下拉列表框中包括四个可选项：“visible（可见）”，选择该项，当 AP Div 中内容超过其大小时，AP Div 会自动向右或者向下扩展。“hidden（隐藏）”，选择该项，当 AP Div 中内容超过其大小时，AP Div 的大小不变，也不会出现滚动条，超出 AP Div 的内容不被显示。“scroll（滚动）”，选择该项，无论 AP Div 中的内容是否超出 AP Div 的大小，AP Div 右端和下端都会显示滚动条。“auto（自动）”，选择该项，当 AP Div 内容超过其大小时，AP Div 保持不变，在 AP Div 右端和下端都出现滚动条，以使其中的内容能通过拖动滚动条显示。

【剪辑】：设置 AP Div 可见区域大小。在“上”、“下”、“左”、“右”文本框中，可以指定 AP Div 可见区域上、下、左、右端相对于 AP Div 的边界距离。AP Div 经过剪辑后，只有指定的矩形区域才是可见的。

10.3 使用 Spry 布局网页元素

Spry 框架是一个 JavaScript 库，Web 设计人员利用它就可以使用 HTML、CSS 和极少量的 JavaScript 将 XML 数据合并到 HTML 文档中，创建如折叠构件和菜单栏、Spry 选项卡式面板等页面效果。

10.3.1 Spry 菜单栏

Spry 菜单栏是一组可导航的菜单按钮，当鼠标悬停在按钮上时，将显示相应的子菜单。具体操作步骤如下：

❶将光标置于文档窗口，选择【功能菜单】→【插入】→【Spry】→【Spry 菜单栏】命令；或者选择【插入栏】→【Spry】中的 Spry 菜单栏按钮。

❷弹出 Spry 菜单栏对话框；在对话框中有垂直构件和水平构件两种菜单栏构件模式，勾选【水平】单选按钮，如图 10-5 所示。

图 10-5　Spry 菜单栏

❸插入完成后，选中该 Spry 菜单栏，在【属性】面板中设置其属性，如图 10-6 所示。

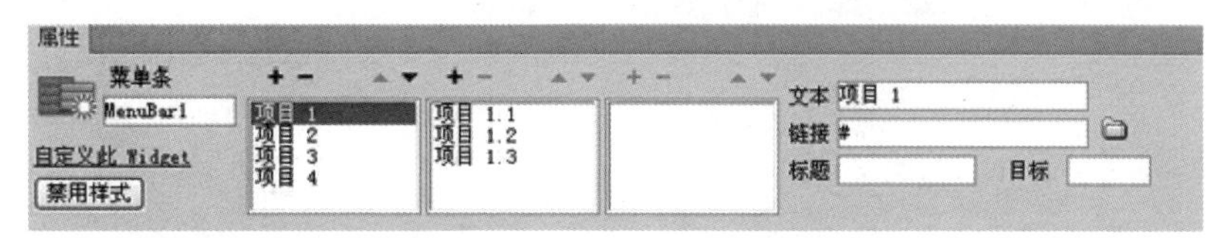

图 10-6　Spry 菜单栏属性面板

❹选中“项目 1”在右边出现的对话框中进行设置，如图 10-7 所示。

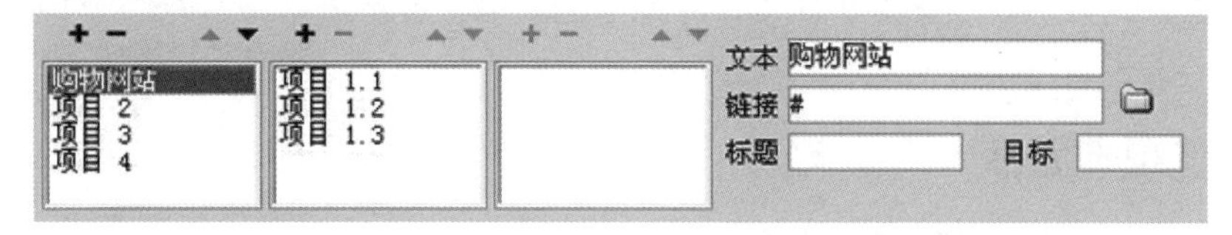

图 10-7

❺选中“项目 1.1”在右边出现的对话框中进行设置，如图 10-8 所示。

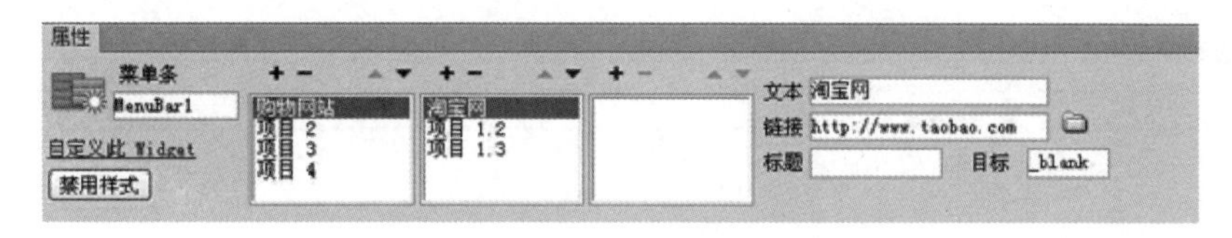

图 10-8

❻依照❺的方法，将“项目 1.2”设置为“京东网”、“项目 1.3”设置为“1 号店”，如图 10-9 所示。

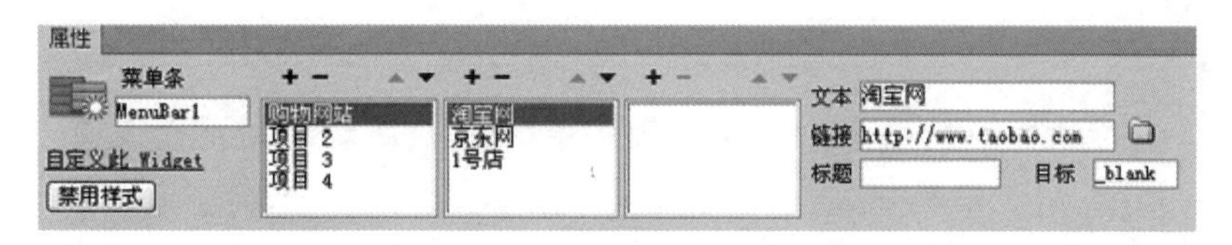

图 10-9

❼依照❺❻的方法，将项目 2、项目 3、项目 4 依次设置为“新闻网站”、“体育网站”、“音乐网站”；项目 2.1、项目 2.2、项目 2.3 依次设置为“网易”、“新浪”、“搜狐”；项目 3.1、项目 3.2、项目 3.3 依次设置为“CCTV5”、“虎扑体育”、“新浪体育”；项目 4.1、项目 4.2、项目 4.3 依次设置为“百度音乐”、“一听音乐”、“酷狗音乐”。

❽保存网页，设置效果，如图 10-10 所示，浏览器效果如图 10-11 所示。

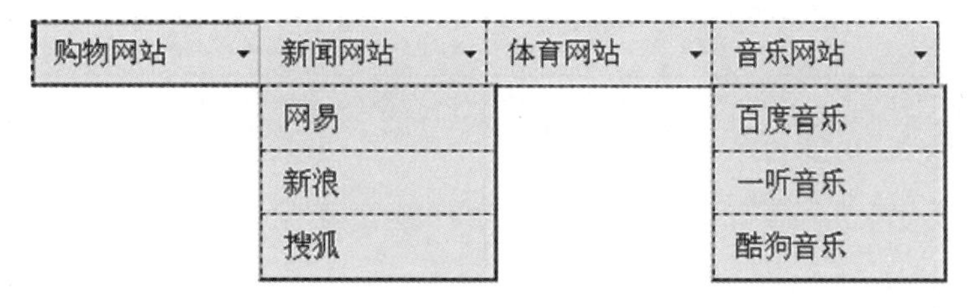

图 10-10　设置效果

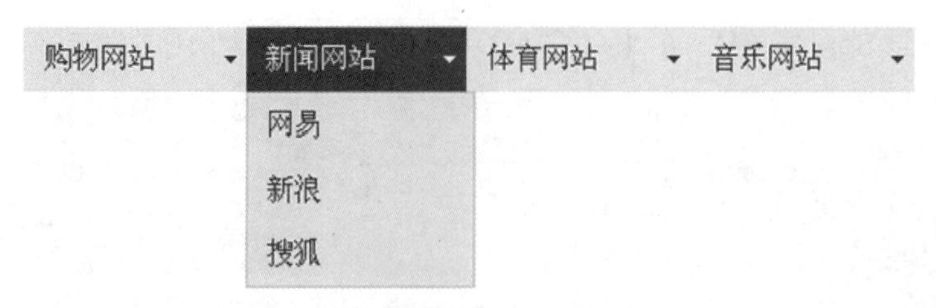

图 10-11 页面效果

❾选中菜单按钮，如图 10-12 所示，在【属性】面板中可以看到其属性面板和 AP Div 的属性面板一样，相关设置也和 AP Div 的属性设置一样，在此不再赘述；设置完成，保存。

图 10-12

10.3.2 Spry 选项卡面板

Spry 选项卡面板是一组面板，用来将内容放置在紧凑的空间中。具体操作步骤如下：

❶将光标置于文档窗口，选择【插入】→【布局对象】→【Spry 选项卡面板】命令，插入 Spry 选项卡面板，如图 10-13 所示。

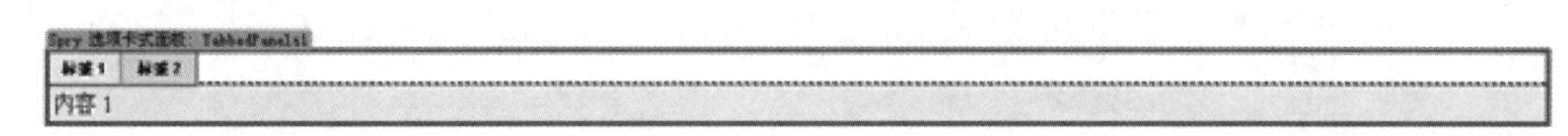

图 10-13 Spry 选项卡面板

❷当将鼠标移动到“标签 1”上，单击进入“标签 1”选项卡并对其进行编辑；将“标签 1”更改为“中国历史”；在“内容 1”框输入中国历史的相关内容。如图 10-14 所示。

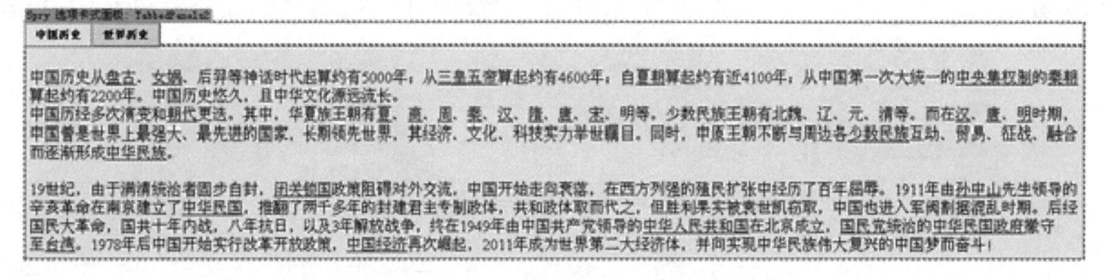

图 10-14 标签内容对话框

❸依照❷的方法将“标签 2”改为“世界历史”。

❹保存，浏览网页效果如图 10-15 所示。

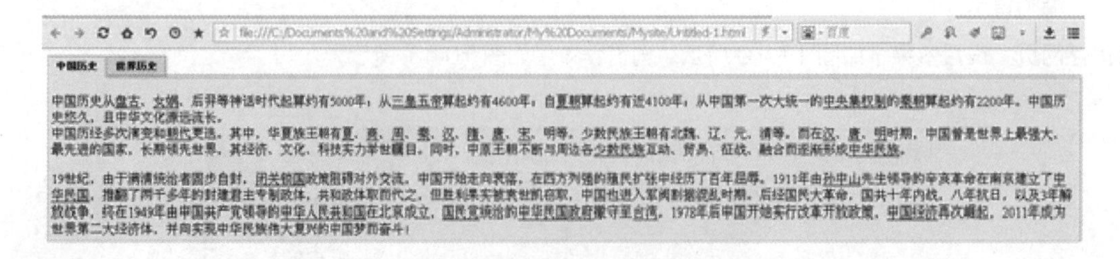

图 10-15 Spry 选项卡面板效果

10.3.3 Spry 折叠式

折叠构件用来将内容放置在紧凑的空间中。在折叠构件中，每次只能有一个内容面板处于打开且可见状态。

❶将光标置于文档窗口，选择【插入】→【布局对象】→【Spry 折叠式】命令，插入 Spry 折叠式，如图 10-16 所示。

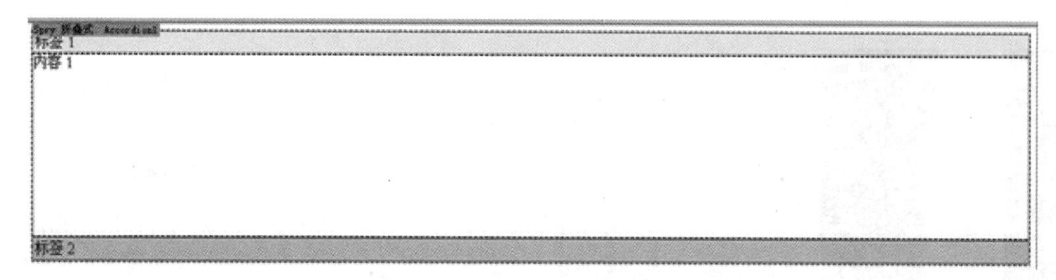

图 10-16　Spry 折叠式

❷选中 Spry 折叠式，在其属性面板中编辑内容，编辑方法与 Spry 选项卡面板的编辑方法一样，在此不再赘述。

10.3.4 Spry 可折叠式面板

Spry 可折叠式面板是一个面板，用户单击构件的选项卡即可隐藏或显示存储在可折叠式面板中的内容。

❶将光标置于文档窗口，选择【插入】→【布局对象】→【Spry 可折叠式面板】命令，插入 Spry 折叠式，如图 10-17 所示。

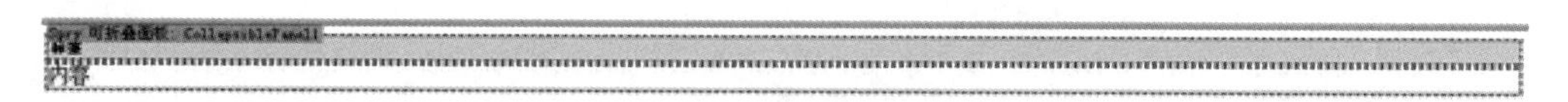

图 10-17　Spry 可折叠式面板

❷选中 Spry 折叠式，在其属性面板中编辑内容，编辑方法与 Spry 折叠式的编辑方法一样，在此不再赘述。

第 11 章　使用 CSS 样式表美化网页

精美的网页离不开网页构成元素的精巧和美观，采用 CSS 技术可以精准有效地控制页面构成元素的外观、字体、背景和链接等属性。

11.1 CSS 概述

11.1.1 CSS 的基本概念

CSS 是 Cascading Style Sheet（层叠样式表）的缩写。所谓层叠样式表，就是用来控制一个文档中某个元素外观的一组属性。CSS 用于定义 HTML 元素的显示样式，进而对整个页面风格进行控制；当对网页进行样式风格修改的时候，就只需要修改样式表，不需要改变网页的整体布局，极大提高了工作效率。多个样式定义可层叠为一。

11.1.2 CSS 的基本语法

CSS 定义规则由三个主要的部分构成：选择器、属性及属性值。具体语法格式如下：

selector {property1:value1; property2:value2; ... propertyN:valueN ;}

选择器 (selector) 通常是需要设置样式的 HTML 标签，属性（property）是准备设置的样式属性（style attribute）。每个属性有一个值；属性和值中间用冒号分开。如图 11-1 所示。

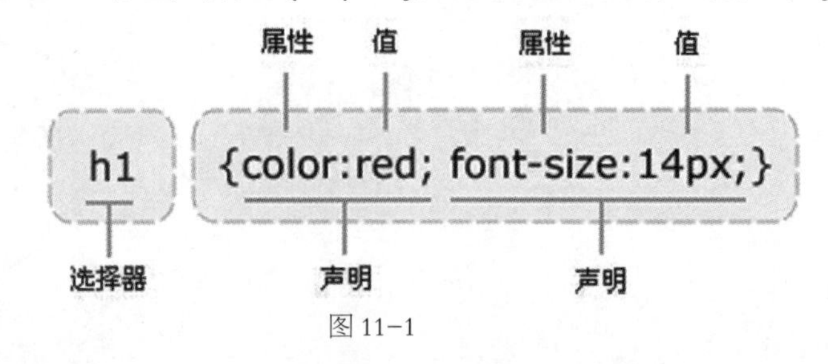

图 11-1

图中 CSS 定义的含义是将 h1 标题的文字设为红色，字体大小设置为 14 像素。选择器后面的所有声明都必须用大括号括起来。

- 如果值为若干单词，则要给值加引号：

```
body {font-family: "times new Roman";}
```

- 定义不止一个声明，则需要用分号将每个声明分开；为了便于阅读应每个声明写一行，并以分号结束。

```
p {
  text-align: left;
      font-family:" times new Roman";
}
```

11.2 CSS 样式表

CSS 样式表的创建可以通过两种方式，一种是通过代码直接编写；另一种就是通过 Dreamweaver 的【CSS 样式表】面板创建。对于没有学过程序语言的人来说，运用 Dreamweaver 创建 CSS 样式表不失为一种快捷的方式。在【窗口】菜单栏中选中【CSS 样式表】即可打开此面板，如图 11-2 所示。

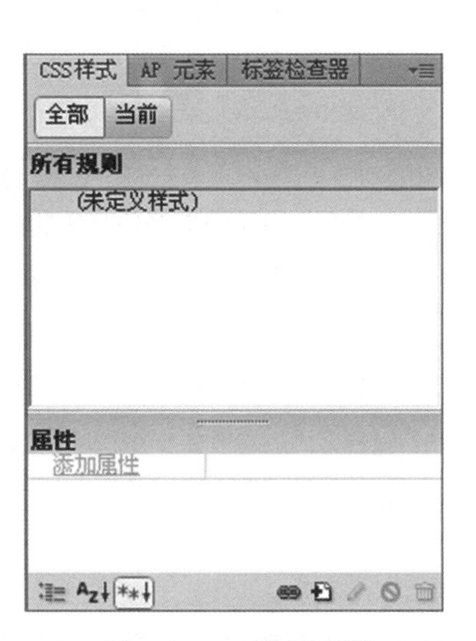

图 11-2　CSS 样式表面板

在【CSS 样式表】中常用到的有下面几个按钮：

【附加样式表】：在 HTML 文档中连接一个外部的 CSS 样式表文件。

【新建 CSS 样式】：创建新的 CSS 样式文件。

【编辑样式表】：对选中的 CSS 样式表进行编辑。

【删除 CSS 样式表】：删除选中的 CSS 规则。

11.2.1 附加样式表

❶单击按钮，弹出【链接外部样式表】对话框，如图 11-3 所示。

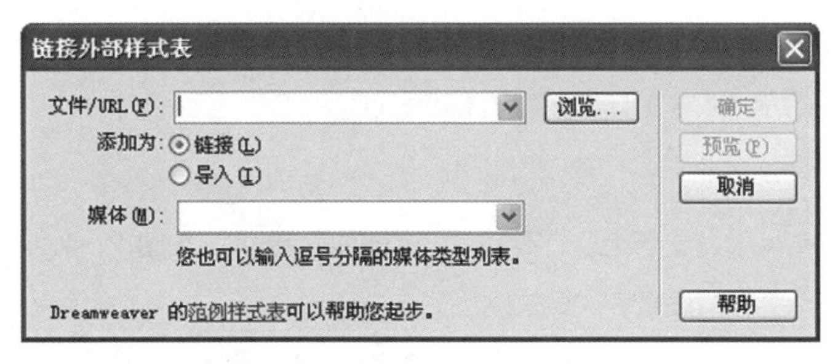

图 11-3　链接外部样式表对话框

【文件 /URL】：外部 CSS 样式表的存放地址。

【添加为】：链接是指当浏览器读取到 HTML 文档的样式表链接标签时，将向链接的外部样式表文件索取样式；导入是指当浏览器读取到 HTML 文档的样式表链接标签时，复制一份样式表到这个 HTML 文件中。

【媒体】：指定该网页在何种多媒体上显示，如平板电脑、手机等。

❷设置完成，单击确定。

11.2.2 创建 CSS 规则

❶将光标放在文档窗口中，点击【CSS 面板】中的，打开【CSS 规则对话框】。

❷在对话框中指定【选择器类型】。

【类(可应用于任何 HTML 元素)】：创建一个可作为 class 类应用于 HTML 中任何元素的自定义样式。在【选择器名称】文本框中输入样式名称。类名称必须以句点（.）开头，可以包含任何字母或数字组合（如 . a12）。若忘记输入句点，系统自动补上。

【ID(仅应用于一个 HTML 元素)】：创建一个包含特点属性的 ID 标签形式。在【选择器名称】文本框中输入唯一 ID 名称。ID 必须以井号（#）开头，可以包含任何字母或数字组合（如 # b12）。若忘记输入井号，系统自动补上。

【标签（重新定义 HTML 元素）】：重新定义 HTML 标签的格式。在【选择器名称】文本框中输入 HTML 标签名称或从下拉列表中选择一个标签。

【复合内容（基于选择的内容）】：定义同时影响两个或多个标签、类或 ID 的符合规则，在【选择器名称】文本框中输入复合名称或从下拉列表中选择一个标签。

- a:active: 定义链接被激活时的样式，即鼠标已经单击了链接，但页面还没有跳转时的样式。
- a:hover: 定义鼠标停留在链接的文字上时的样式。常见设置有文字颜色的改变、下划线的出现。
- a:link: 定义设置了链接的文字的样式。
- a:visited: 定义已经访问过的链接的样式，一般设置其颜色异于 a:link 的颜色以示区别。

❸选择要定义规则的位置，然后单击确定。

【仅对该文档】: 在当前文档中嵌入样式。

【新建样式表文件】：创建外部样式表。

【已经添加的样式表名称】：将规则放置到已附加到文档的样式表中。

❹完成设置后，单击确定。

11.3 设置 CSS 样式

在确定了选择器之后，弹出“……的 CSS 规则定义”对话框，在这里通过可视化操作设置具体的 CSS 规则属性。这些 CSS 属性被分为 9 大类，这里详细介绍下其中的八类。

11.3.1 类型

主要用于定义文本的字体、大小、颜色、行高及文本链接的修饰效果，如图 11-4、图 11-5 所示。

Font-family（字体）：为样式设置字体家族。

Font-size（大小）：定义字体的大小。通过数字和单位选择指定的大小，还可以选择相对大小，使用像素作为单位可以有效地防止浏览器扭曲文本。

Font-weight（粗细）：对字体应用特定或相对的粗体量。400 等于正常，700 等于粗体；normal 表示正常，bold 表示粗体，bolder 表示特粗，lighter 表示细体。

Font-style（样式）：normal 正常，italic 斜体或 oblique 偏斜体，默认是 normal。

Font-variant（变体）：设置文本为小型大写字母变体，即将正常文字缩小一半尺寸后大写显示。

Line-height（行高）：设置文本所在行的高度，选择正常自动计算字体大小的行高，或输入一个具体数字并选择单位。

Text-transform（大小写）：将所选内容中的每个单词的首字母大写或将文本设置为全部大写或小写。有

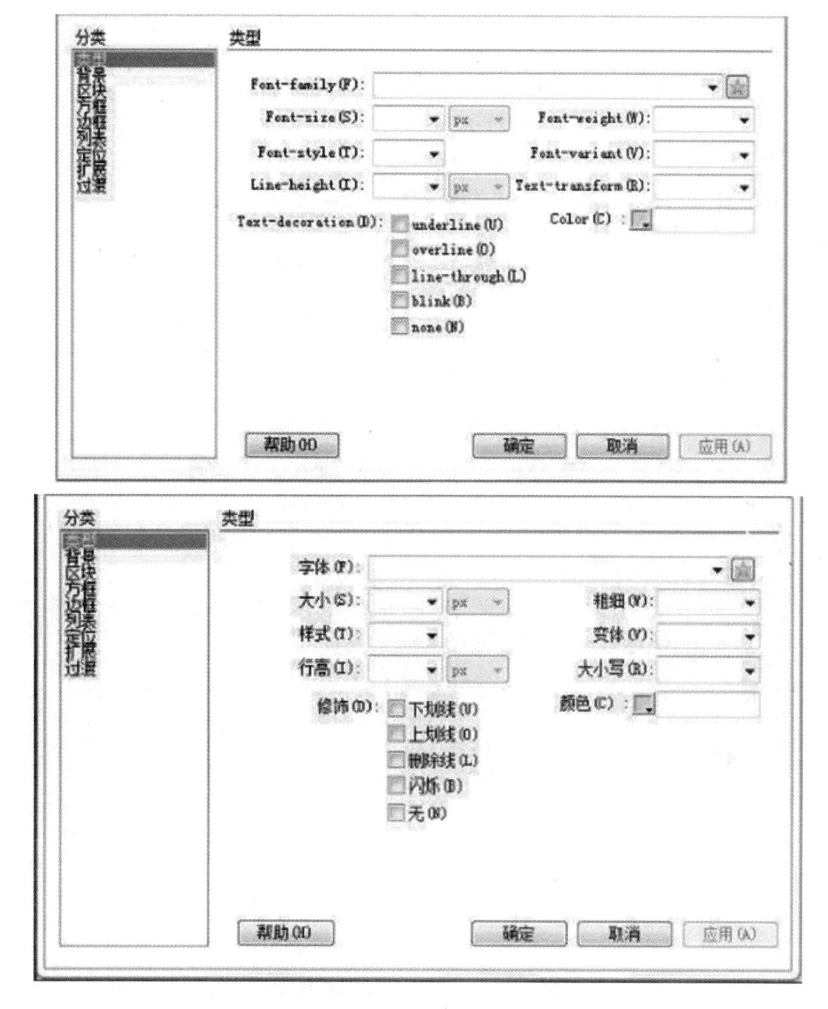

图 11-4、图 11-5　类型定义框

capitalize（手写字母大写），uppercase（大写），lowercase（小写）和 none 四个选项。

Text-decoration（修饰）：向文本中添加下划线、上划线或删除线或使文本闪烁。常规默认设置为无，超链接的默认设置是下划线。

Color（颜色）：设置文本颜色。

11.3.2 背景

对 CSS 的背景样式进行设置，也可以对网页中的任何元素应用背景属性，如图 11-6、图 11-7 所示。

Background-color（背景颜色）

Background-image（背景图像）

Background Repeat（重复）：确定是否以及如何重复背景图像。

- No-repeat：只在元素开始处显示一次图像。
- repeat：在元素的下面水平和垂直平铺图像。
- Repeat-x：图像在水平方向平铺。
- Repeat-y：图像在垂直方向平铺。

Background-attachment（附件）：设置图像是随内容滚动还是固定不动。

- fixed: 固定，内容滚动时，图像固定在窗口不动。

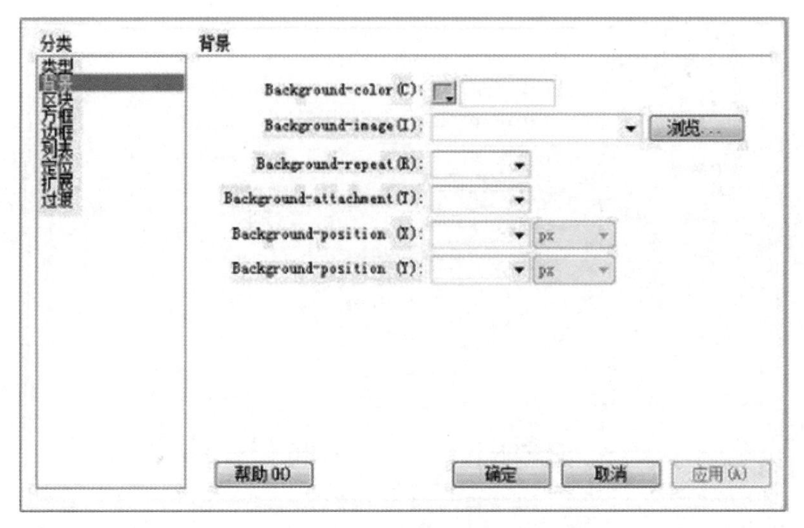

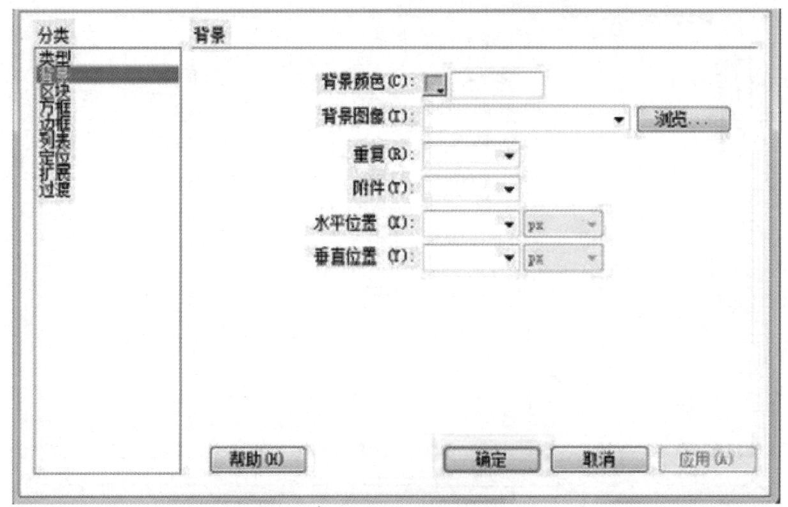

图 11-6、图 11-7　背景对话框

- scroll：滚动，内容滚动时，图像随着移动。

Background-position（x）：水平位置，确定背景图像的水平位置。

- left：背景图像与前景元素左边对齐。
- center：背景图像与前景元素居中对齐。
- right：背景图像与前景元素右边对齐。
- 值：自定义对齐位置。

Background-position（y）：垂直位置，确定背景图像的垂直位置。

- top：背景图像与前景元素顶部对齐。
- center：背景图像与前景元素居中对齐。
- bottom：背景图像与前景元素底部对齐。
- 值：自定义对齐位置。

11.3.3 区块

主要用于控制网页元素的间距和对齐方式，如图 11-8、图 11-9 所示。

Word-spacing（单词间距）：设置单词的间距。

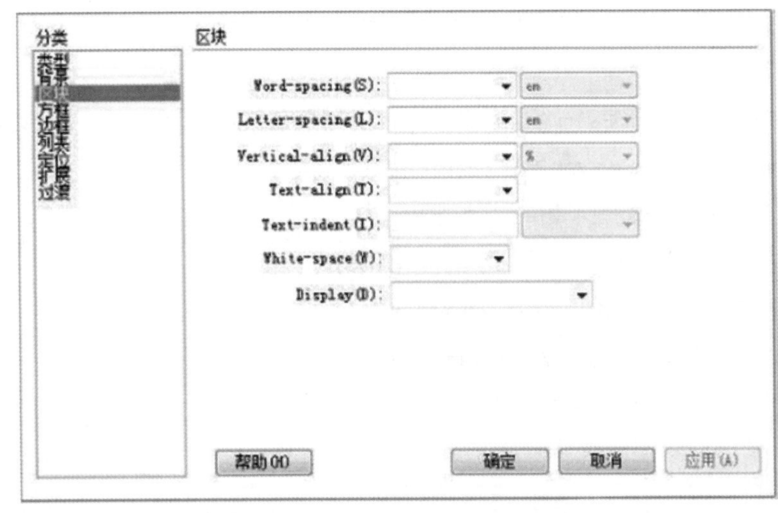

图 11-8、图 11-9　区块对话框

Letter-spacing（字母间距）：设置组成词的字母间距。若要减少字符间距，设置为负值，字母间距设置覆盖对齐的文本设置。

Vertical-align（垂直对齐）：设置应用元素的对齐方式。仅当应用于 <img> 标签时，Dreamweaver 才在文档窗口中显示该属性

- baseline：基线，将元素的基准线同母体元素的基准线对齐。
- sub：下标。
- super：上标。
- top：顶部，将元素顶部同最高的母体元素对齐。
- text-top：文本顶对齐，将元素的顶部同母体元素文字的顶部对齐。
- middle：中线对齐。
- bottom：底部对齐。
- text-bottom：文本底对齐。

Text-align（文本对齐）：设置元素中的文本对齐方式。

- left：左对齐。
- center: 居中对齐。

- right：右对齐。
- justify：两端对齐。

Text-indent（文本缩进）：指定第一行文本缩进的程度，使用负值创建凸出效果，但显示取决于浏览器。仅当标签应用于块级元素时，Dreamweaver 才在文档窗口中显示该属性。

White-space（空白）：设置处理元素中空白的方式。

- 正常：收缩空白。
- 保留：保留所有空白，包括空格、制表符和回车。
- 不换行：指定仅当遇到
 标签时文本才换行。

Display（显示）：设置是否显示以及如何显示元素。

11.3.4 方框

主要用于控制元素在页面上的放置方式的标签和属性定义设置；可以在应用填充和边距设置时将设置应用于元素的各个边，也可以使用【全部相同】设置，将相同的设置应用于元素的所有边。如图 11-10、图 11-11 所示。

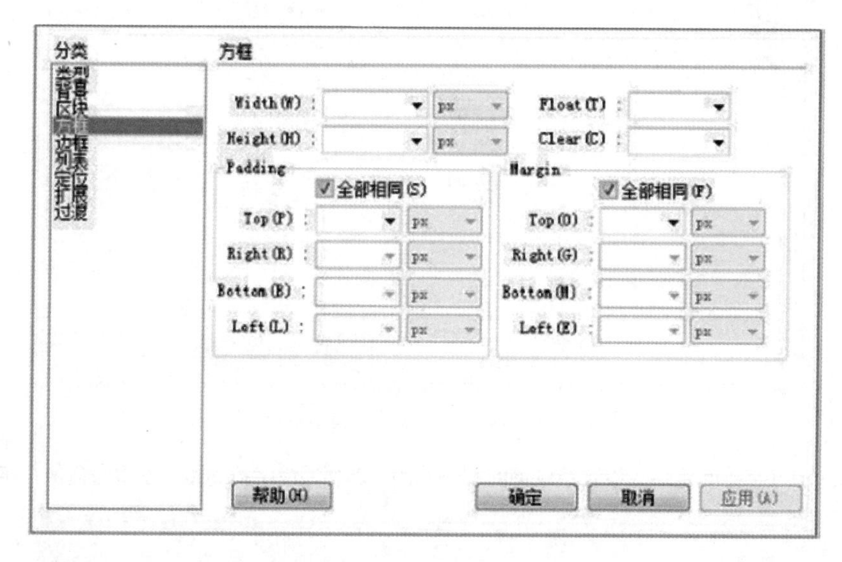

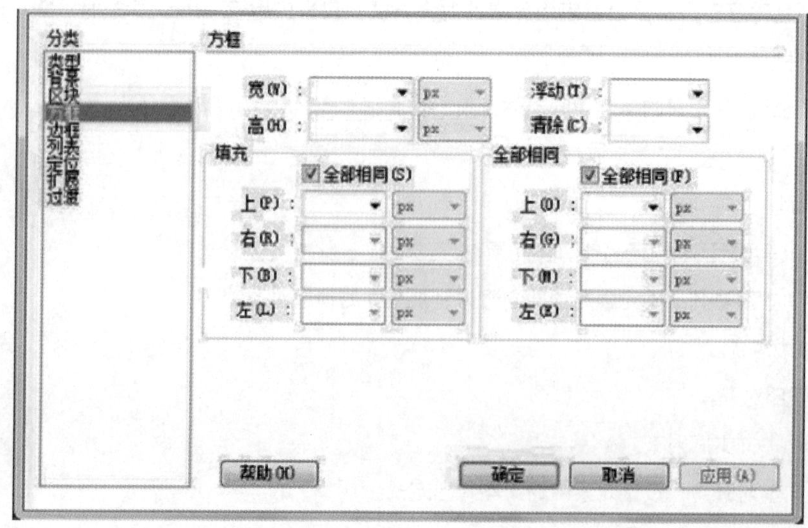

图 11-10、图 11-11　方框对话框

Width（宽）：设置元素的宽度。

Height（高）：设置元素的高度。

Float（浮动）：设置块元素的浮动效果。

Clear（清除）：清除设置的浮动效果。

Padding（填充）：指定元素内容与元素边框（如果没有边框，则为边距）之间的间距。若选择【全部相同】则元素四边设置为相同的间距。

- top: 设置上部的间距。
- right：设置右边的间距。
- bottom：设置下部的间距。
- left：设置左边的间距。

Margin（边界）：指定一个元素的边框（如果没有边框，则为填充）与另一个元素之间的间距。仅当应用于块级元素（段落、标题和列表等）时，Dreamweaver 才在文档窗口中显示该属性。若选择【全部相同】则元素四边设置为相同的边界。

- top: 设置上部的边界宽度。
- right：设置右边的边界宽度。
- bottom：设置下部的边界宽度。
- left：设置左边的边界宽度。

11.3.5 边框

主要用于定义元素周围边框的设置，如图 11-12、图 11-13 所示。

Style（样式）：设置边框的样式，若取消【全部相同】则可以单独设置各个边的边框样式。

- none：无边框。
- dotted：虚线。
- dashed：点划线。
- solid：实线。
- double：双线。

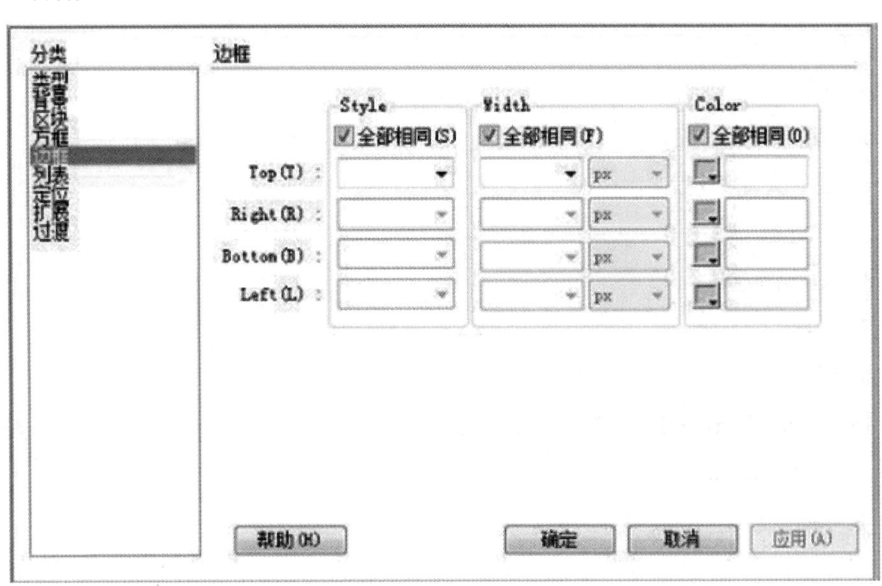

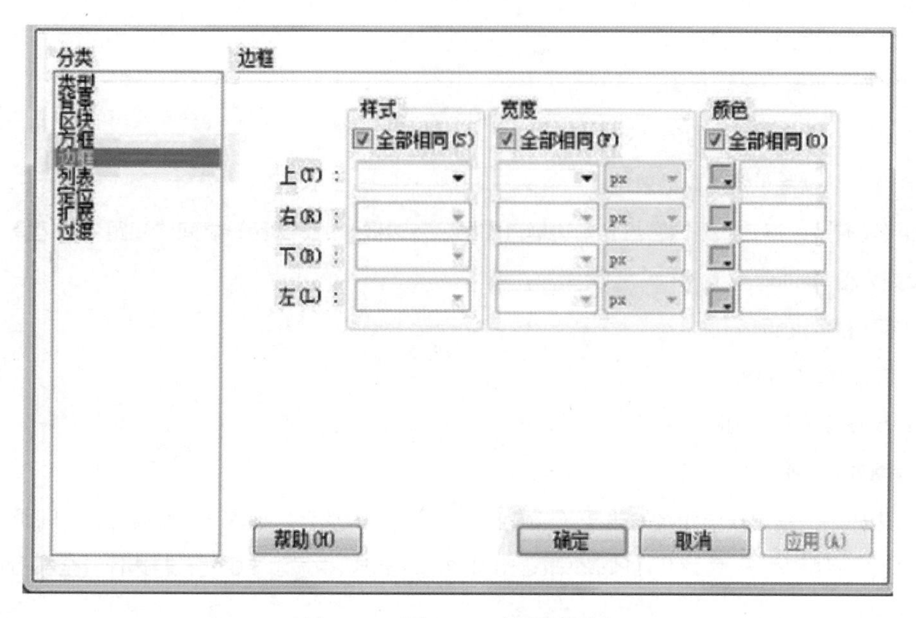

图 11−12、图 11−13　边框对话框

- groove：槽状。
- ridge：脊状。
- inset：凹陷。
- outset：凸出。

Width（宽度）：设置元素边框的粗细。若取消【全部相同】则可以单独设置各个边的边框粗细。

Color（颜色）：设置元素边框的颜色。若取消【全部相同】则可以单独设置各个边的边框颜色。

11.3.6 列表

为列表标签设置列表样式，如图 11-14、图 11-15 所示。

List-style-type（类型）：设置项目符号或编号的外观。

- disc：圆。
- circle：圆圈。
- square：方块。
- decimal：数字。
- lower-roman：小写罗马数字。
- upper-roman：大写罗马数字。
- lower-alpha：小写字母。
- upper-alpha：大写字母。
- none：无。

List-style-image（图像符号）：将项目符号指定为自定义图像。

List-style-Position（图像符号）：设置列表文本是否换行和缩进（外部）以及文本是否换行到左边距（内部）。

- outside：在方框外显示。
- inside：在方块内显示。

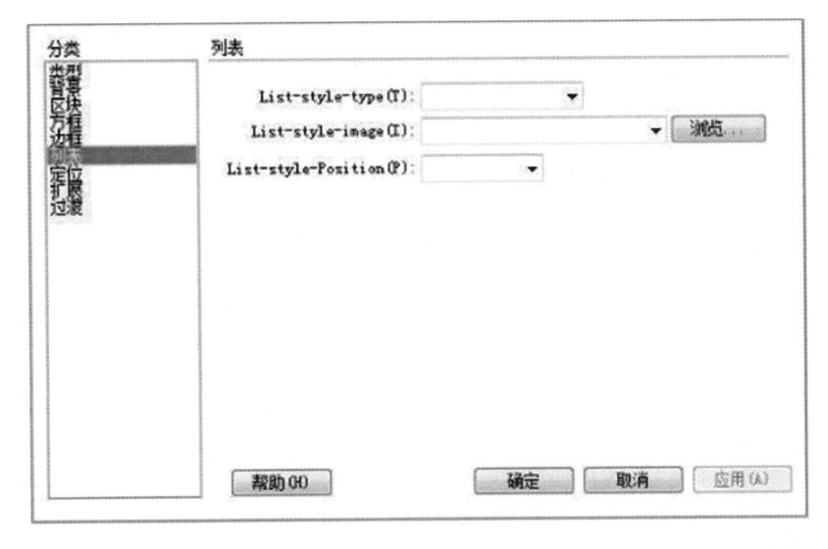

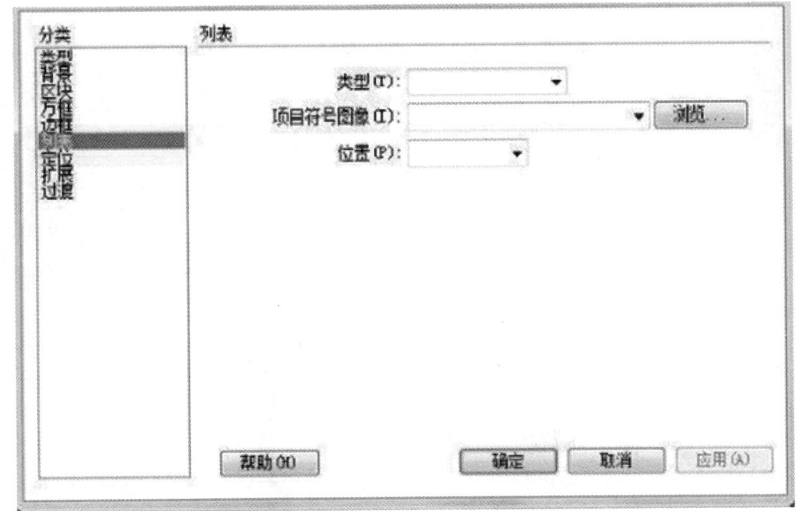

图 11-14、图 11-15　列表对话框

11.3.7 定位

定位属性可以使元素随处浮动，这对于一些固定元素（如表格）而言，是一种功能的扩展；对于浮动元素（如层）可以精确控制其位置，如图 11-16、图 11-17 所示。

Position（类型）：确定定位的类型。其属性有 4 个值；

- absolute：绝对定位，在输入框中输入具体数字进行坐标定位，坐标原点为页面左上角。
- relative：相对定位，相对于当前的坐标而言。
- static：静态定位，该属性值是所有元素定位的默认情况。一般情况下，无需定义；当元素继承了其他属性影响到元素位置时，可是设置为 position：static 取消继承，还原元素定位的默认值。
- fixed：固定定位，相对于浏览器窗口固定位置。

Visibility（显示）：如果不指定可见性属性，则默认情况下大多数浏览器都继承父级的值。

- inherit：继承父级元素的可见性属性。
- visible：可见。
- hidden：隐藏。

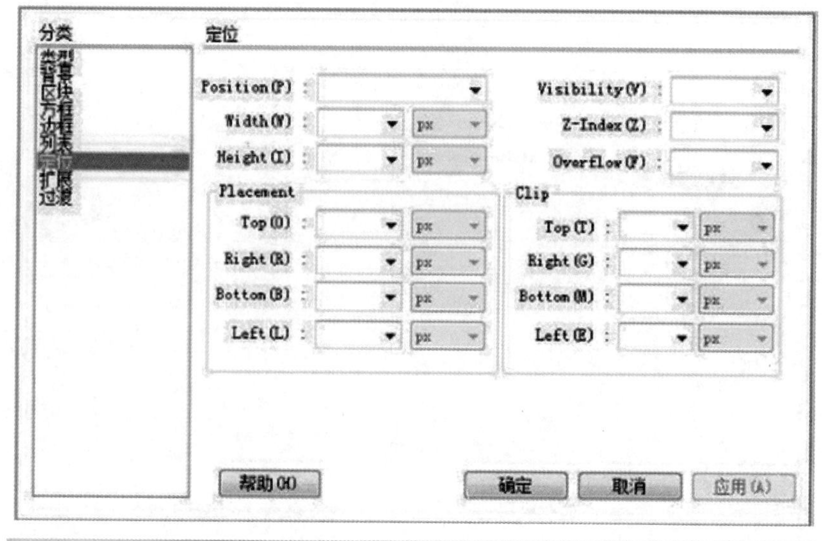

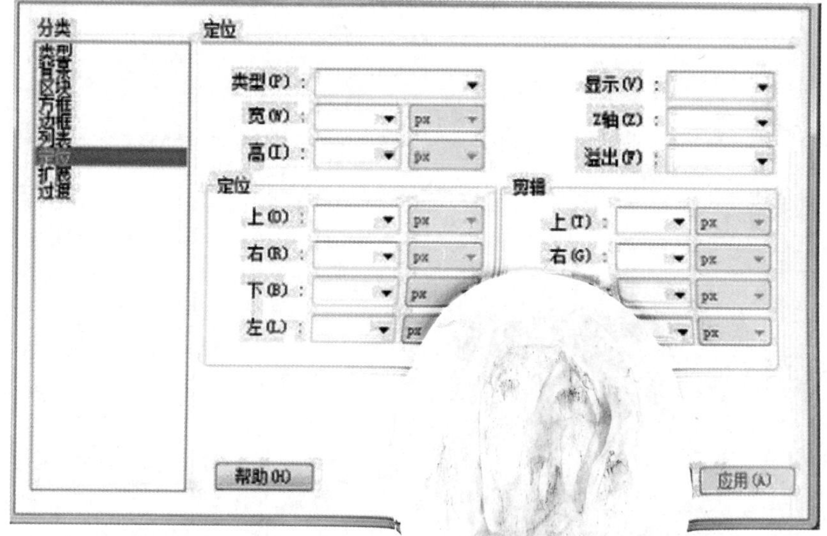

图 11-16、图 11-

Width、Height：设置元素的宽、高。

Z-indent（Z 轴）：设置网页中块元素的叠放顺序，可以 ，可输入数字。

Overflow（溢出）：在确定了元素的高度和宽度后，如果元素的面积不能全部显示元素中的内容时，该属性值起作用。

- visible：可见，扩大面积以显示所有内容。
- hidden：隐藏超出范围的内容。
- scroll：滚动，在元素的右边显示一个滚动条。
- auto：自动，当内容超出元素面积时，自动显示滚动条。

Placement（定位）：当元素确定具体定位类型后，该属性值就决定元素在网页中的具体位置。

top：控制元素的上边起始位置。

right：控制元素的右边起始位置。

bottom：控制元素的下边起始位置。

left：控制元素的左边起始位置。

Clip（剪切）：当元素被设置为绝对定位类型后，该属性可以把元素区域剪切成方形。

11.3.8 扩展

扩展属性包含两个部分，即分页和视觉效果，如图 11-18、图 11-19 所示。

图 11−18、图 11−19　扩展对话框

分页，为打印的页面设置分页符。

Page-break-before（之前）：之前。

Page-break-after（之后）：之后。

视觉效果，为网页元素添加特殊效果。

Cursor(光标)：指定在某个元素上要呈现的鼠标形状。

Filter（过滤器）：为网页元素设置特殊效果。

Alpha：设置透明度。

Blur：建立模糊效果。

Chroma：把指定的颜色设置为透明。

Drop Shadow：建立一种偏移的影像轮廓，即投射阴影。

FlipH: 水平反转。

FlipV: 垂直反转。

Glow：为对象的外边界增加光效。

Invert：将色彩、饱和度以及亮度值完全反转建立底片效果。

Light：在一个对象上进行灯光投影。

Mask：为一个对象建立透明膜。

Shadow：建立一个对象的固定轮廓，即阴影效果。

Wave：在 x 轴和 y 轴方向利用正弦波纹打乱图片，产生波纹效果。

Xray：只显示对象的轮廓。

11.4 应用 CSS 样式

在 CSS 面板中定义了样式规则，接下拉就是在可视化模式下把定义的 CSS 规则应用到文档中的具体内容上。不同的选择器类型，引入方式是不一样的。

【对于标签元素】只要 CSS 样式表引入了文档，就会自动应用定义的样式。

【对于类选择器】在文档窗口中选择准备应用类样式的内容，在其【属性】面板中的【类】下拉列表中选择定义的类规则。

【对于 ID 选择器】在文档窗口中选择准备应用类样式的内容，在其【属性】面板中的【ID】下拉列表中选择定义的 ID 规则。

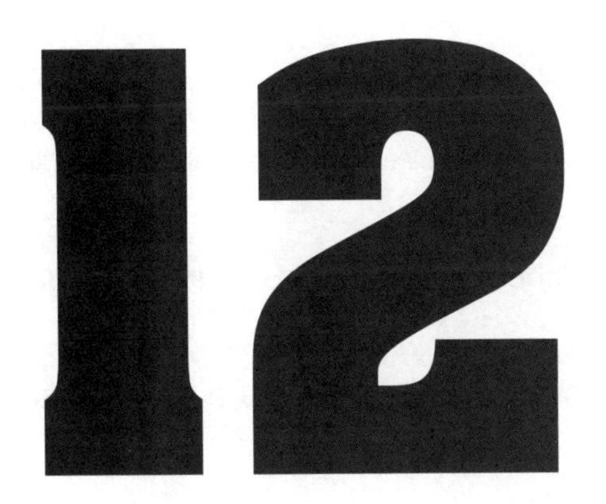

第 12 章 DIV+CSS 页面布局

DIV+CSS 的页面布局思想一改传统的结构标签和表现标签混杂的局面，使表现和内容分离，将结构标签和表现样式分开放置，缩减了页面代码，缩短了网站风格的更新速度，同时由于结构的单纯化，方便搜索引擎的搜索。

12.1 DIV 标签

DIV 标签是一个块级元素，为 HTML 文档中的大块内容提供结构和背景，可以把文档分割为独立、不同的部分，它包围的元素会自动换行。在现代网站设计中，用 DIV+CSS 的布局方式取代传统的表格布局方式。DIV 标签和其他 HTML 标签的使用方法一样，格式如下：

<div>……</div>

DIV 标签不与 CSS 结合起来使用，那么它在网页中的效果如同段落标签 <p>……</p> 一样。DIV 本身就是容器，因此，<div>……</div> 不但可以嵌入表格，还可以嵌入其他 html 代码；同时，DIV 标签是可以被嵌套的。

12.2 CSS 布局理念

CSS 是一种全新的排版理念，首先是用 <div> 标签根据设计构思将网页整体划分为不同的板块，然后对每个板块进行 CSS 定位，这样就完成了网页的布局，最后就是在各个板块中添加内容。

12.2.1 将页面用 Div 分块

在进行网页制作之前，应该有 PS 做的网页设计效果图，根据效果图中的规划和功能分块进行合理的 CSS 布局。以最简单的网页为例，首先将整个网页看成是一个最大的框（wrap），然后把这个框分成 Banner、导航（nav）、内容（content）和脚注（footer）几部分，各个部分分别用自己的 id 来表示。

页面中的 HTML 框架代码如下所示：

```
<div id="wrap">
  <div id="banner"> </div>
  <div id="content"></div>
```

```
  <div id="footer"> </div>
</div>
```

当然在 Dreamweaver 中通过可视化的操作可以建立 HTML 框架，不过通过 Dreamweaver 中的代码模式直接编写 HTML 框架最为便捷且结构清晰。

❶定义整个页面，并且把页面的 id 名称命名为 wrap，在 <body></body> 中间增加一对 <div> 标签，即 <div id="wrap"></div>

❷整个页面被分为三个块，banner、content 和 footer，它们都在 wrap 中，每建立一个块就是一对 <div>，所以 <div id="wrap">……有三对 <div>……</div>，即

```
<div id="wrap">
  <div id="banner"></div>
<div id="content"></div>
<div id="footer"></div>
</div>
```

一对 <div>……</div> 表示插入了一个块元素，如果在这个块元素中还要插入块元素，则在 <div>……</div> 中间继续插入 <div>……</div>。

12.2.2 CSS 定位

在整理好页面的框架布局后，就可以用 CSS 对各个板块进行定位，然后再向板块中添加内容。

❶在代码模式中选择 ID 名称，在右边会弹出【CSS 面板】，选择【新建 CSS 规则】按钮，为选择的 ID 添加 CSS 样式；如果选择【附加样式表】则可以为其添加外部已经编写好的样式表。

❷选择【新建 CSS 规则】按钮，弹出【新建 CSS 规则】对话框，进行 CSS 规则的编写。

12.3 CSS 框模型

12.3.1 CSS 框模型的定义

框模型将页面中的每个元素看做一个矩形框，这个框由元素内容、内边距、边框和外边距组成，如图 12-1 所示。

元素框的最内部分是实际的内容，直接包围内容的是内边距。内边距呈现了元素的背景。内边距的边缘是边框。边框以外是外边距，外边距默认是透明的，因此不会遮挡其后的任何元素；背景应用于由内容和内边距、边框组成的区域。内边距、边框和外边距都是可选的，默认值为零，通过将元素的 margin 和 padding 设置为零来实现浏览器的兼容，所以在 CSS 样式表中通常会输入以下代码：

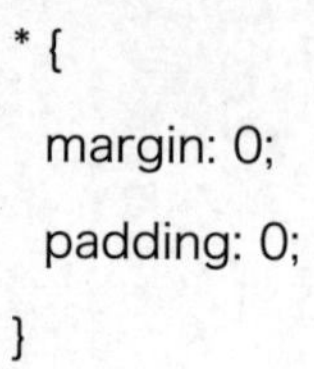

```
* {
  margin: 0;
  padding: 0;
}
```

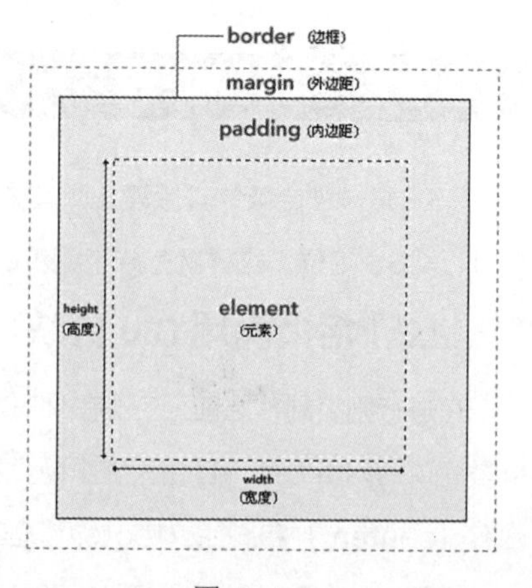

图 12-1

12.3.2 CSS 框模型的属性

(1) CSS 内边距

元素的内边距在边框和内容区之间。padding 属性定义元素的内边距。padding 属性接受长度值或百分比值，还有 auto，但不允许使用负值。它有 padding-top、padding-right、padding-bottom 和 padding-left 四个单独属性，分别设置上、右、下、左内边距。

```
h1 {padding: 10px;}            /* 用 padding 统一设置四个方向的内边距 */
h2{padding: 10px 0.25em 2ex 20%;}            /* 用 padding 依次设置上、右、下、左的内边距 */
h3 {
  padding-top: 10px;
  padding-right: 0.25em;
  padding-bottom: 2ex;
  padding-left: 20%;
  }
```

h2 和 h3 的样式效果等价。

(2) CSS 边框

元素外边距内就是元素的的边框 (border)。每个边框有 3 个方面表现形式：宽度、样式和颜色。

- 边框宽度

通过 border-width 属性为边框指定宽度，有两种方法：可以指定长度值，比如 2px 或 0.1em；或者使用关键字 (3 选 1)，它们分别是 thin、medium（默认值）和 thick。

p {border-style: dotted; border-width: 10px;} 或 p {border-style: dotted; border-width: thick;}

可以按照上→右→下→左的顺序设置元素的各边边框，比如 p{border-style: solid; border-width: 5px 10px 5px 10px;}；还可以通过 border-top-width、border-right-width、border-bottom-width 和 border-left-width 分别设置各边边框宽度。

p {border-style: solid; border-width: 5px 10px 5px 10px;} 等价于

```
p {
  border-style: solid;
  border-top-width: 5px;
  border-right-width: 10px;
  border-bottom-width: 5px;
  border-left-width: 10px;
  }
```

- 边框颜色

CSS 使用一个简单的 border-color 属性，它一次可以接受最多 4 个颜色值，同时为 4 个边框设置颜色；可以使用任何类型的颜色值，例如可以是命名颜色，也可以是十六进制和 RGB 值：

```
p {
  border-style: solid;
  border-color: blue rgb(20%,15%,55%) #909090 red;
```

}

还可以通过 border-top-color、border-right-color、border-bottom-color 和 border-left-color 单边定义颜色。

- 边框样式

border-style 定义边框样式，可以一次定义 4 个边的边框样式，按照 top-right-bottom-left 的顺序，比如 p. side {border-style: solid dotted dashed double;}；还可以通过 border-top-style、border-right-style、border-bottom-style、border-left-style 分别定义边框样式。border-style 共有 10 个不同的非 inherit 样式，包括 none。见图 12-2 所示。

none	定义无边框。
hidden	与 "none" 相同。不过应用于表时除外，对于表，hidden 用于解决边框冲突。
dotted	定义点状边框。在大多数浏览器中呈现为实线。
dashed	定义虚线。在大多数浏览器中呈现为实线。
solid	定义实线。
double	定义双线。双线的宽度等于 border-width 的值。
groove	定义 3D 凹槽边框。其效果取决于 border-color 的值。
ridge	定义 3D 垄状边框。其效果取决于 border-color 的值。
inset	定义 3D inset 边框。其效果取决于 border-color 的值。
outset	定义 3D outset 边框。其效果取决于 border-color 的值。

图 12-2

（3）外边距

围绕在元素边框的空白区域是外边距。使用 margin 属性定义外边距，margin 属性接受任何长度单位、百分数值、负值、auto。对于外边距的设置和内边距、边框一样存在统一设置和单独设置。设置方式与 padding 一样，在此不再赘述。

12.3.3 CSS 框模型的宽度与高度

（1）CSS 框模型的宽度

CSS 框模型的宽度 = 左外边距（margin-left）+ 左边框（border-left）+ 左内边距（padding-left）+ 内容宽度 (width)+ 右内边距（padding-right）+ 右边框（border-right）+ 右外边距（margin-right）

（2）CSS 框模型的高度

CSS 框模型的高度 = 上外边距（margin-top）+ 上边框（border-top）+ 上内边距（padding-top）+ 内容高度（height）+ 下内边距（padding-bottom）+ 下边框（border-bottom）+ 下外边距（margin-bottom）

增加元素的外边距、内边距、边框宽度不会改变元素自身的宽度或高度，但会改变 CCS 框的宽度或高度，例如:

```
#desk {
        margin: 20x 10x;            /* 定义元素上下外边距为 20px; 左右外边距为 10px*/
        padding: 10x 20x;           /* 定义元素上下内边距为 10px; 左右内边距为 20px*/
        border-width: 10px 20px;    /* 定义元素上下边框为 10px; 左右边框为 20px*/
        border: solid #fff;         /* 定义元素边框为实线; 颜色为 #fff*/
        width: 100px;               /* 定义元素宽度为 100px */
        height: 100px;              /* 定义元素高度为 100px */
}
```

CSS 框模型的宽度 =10px+20px+20px+100px+20px+20px+10px=200px

CSS 框模型的高度 =20px+10px+10px+100px+10px+10px+20px=180px

12.4 CSS 定位

使用 Positioning 属性对元素进行定位，即设计人员定义元素框出现在指定的位置。任何元素都可以定位，不过绝对或固定元素会生成一个块级框，而不论该元素本身是什么类型。position 属性有四种定位模式，格式如下：

position：static | relative | absolute | fixed

position 属性值的含义：

static, 称为静态定位，无特殊定位，是默认值。

relative，生成相对定位元素。元素框偏移某个距离，元素仍保持其未定位前的形状，它原本所占的空间仍保留。

absolute，生成绝对定位元素。元素框从文档流完全删除，并相对于其包含块定位。包含块可能是文档中的另一个元素或者是初始包含块。元素原先在正常文档流中所占的空间会关闭，就好像元素原来不存在一样。元素定位后生成一个块级框，而不论原来它在正常流中生成何种类型的框。元素的位置通过 left、top、right 和 bottom 属性进行规定。

fixed，生成固定定位的元素，元素框的表现类似于将 position 设置为 absolute，不过其包含块是相对于浏览器窗口进行定位，元素的位置通过 left、top、right 和 bottom 属性进行规定。

12.4.1 静态定位

静态定位，即元素在文档中出现的常规位置，是 position 属性的默认值，一般不需要设置。假如在页面中定义了 id=top、id=box 和 id=footer 的三个容器，彼此是并列关系。显示的效果如图 12-3 所示，代码如下：

```
<html>
<head>
<style type="text/css">
body {width:400px;}
#top
{width:400px;
background-color:#6cf;
}
#box
{width:400px;
background-color:#ff6;
position:static;
}
#footer {
width:400px;
background-color:#6cf;}
</style>
```

top
box
footer

图 12-3　静态定位效果

```
</head>
<body>
  <div id="top">top</div>
  <div id="box">box
  </div>
  <div id="footer">footer</div>
</body>
</html>
```

12.4.2 相对定位

相对定位指的是设置水平或垂直位置的值，使这个元素“相对于”它原始的起点进行移动。即便是将某元素进行相对定位设置，并赋予新的位置值，元素仍然占据原来的空间位置，移动后会导致覆盖其他元素。

在静态定位的例子中将 box 容器的 CSS 样式改为如下代码，其效果则如图 12-4 所示。

```
#box
{width:400px;
background-color:#ff6;
position:relative;
top：10px;      /* 离顶部 10 个像素 */
left：10px;     /* 离左边 10 个像素 */
}
```

图 12-4　相对定位效果

12.4.3 绝对定位

使用绝对定位的对象可以被放置在页面中的任何位置，位置将从浏览器左上角为 0 点开始计算。绝对定位是可以重叠的，重叠的顺序有 Z-index 控制，Z-index 值越高其位置越高。在 Dreamweaver 中，表现为 AP Div 元素。仍以上题为例，将 box 的代码修改为下列代码，其效果则如图 12-5 所示。

```
#box
{width:400px;
background-color:#ff6;
position:absolute;
top:15px;
left:15px;
}
```

图 12-5　绝对定位效果图

12.4.4 固定定位

固定定位是相对于浏览器的可视窗口固定的，就算页面发生了滚动，被固定的元素会一直停留在固定的位置。在上题例子中，将 box、footer 的 CSS 代码改为下面代码，当拖动页面时，box 会一直固定在窗口中。

```
#box
{width:400px;
background-color:#ff6;
```

```
position:fixed;
top:15px;
left:15px;
}
#footer {
width:400px;
height:1000px;
background-color:#6cf;}
```

12.5 浮动和清除浮动

在标准流中，块元素框都是从上向下排列，行内元素框都是左右摆放的。在实际设计中这样标准的排列形式会限制设计人员，因此需要使用浮动和清除浮动属性来进行元素框的自由排列。

12.5.1 浮动（float）属性

当元素被设置了浮动属性后，该元素便脱离原文档流进行移动，直到它的外边缘碰到包含框或另一个元素浮动框的边框为止。浮动元素会生成一个块级框，而不论其本身原来是何种元素。具体格式：

float：none | left | right

none 指定元素不浮动；left 指定元素向左浮动；right 指定元素向右浮动。

- 请看图 12-6，当把框 1 向右浮动时，它脱离文档流并且向右移动，直到它的右边缘碰到包含框的右边缘①。

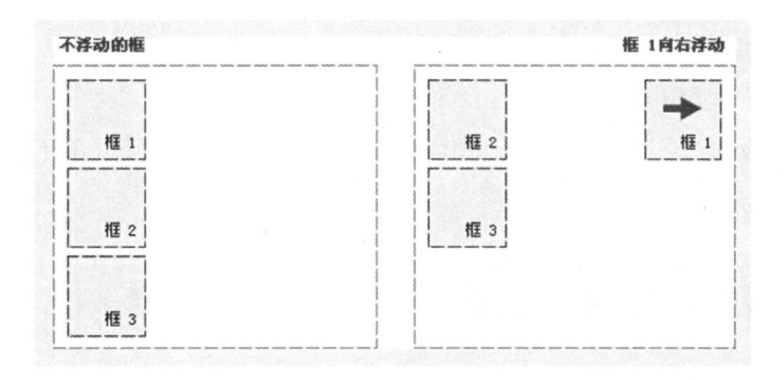

图 12-6　浮动效果图

- 当框 1 向左浮动时，它脱离文档流并且向左移动，直到它的左边缘碰到包含框的左边缘。因为它不再处于文档流中，所以它不占据空间，实际上覆盖住了框 2，使框 2 从视图中消失。如果把所有三个框都向左移动，那么框 1 向左浮动直到碰到包含框，另外两个框向左浮动直到碰到前一个浮动框②。效果如图 12-7 所示。

① http://www.w3school.com.cn/css/css_positioning_floating.asp
② http://www.w3school.com.cn/css/css_positioning_floating.asp

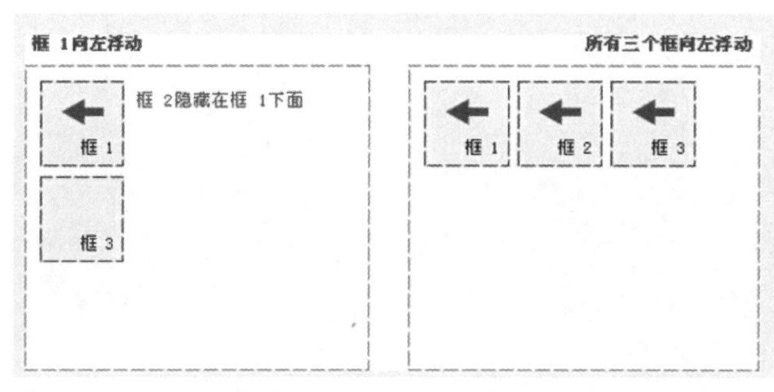

图 12-7 浮动效果图

如果包含框太窄，无法容纳水平排列的三个浮动元素，那么其他浮动块向下移动，直到有足够的空间。如果浮动元素的高度不同，那么当它们向下移动时可能被其他浮动元素“卡住”[①]，效果如图 12-8 所示。

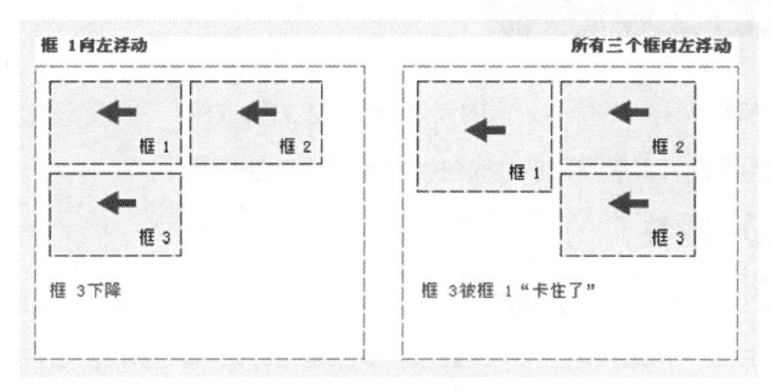

图 12-8 浮动效果图

12.5.2 清除浮动（clear）属性

清除浮动属性和浮动属性是相对立的，使用 clear 属性不仅能解决元素框错位的现象，还能解决因子级元素浮动导致父级元素背景变形的问题。

clear：none | left | right | both

none 指定元素左右两边都可以有浮动元素；left 不允许左边有浮动元素；right 不允许右边有浮动元素；both 左右两边都不允许有浮动元素。

12.6 常见的布局类型

12.6.1 一列固定宽度

一列固定宽度是所有布局的基础，也是最简单的布局形式。一列固定宽度也就是宽度的属性值为具体数值。

❶打开 Dreamweaver CS6，选择【代码】视图，将光标置于 <body> 与 </body> 之间。

❷在英文状态下输入 <div id="wrap"> 一列固定宽度 </div>, 如图 12-9 所示。

❸框架已经建立好，然后就是进行 CSS 定位，即编写 CSS 规则。给指定的元素编写 CSS 规则可以用手工直接输入代码 (内部样式表)、运用 Dreamweaver 编写和链接外部样式表三种方式。

```
<body>
<div id="wrap">一列固定宽度</div>
</body>
</html>
```

图 12-9

① http://www.w3school.com.cn/css/css_positioning_floating.asp

（1）手工直接输入代码

也叫内部样式表，即把 CSS 样式表内容运用 <style type="text/css">……</style> 插入页面的 <head>……</head> 之间，这些定义的样式就应用到页面中了。此种方法比通过 Dreamweaver 编写要简洁、快速、方便。

❶选择【代码】视图，将光标置于 <head> 与 </head> 之间，输入 <style type="text/css"></style>。

❷在 <style type="text/css"> 与 </style> 中间输入如下代码，如图 12-10 所示，效果如图 12-11 所示。

```
#wrap {
  width:800px;
height:600px;
background-color:#00cc33;
border:1px solid #ff3399;
margin: 0 auto;
}
```

```
<head>
<meta http-equiv="Content-Type" content="text/html; charset=utf-8" />
<title>无标题文档</title>

<style type="text/css">
#wrap {
  width:800px;
  height:600px;
  background-color:#00cc33;
  border:1px solid #ff3399;
  margin:0 auto;
}
</style>

</head>
```

图 12-10 代码

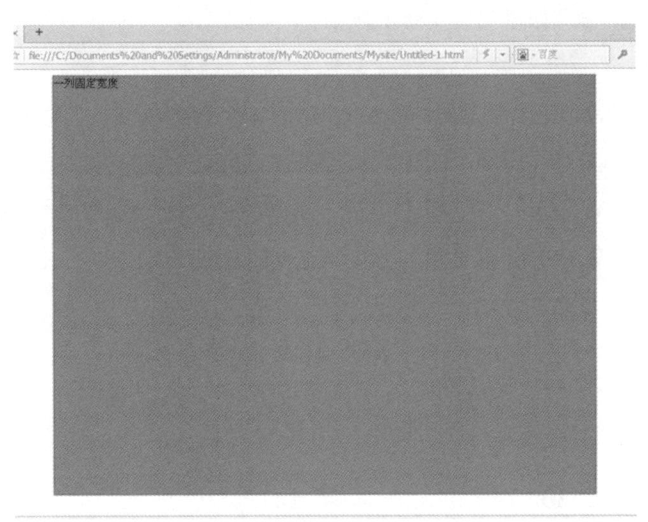

图 12-11 一列宽度固定效果

（2）运用 Dreamweaver 编写

对于没有代码编写基础的人来说，此种可视化的编写方法是最为可行的。

❶选择【代码】视图，选中"wrap"，在【CSS 面板】中单击“新建 CSS 规则”按钮，如图 12-12 所示。

❷弹出新建 CSS 规则对话框，如图 12-13 所示，点击确定。

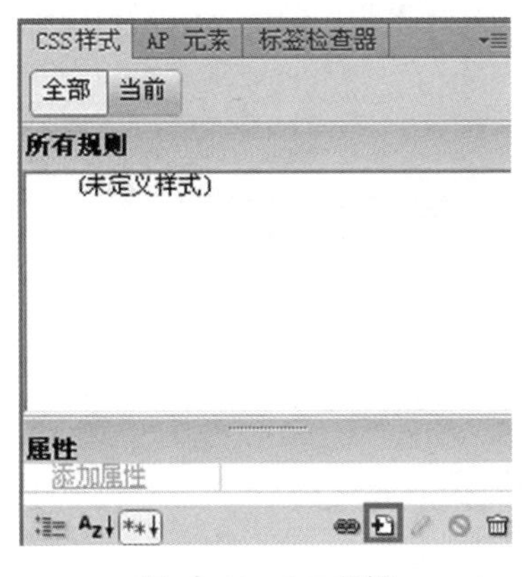

图 12-12 CSS 面板

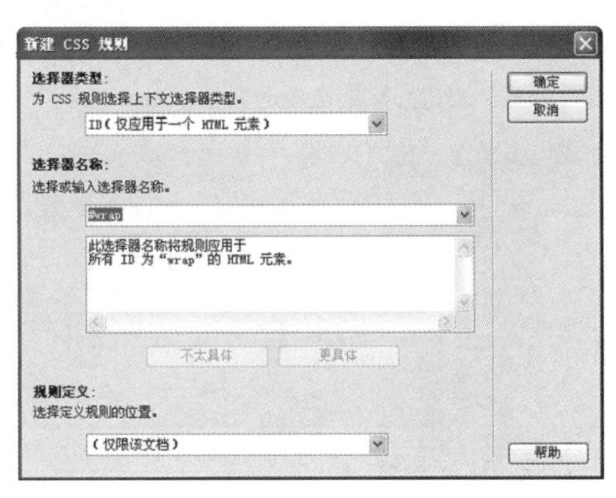

图 12-13 新建 CSS 规则对话框

❸弹出“#wrap 的规则定义”对话框。在【背景】、【方框】、【边框】中的设置如图 12-14、图 12-15、

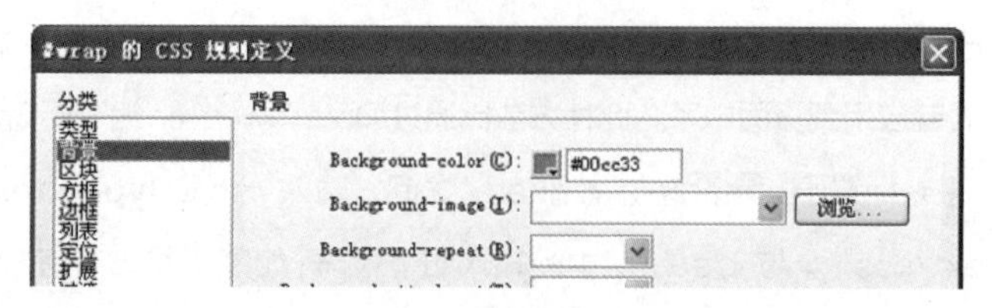

图 12-14　背景设置

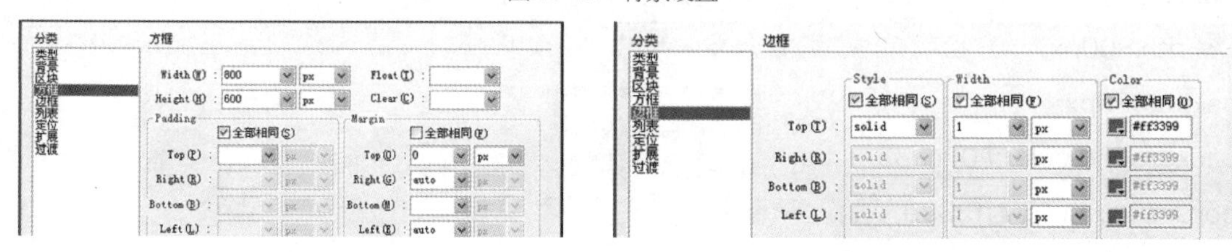

图 12-15　方框设置　　图 12-16　边框设置

图 12-6 所示。

❹设置完成，点击确定。效果如图 12-11 所示。

（3）链接外部样式表

此种方式是非常符合现代网页设计思想的一种方式，结构与形式完全分离；但是需要掌握一定的代码编写基础。首先需要编写 CSS 样式表。可以用记事本、EditPlus、Dreamweaver 等软件编写，这里用 Dreamweaver 编写。

❶打开 Dreamweaver，在【新建】中选择【CSS】，新建 CSS 文档；或者点击【文件】菜单栏中【新建】菜单，在弹出的对话框的【页面类型】中选择【CSS】，然后点击创建按钮。

❷在光标的地方，在英文状态下输入：

```
#wrap {
  width:800px;
height:600px;
background-color:#00cc33;
border:1px solid #ff3399;
margin: 0 auto;
}
```

❸保存该文档，弹出另存为对话框，将文档保存到站点下的 CSS 文件夹中（没有此文件夹，新建一个），文件名命名为 style.css，单击保存。至此外部样式表创建成功。

❹选择【代码】视图，选中"wrap"，在【CSS 面板】中单击“附加样式表”按钮。弹出【链接外部样式表】对话框，点击【浏览】按钮，需要链接的文档“style.css”。

❺选择完成点击确定。在【文档】栏中显示如图 12-17 所示。

图 12-17　文档栏

❻如果需要对 CSS 样式表进行修改，只需要在【文档】栏中选择 style.css 打开编辑窗口，在编辑窗口中编辑完成，点击保存。最重要的一步是，保存完 style.css 文档之后，还需要把链接了该 CSS 样式表的 html 也要进行保存，即还要保存 Untitled-1.html 文档。

12.6.2 一列自适应

自适应的布局能够根据浏览器窗口的大小，自动改变其宽度或高度值。自适应布局需要将具体的宽度值改为百分比。

❶在【代码】视图模式下，建立网页结构。在 <body>……</body> 中英文状态下输入：

<div id="wrap"> 一列自适应 </body>

❷运用 Dreamweaver 编写 CSS 样式。在【代码】视图，选中"wrap"，在【CSS 面板】中单击“新建 CSS 规则”按钮，弹出【新建 CSS 规则】对话框，单击确定。

❸弹出“#wrap 的规则定义”对话框。在【背景】、【方框】、【边框】中的设置如图 12-18、图 12-19、图 12-20 所示。

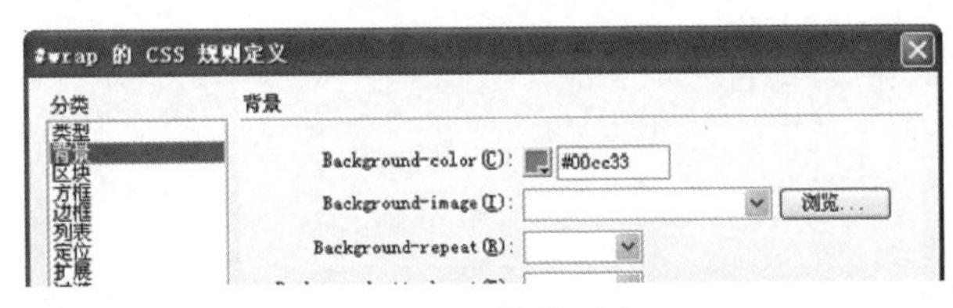

图 12-18　背景设置

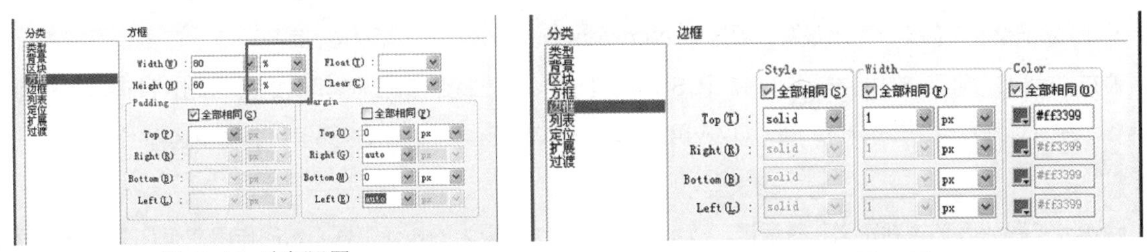

图 12-19　方框设置

图 12-20　边框设置

12.6.3 两列固定宽度

两列固定宽度的布局在现代网页设计中运用得非常广泛，完整的网页布局效果如图 12-21 所示，层次关系图

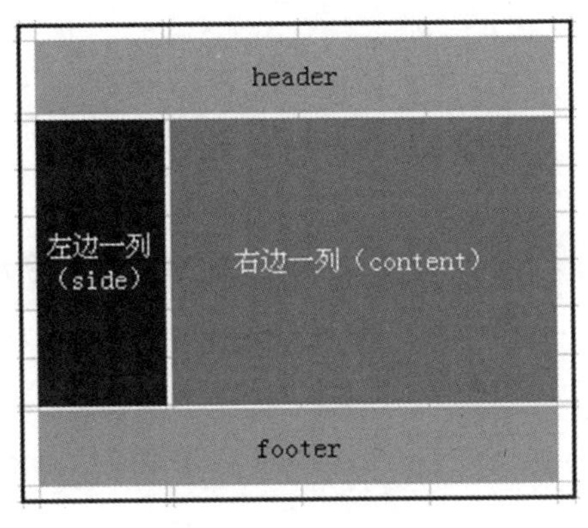

图 12-21　布局效果图

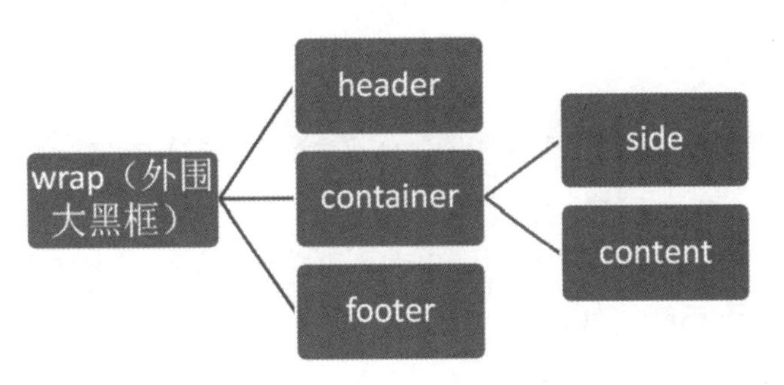

图 12-22　层次结构图

如 12-22 所示。

（1）先用 Div 标签插入块元素框，建立页面结构，具体步骤如下：

❶选择【代码】视图模式，在 <body>……</body> 中，英文状态下输入 <div id="wrap"></div>。

❷ 在 <div id="wrap">……</div> 中 输 入 <div id="header"></div>、<div id="container"></div> 和 <div id="footer"></div>。

❸在 <div id="container">……</div> 中输入 <div id="side"></div>、<div id="content"></div>, 输入完成，

```
<body>
<div id="wrap">
    <div id="header"></div>
    <div id="container">
        <div id="side"></div>
        <div id="content"></div>
    </div>
    <div id="footer"></div>
</div>
</body>
```

图 12-23　代码结构

代码结构如图 12-23 所示。

（2）网页结构建立好之后，就是 CSS 定位，即样式的编写。CSS 定位中对于块元素框的宽高尺寸，一定要依照 CSS 盒子模型中的宽、高来设置。通过 Dreamweaver 逐个地为其编写样式表。

❶在【代码】视图，选中"wrap"，在【CSS 面板】中单击“新建 CSS 规则”按钮，弹出【新建 CSS 规则】对话框，在【选择器类型】中选择“ID（仅应用于一个 HTML 元素）”，【选择器】名称中选择“wrap”，单击确定。

❷弹出“#wrap 的规则定义”对话框。wrap 属于最外围的最大的块元素框，它的作用在于定义网页页面的总

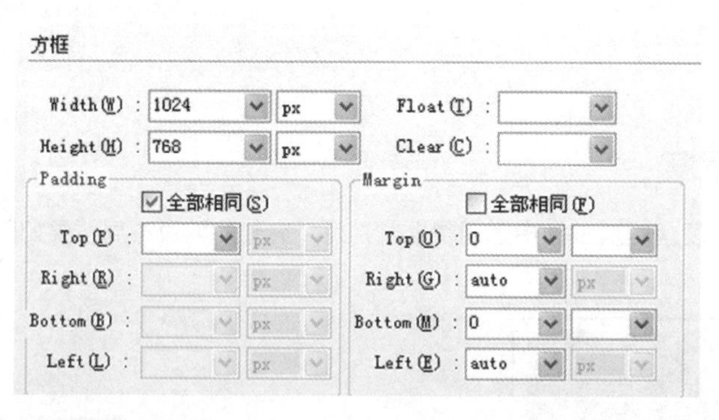

图 12-24　方框设置

宽度和整体位置，所以对于 wrap 只需要在【方框】中设置 width、height 和 margin，具体设置如图 12-24 所示。

❸在【代码】视图，选中"header"，在【CSS 面板】中单击“新建 CSS 规则”按钮，弹出【新建 CSS 规则】对话框，在【选择器类型】中选择“ID（仅应用于一个 HTML 元素）”，【选择器】名称中选择“header”，单击确定弹出“#header 的规则定义”对话框。在【背景】中将 Background-color 设置为 # 8DB4E3，header

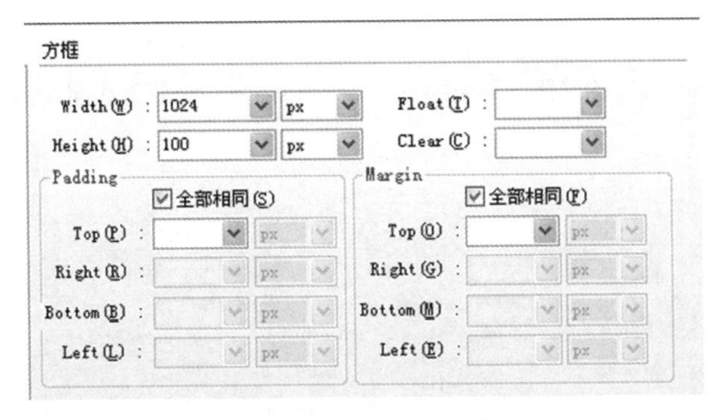

图 12-25 方框设置图

的【方框】设置如图 12-25 所示。

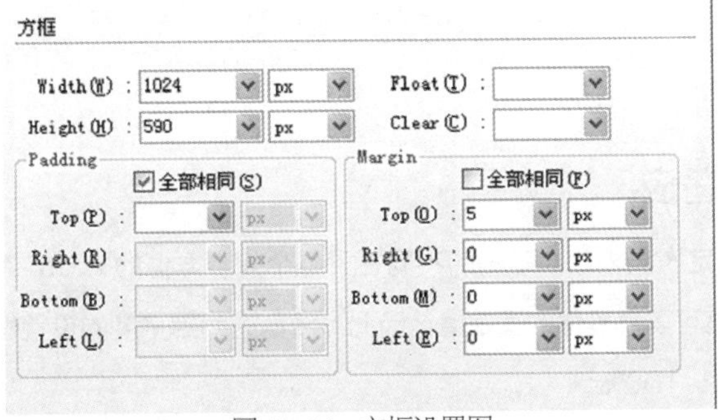

图 12-26 方框设置图

❹依照❸的方法，将“container”的【方框】设置如图 12-26 所示。

❺依照❸的方法，将“side”的【背景】中的 Background-color 设置为 #17375D，side 的【方框】设置

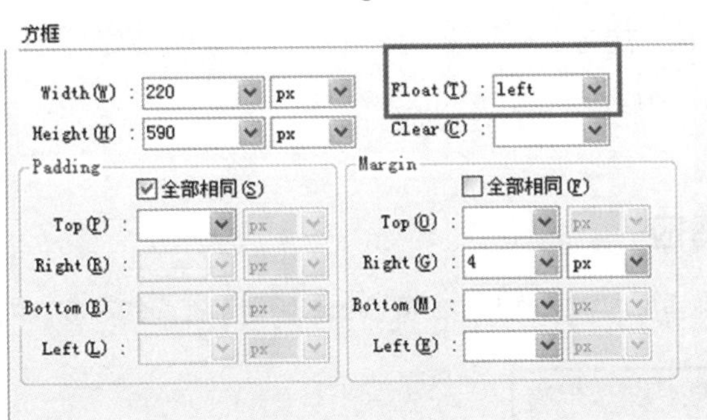

图 12-27 方框设置图

如图 12-27 所示。

❻依照❸的方法，将“content”的【背景】中的 Background-color 设置为 #548ED5，content 的【方框】

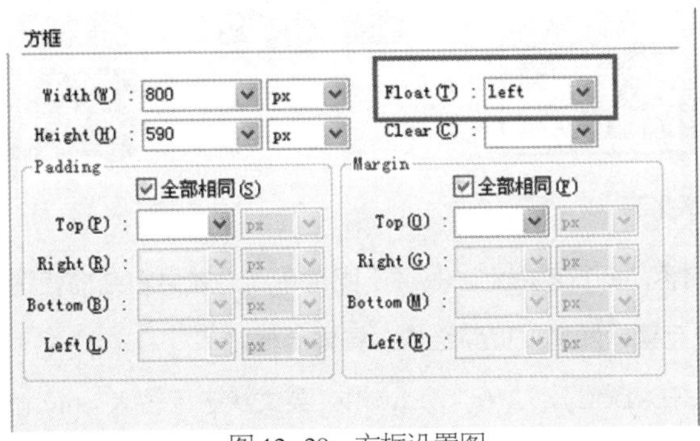

图 12-28 方框设置图

设置如图 12-28 所示。

❼依照❸的方法，将“footer”的【背景】中的 Background-color 设置为 #A5A5A5，content 的【方框】

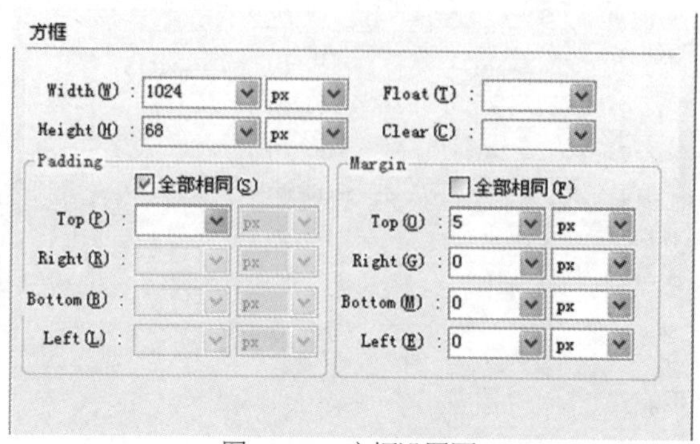

图 12-29　方框设置图

设置如图 12-29 所示。

12.6.4 两列宽度自适应

两列宽度自适应和宽度固定布局相比，唯一的不同在于每个元素方框的 width 都是百分比，即使 margin-left 或 margin-right 的值。高度值可以是具体的固定值。因此，将两列固定宽度的设置做适当的修改即可。

wrap【方框】中的 width：100%；

header【方框】中的 width：100%；

container【方框】中的 width：100%；

side【方框】中的 width：20%；margin-right：1%；

content【方框】中的 width：79%；

footer【方框】中的 width：100%；

其他设置不变。

12.6.5 两列高度自适应

在页面设计时，往往会出现多屏内容的情况，如果设计者固定了页面的高度，内容很显然是不能完全展现的。

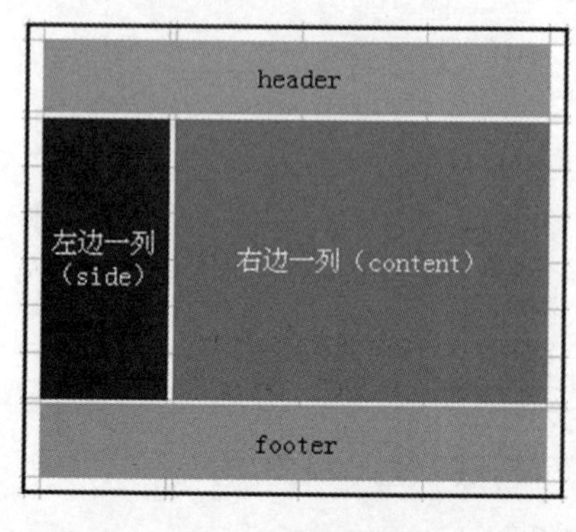

图 12-30　布局效果图

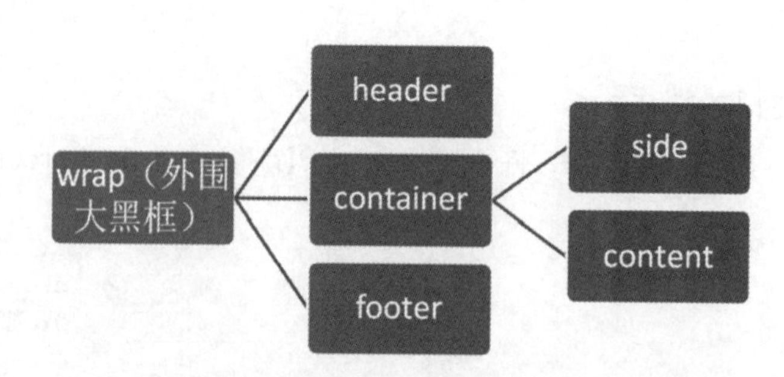

图 12-31　层次结构图

因此在设计中就使高度自适应内容，即宽度固定、高度不固定布局，效果和结构如图 12-30、图 12-31 所示。

（1）先用 Div 标签插入块元素框，建立页面结构，具体步骤如下：

❶选择【代码】视图模式，在 <body>……</body> 中，英文状态下输入 <div id="wrap"></div>。

❷ 在 <div id="wrap">……</div> 中 输 入 <div id="header"></div>、<div id="container"></div> 和 <div id="footer"></div>。

❸在 <div id="container">……</div> 中输入 <div id="side"></div>、<div id="content"></div>, 输入完成，

```
<body>
<div id="wrap">
    <div id="header"></div>
    <div id="container">
        <div id="side"></div>
        <div id="content"></div>
    </div>
    <div id="footer"></div>
</div>
</body>
```

图 12-32 代码结构

代码结构如图 12-32 所示。

（2）网页结构建立好之后，就是 CSS 定位，即样式的编写。CSS 定位中对于块元素框的宽高尺寸，一定要依照 CSS 盒子模型中的宽、高来设置。通过 Dreamweaver 逐个地为其编写样式表。

❶在【代码】视图，选中"wrap"，在【CSS 面板】中单击“新建 CSS 规则”按钮，弹出【新建 CSS 规则】对话框，在【选择器类型】中选择“ID（仅应用于一个 HTML 元素）”，【选择器】名称中选择“wrap”，单击确定。

❷弹出“#wrap 的规则定义”对话框。wrap 属于最外围的最大的块元素框，它的作用在于定义网页页面的总

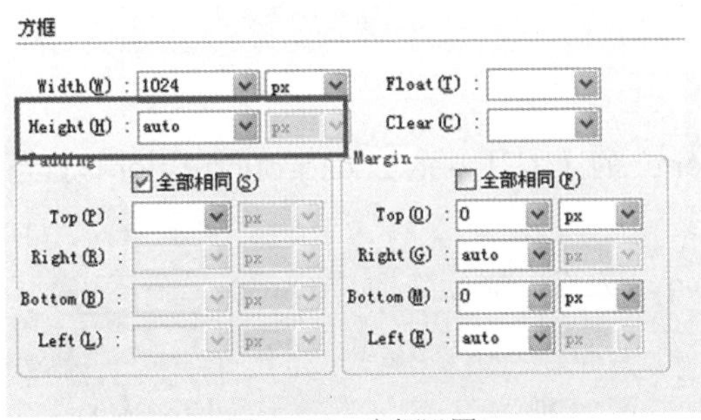

图 12-33 方框设置

宽度和整体位置，所以对于 wrap 只需要在【方框】中设置 width、height 和 margin，具体设置如图 12-33 所示。

❸在【代码】视图，选中"header"，在【CSS 面板】中单击“新建 CSS 规则”按钮，弹出【新建 CSS 规则】对话框，在【选择器类型】中选择“ID（仅应用于一个 HTML 元素）”，【选择器】名称中选择“header”，单击确定弹出“#header 的规则定义”对话框。在【背景】中将 Background-color 设置为 # 8DB4E3，header

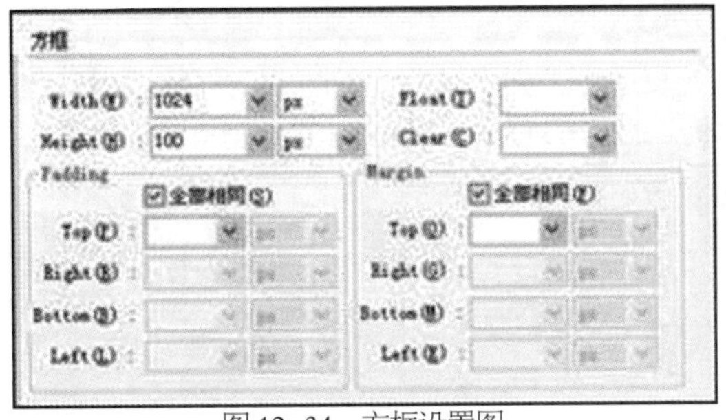

图 12-34 方框设置图

的【方框】设置如图 12-34 所示。

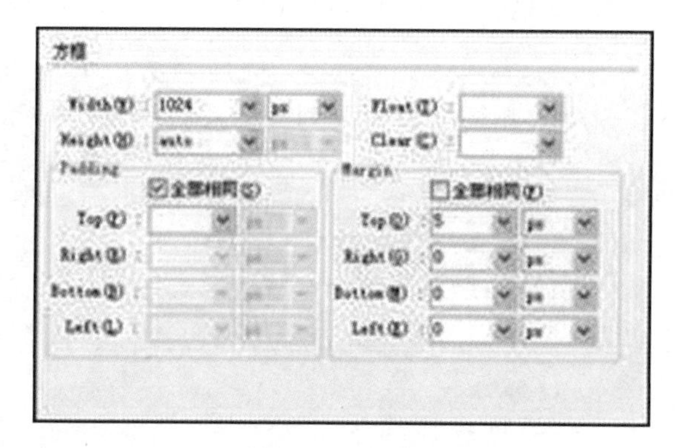

图 12–35　方框设置

❹依照❸的方法，将“container”的【方框】设置如图 12-35 所示。

❺依照❸的方法，将“side”的【背景】中的 Background-color 设置为 #17375D，side 的【方框】设置

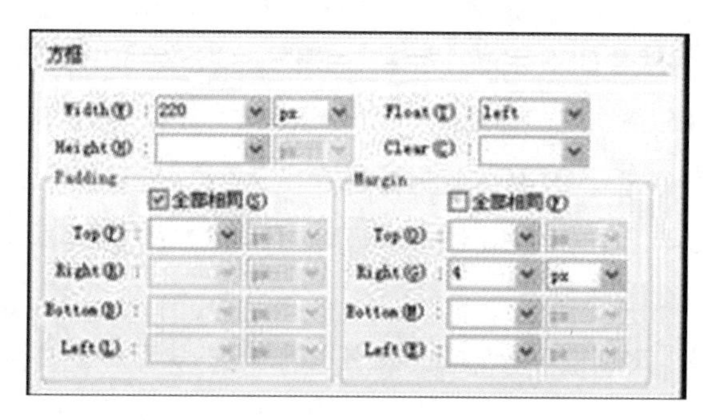

图 12–36　方框设置

如图 12-36 所示。

❻依照❸的方法，将“content”的【背景】中的 Background-color 设置为 #548ED5，content 的【方框】

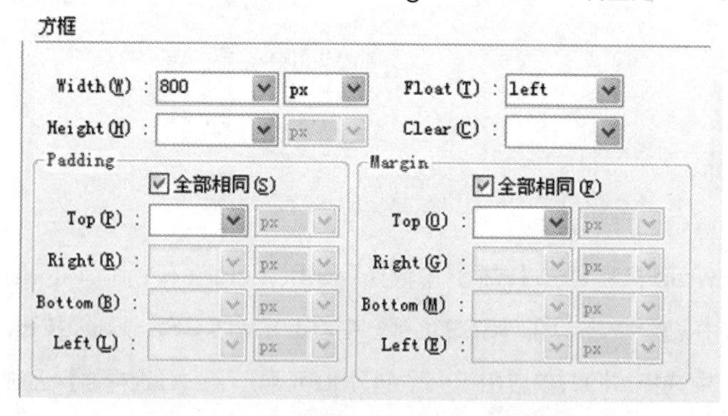

图 12–37　方框设置

设置如图 12-37 所示。

❼依照❸的方法，将“footer”的【背景】中的 Background-color 设置为 #A5A5A5，【方框】中的 cl 设置为 both，content 的【方框】设置如图 12-38 所示。

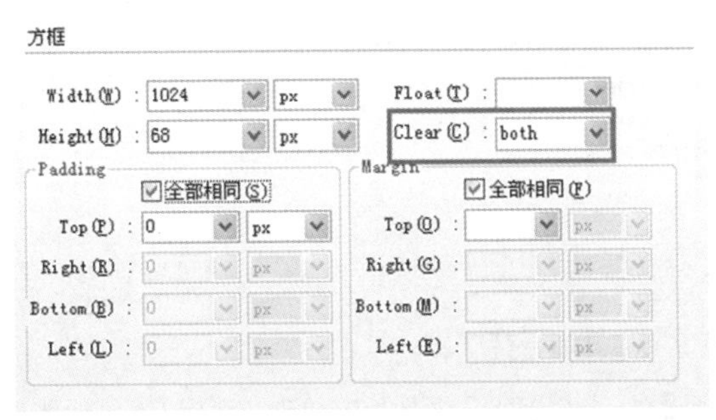

图 12-38 方框设置

这里必须设置 clear：both；因为用 Div 建立的都是块元素，块元素周围的元素会自动换行排列，也就是都会垂直一列排。使用 float 属性的块元素就会尽可能地向前面的元素靠拢，由于 container 是自适应高度，在没有做特殊设置时，container 的高度默认为 line-height，如果 side 里面的内容高度要高于 content 里面内容的高度，footer 就会由于 side、content 使用了 float 属性的原因而向它们靠拢，只要有空隙就会占据。

❽设置之后的效果如图 12-39 所示。当在 side、content 区域里输入内容时，高度会根据内容自动调整，如图 12-40 所示。

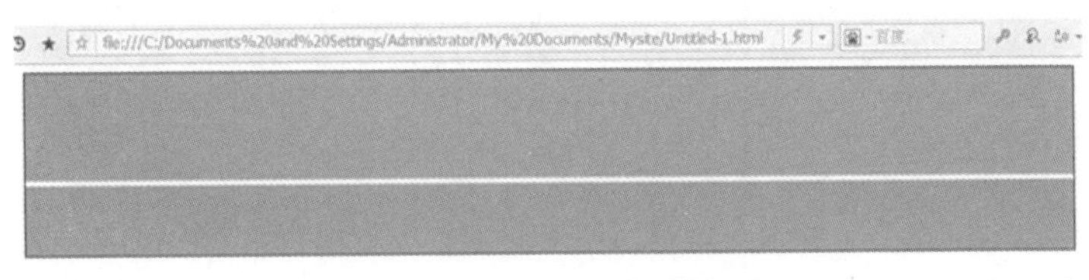
图 12-39 效果图

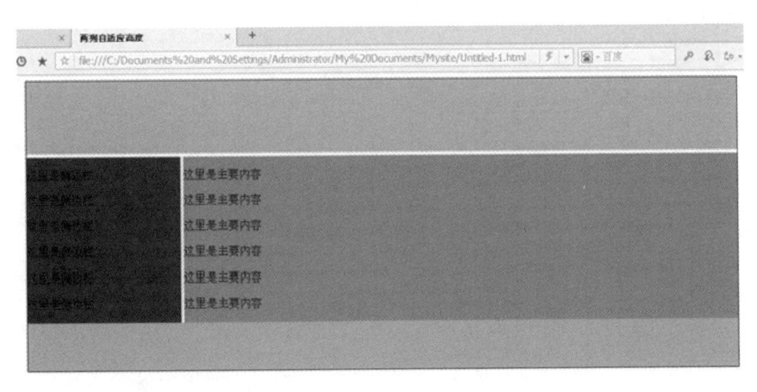
图 12-40 效果图

12.6.6 两列定宽中间自适应

利用负边距原理实现两列定宽中间自适应的三列结构。负边距值指的是将某个元素的 margin 属性值设置为负值，对于使用了负边距的元素可以将其他块元素吸引到身边，从而解决页面布局的问题。两列定宽中间自适应效果如图 12-41 所示。

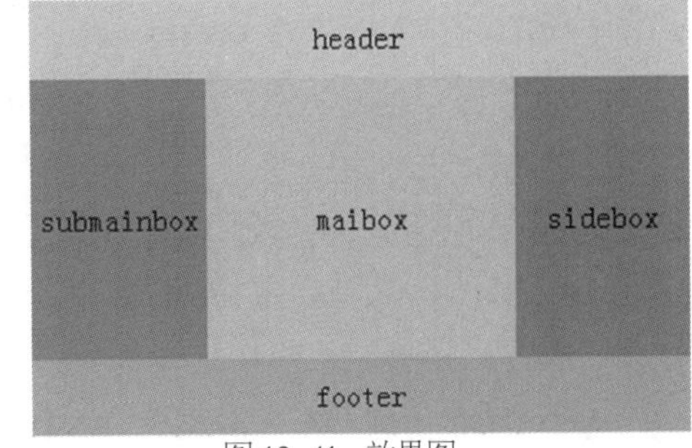

图 12-41 效果图

（1）先用 Div 标签插入块元素框，建立页面结构。在 <body>……</body> 中输入如下代码：

```
<div id="header"></div>
<div id="container">
  <div id="mainbox">
   <div id="content"></div>
```

```
    </div>
    <div id="submainbox"></div>
    <div id="sidebox"></div>
  </div>
  <div id="footer"></div>
```

（2）通过 Dreamweaver 逐个地为其编写样式表。

❶在【代码】视图，选中"header"，在【CSS 面板】中单击“新建 CSS 规则”按钮，弹出【新建 CSS 规则】对话框，在【选择器类型】中选择“ID（仅应用于一个 HTML 元素）”，【选择器】名称中选择“header”，单击确定弹出“#header 的规则定义”对话框。在【背景】中将 Background-color 设置为 # 0cf，header 的【方框】设置如图 12-42 所示。

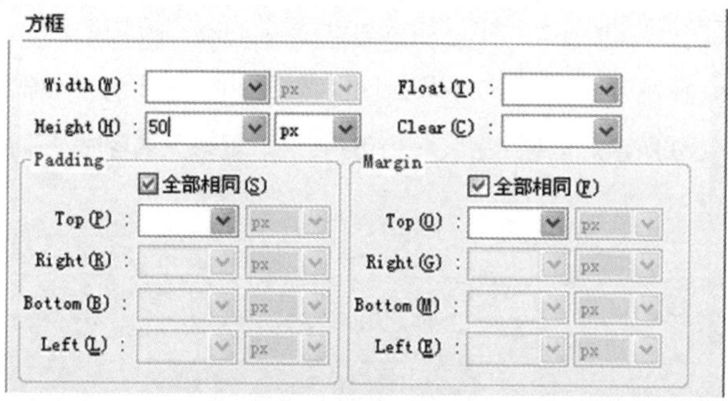

图 12-42　方框设置

❷依照❶的方法，将“container”的【定位】中的 Overflow 设置为 auto，即溢出自动延展。container 的【定位】设置如图 12-43 所示。

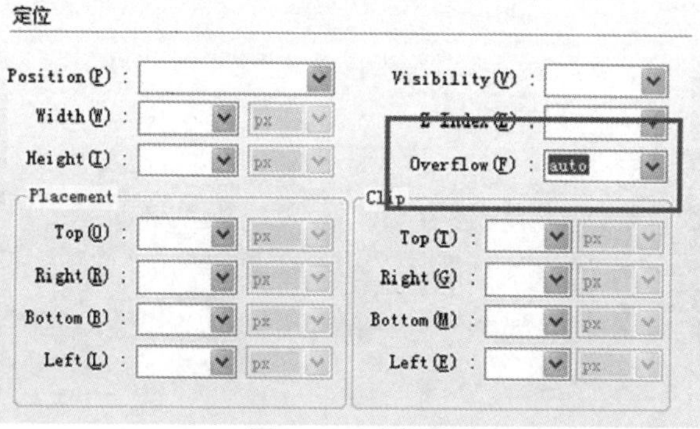

图 12-43　定位设置

❸依照❶的方法，将“mainbox”的【背景】中的 Background-color 设置为 #6ff，mainbox 的【方框】设置如图 12-44 所示。

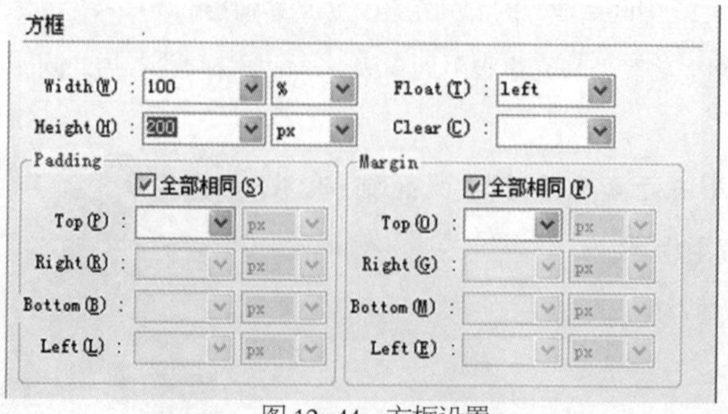

图 12-44　方框设置

❹依照❶的方法，将“content”的【背景】中的 Background-color 设置为 #ff0，content 的【方框】设

置如图 12-45 所示。

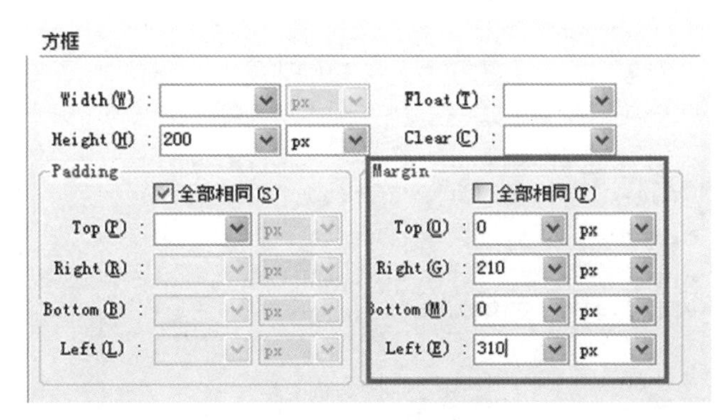

图 12-45　方框设置

❺依照❶的方法，将 “submainbox” 的【背景】中的 Background-color 设置为 #c63，submainbox 的【方框】设置如图 12-46 所示。

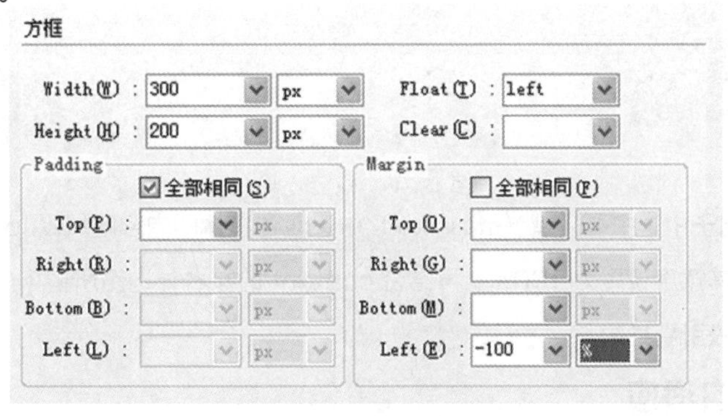

图 12-46　方框设置

❻依照❶的方法，将 “sidebox” 的【背景】中的 Background-color 设置为 #c63，sidebox 的【方框】设置如图 12-47 所示。

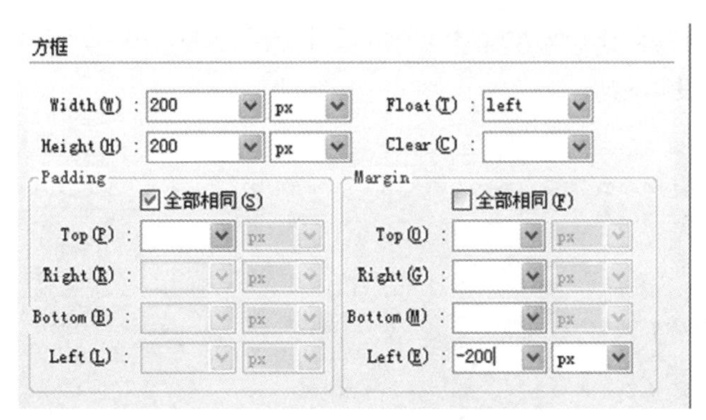

图 12-47　方框设置

❼依照❶的方法，将 “footer” 的【背景】中的 Background-color 设置为 #3cf，footer 的【方框】设置如图 12-48 所示。

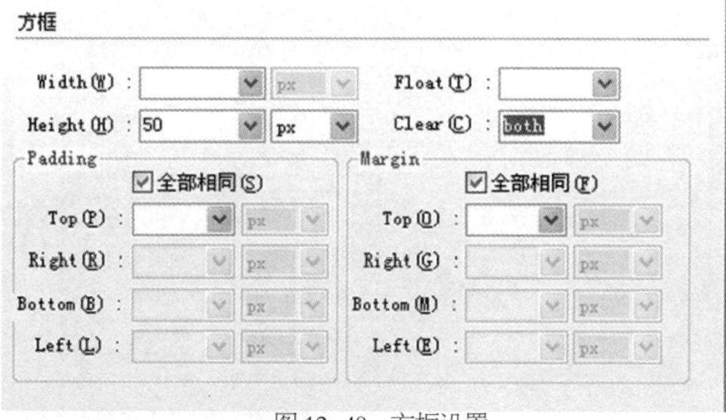

图 12-48　方框设置

❽设置完成，保存网页。效果如图 12-49 所示。

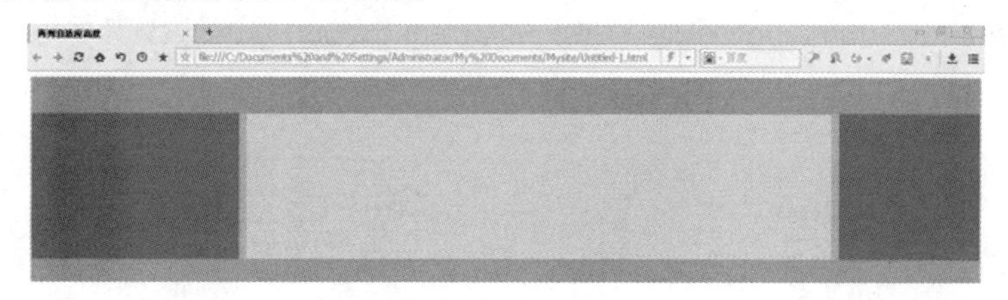

图 12-49　网页效果

需要注意的是：在此例子中，主要区域（mainbox）中又包含具体的内容区域（content），设计思路是利用 mainbox 的浮动特性，将其宽度设置为 100%，再结合 content 的左右外边距所留下的空白，利用负边距原理将 submainbox 和 sidebox 吸引到身边。

12.6.7 三列宽度自适应

在上例中，是左右两列的宽度固定中间自适应，本例讲解三列都实现自适应。要实现三列自适应，首先要改变列的宽度，将 submainbox 和 sidebox 的宽度设置为自适应。其次，调整左右两列负边距的属性值。最后就是调整 content 的外边距值使之与左右两列负边距值相吻合，content 左右的外边距刚好是两列的负边距值。因此，submainbox 的【方框】设置为图 12-50 所示；sidebox 的【方框】设置为图 12-51 所示；content 的【方框】设置为图 12-52 所示。其他设置不变。

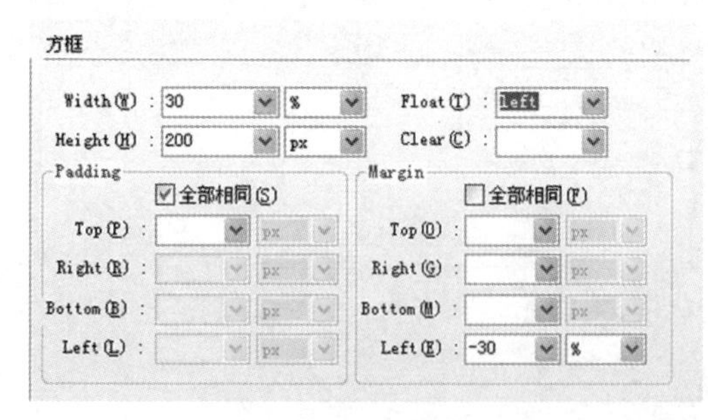

图 12-50　方框设置

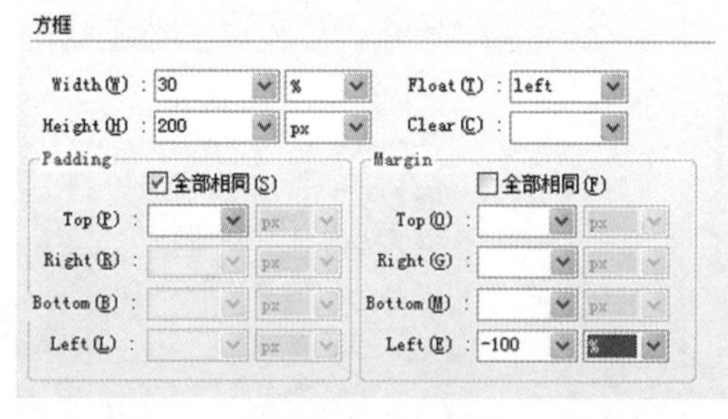

图 12-51　方框设置

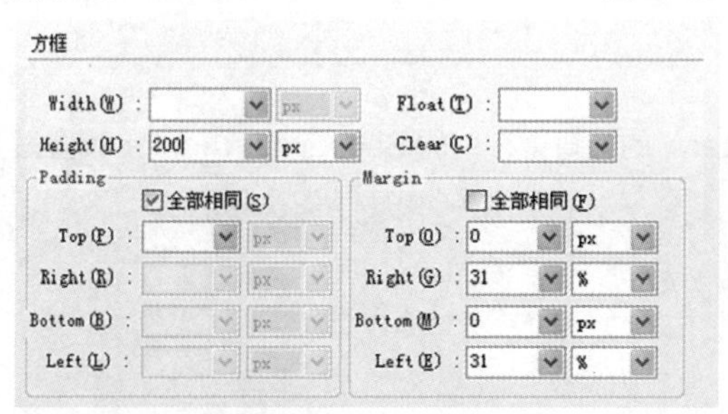

图 12-52　方框设置

第 13 章 使用模板和库提高效率

在实际工作中，有很多页面会有相同的布局，制作时为了避免重复操作，可以在 Dreamweaver 中，将 HTML 保存为模板，供重复使用。

13.1 创建模板

直接创建模板：通过【文件】→【新建】可以创建模板，如图 13-1 所示。

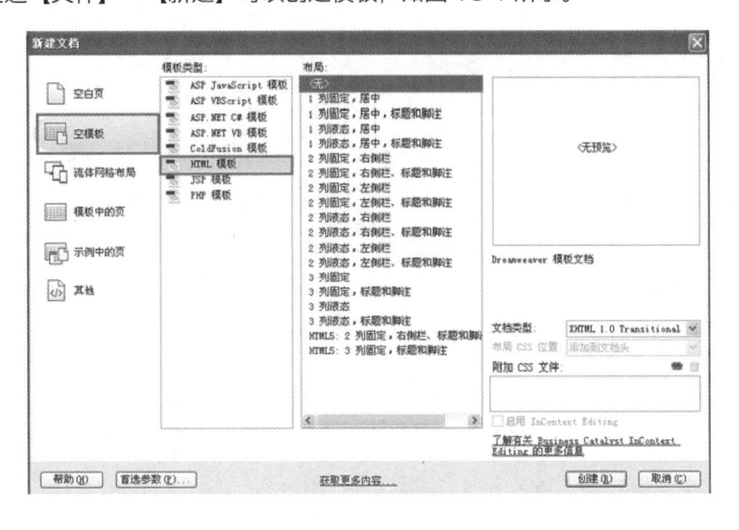

图 13-1 新建对话框

从现有文档创建模板：

❶打开原文件 al13-1/aboutus.htm。

❷选择【文件】菜单中【另存为模板】命令，在弹出的【另存模板】对话框中的【站点】下拉列表中选择保存模板的站点，在【另存为】文本框中输入 template，如图 13-2 所示；如果没有站点则会弹出新建站点提示，如图 13-3 所示。

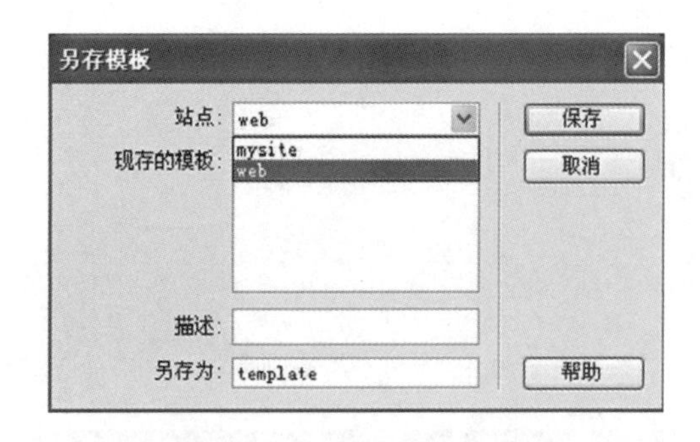

图 13-2 另存模版对话框

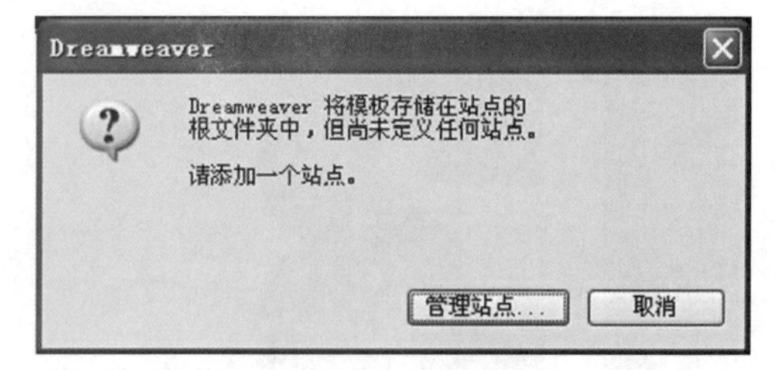

图 13-3 提示对话框

设置完毕，单击保存，弹出如图 13-4 对话框，单击【是】按钮，即将文档另存为模板，在【文件】面板中会产生一个 template.dwt 的文件，如果 13-5 所示。

图 13-4 提示对话框

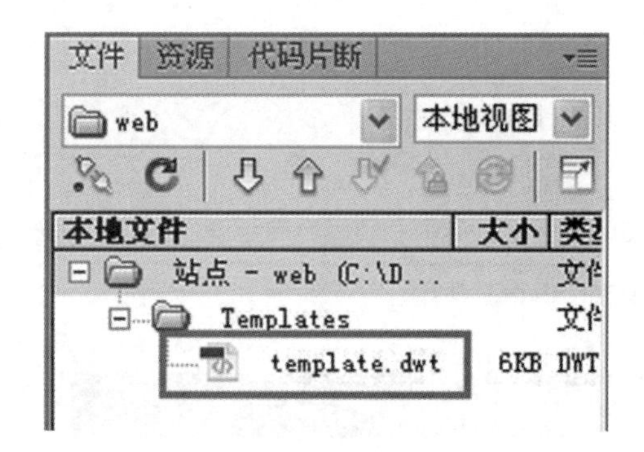

图 13-5 文件面板

13.2 编辑模板

模板实际上是具有固定格式和内容的文件。模块功能强大，通过定义和锁定可编辑区域以保护模板的格式和内容不被修改，只有在可编辑区域中才能输入新的内容。其作用在于可以快捷创建统一风格的网页文件，在模板内容发生改变后，可以同时更新站点中所有使用到该模板的网页文件，不需要逐一修改。

默认情况下，新创建模板的所有区域都处于锁定状态，因此，要使用模板，必须将模板中的某些区域设置为可编辑区域，创建步骤如下：

❶打开上节创建的模板网页 template.dwt。

❷将光标放置在要插入可编辑区域的位置，选择【插入】菜单栏中【模板对象】下的【可编辑区域】命令，在弹出的【新建可编辑区域】对话框中，输入名称，如图 13-6 所示。

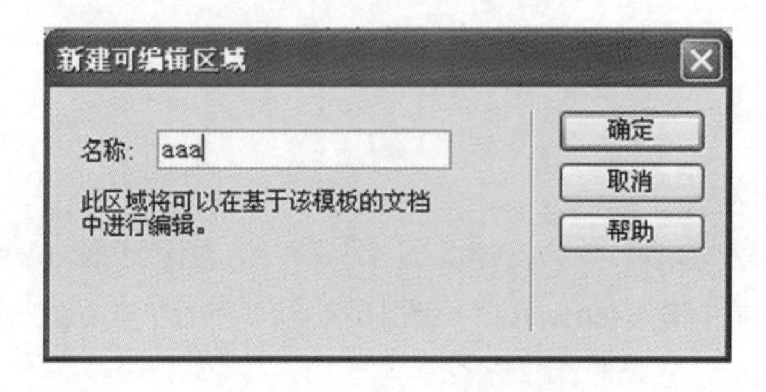

图 13-6 新建可编辑区域对话框

❸单击确定，即可插入可编辑区域，如图 13-7 所示。

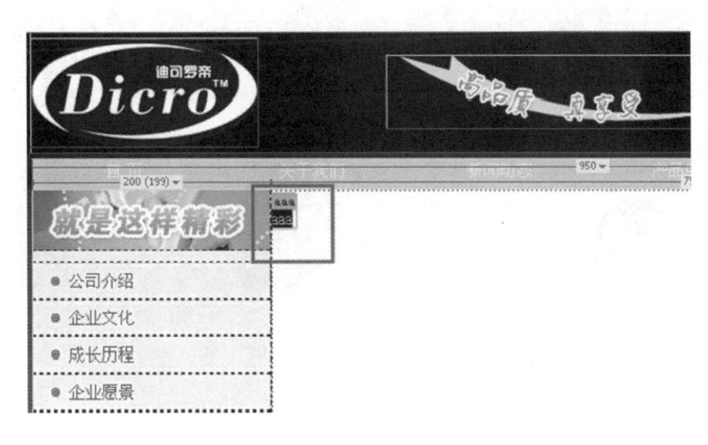

图 13-7　可编辑区域对话框

13.3 应用模板

13.3.1 利用模板创建网页

利用模板创建新网页的步骤如下：

❶选择【文件】→【新建】命令，在弹出的【新建文档】对话框中选择【模板中的页】选项卡中的【站点（mysite）】→【站点 mysite 的模板】选项，选中 template.dwt，如图 13-8 所示。

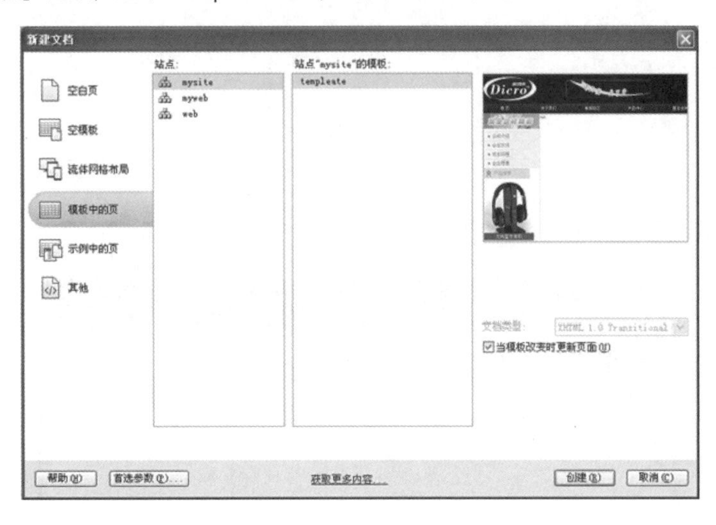

图 13-8　新建文档对话框

❷单击【创建】按钮，即可创建一个网页。

❸将新建的文档命名为 index.html。

❹将光标放置在可编辑区域中，即可向文档中输入文字或插入图片，如图 13-9 所示。

图 13-9　输入内容对话框

13.3.2 更新模板网页

修改模板后，通过站点管理特性，自动对利用模板创建的网页进行更新。

❶打开模板 template.dwt 文件，在可编辑区域后输入“订购热线 400-600-8800”文字，如图 13-10 所示。

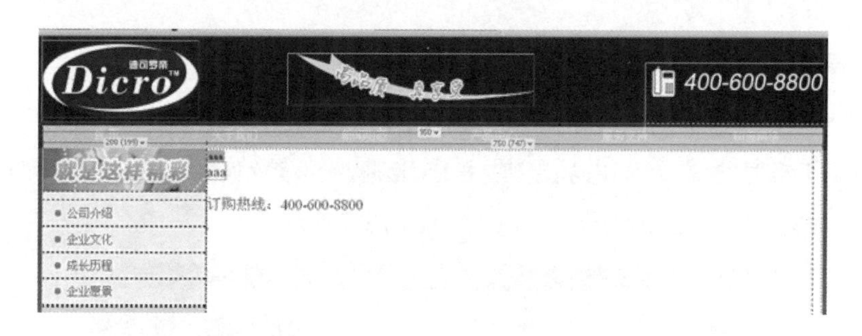

图 13-10　编辑模板

❷保存该模板，弹出【更新模板文件】对话框，在此对话框中显示了要更新的网页文件，如果 13-11 所示。

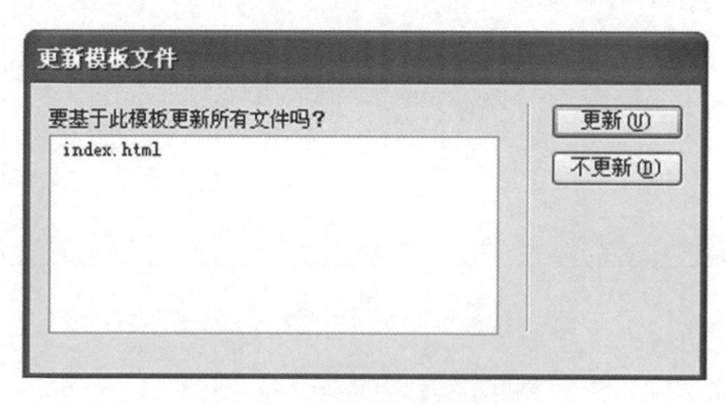

图 13-11　更新模板文件对话框

❸点击更新按钮，弹出【更新页面】对话框，如图 13-12 所示。

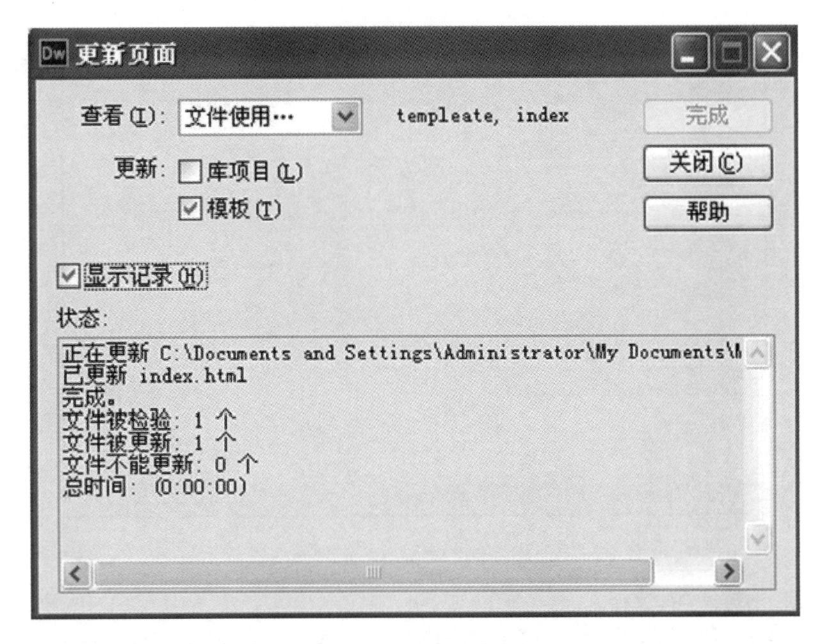

图 13-12　更新页面对话框

❹单击关闭按钮，打开利用模板创建的 index.html 文档查看效果。

13.3.3 从模板中脱离

将当前的文档从模板中分离，随之而来的效果就是该文档和模板没有任何关系，当模板进行更新时，该文档将不能同步更新。

❶打开基于模板创建的网页 index.html。

❷选择【修改】→【模板】→【从模板中分离】命令即可。分离之后该网页原来锁定的部分就可以进行随意编辑了。

13.4 创建与应用库项目

库是一种特殊的 Dreamweaver 文件，其中包含已创建便于放在网页上的单独“资源”或是资源复合的集合。库用来存储想要在整个网站上经常重复使用或更新的页面元素。这些元素称为库项目。使用库项目时，Dreamweaver 不是在网页中插入库项目，而是向库项目中插入一个链接。如果以后更改了库项目，系统将自动在任何已经插入该库项目的页面中更新库的实例。

13.4.1 创建库项目

将网页中的元素创建为库项目在网页设计中经常用到，具体步骤如下。

❶选择【文件】→【新建】，在弹出的【新建文档】对话框中选择【空白页】中的【库项目】选项，如图 13-13 所示。

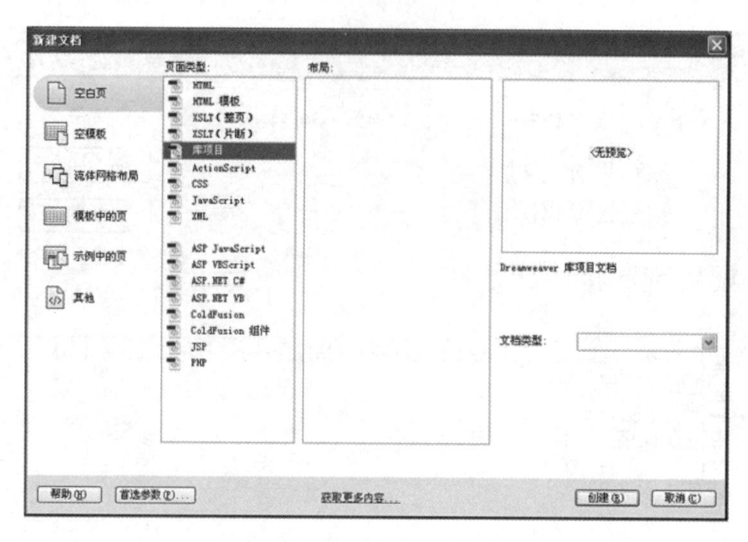

图 13-13　新建文档对话框

❷单击创建按钮，创建一个库文档。

❸选择【文件】→【保存】命令，在弹出的【另存为】对话框中的文本框中输入库项目名 ku.lbi, 在【保存类型】中选择【库文件 *.lbi】，如图 13-14 所示。

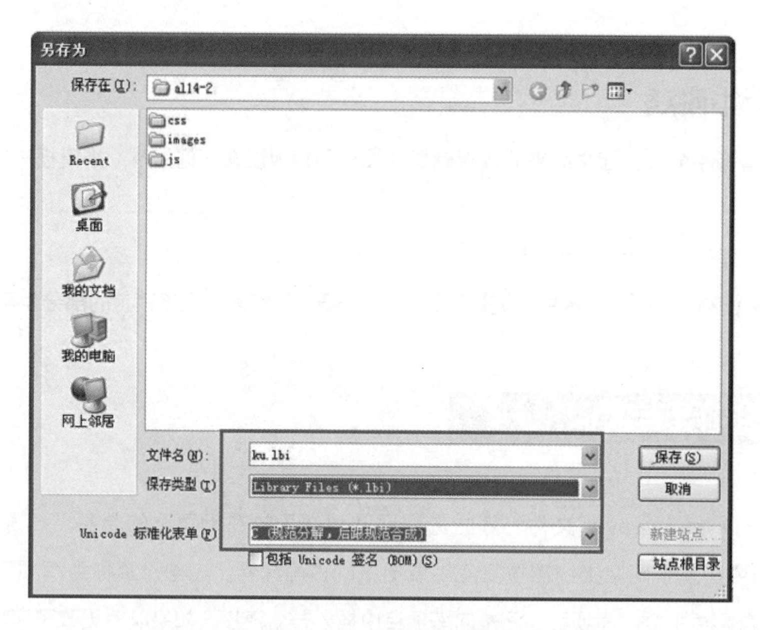

图 13-14　另存为对话框

❹在 ku.lbi 中插入内容，点击保存。

❺打开需要插入库项目的网页，将光标放置在准备插入库项目的位置，在【资源】面板中选择库文件，单击【插入】按钮，即可完成库的插入。

13.4.2 修改库项目

❶打开库文件，对库文件进行修改。

❷选择【修改】→【库】→【更新页面】命令，打开更新页面对话框，单击开始即可按照指示更新文件。

❸更新完成点击关闭。

第 14 章 表 单

表单是实现网页中数据传输的基础，是网页访问者与网站之间交互的桥梁。网页中所有的表单内容都一律放置在表单域中。单击【插入栏】中的【表单】选项，在其扩展栏中选择表单按钮，则在文档区中生成一个红色的虚线框，即表单域。

14.1 插入文本域

创建了表单域之后就可以在表单域中创建具体表单类目。表单中的文本域是访问者输入内容的区域，它接受任何类型的字母、数字。文本域可以是单行或多行显示，也可以是密码域的方式显示。

当访问者需要输入姓名、地址、用户名等资料时，就可以使用单行文本域。具体方法如下：

❶将光标置于表单域中，单击【插入栏】中的【表单】选项，在其扩展栏中选择【文本字段】按钮，弹出【输入标签辅助功能属性】对话框，如图 14-1 所示。

输入标签辅助功能属性

ID：
标签：姓名
使用“for”属性附加标签标记
样式：用标签标记环绕
无标签标记
位置：在表单项前
在表单项后
访问键： Tab 键索引：
如果在插入对象时不想输入此信息，请更改“辅助功能”首选参数。
确定
取消
帮助

图 14-1　输入标签辅助功能属性

❷【标签】属性中输入此文本域的输入内容项，例如：姓名。

❸设置完成点击确定，在表单域中就创建了一个单行文本域，如图 14-2 所示。

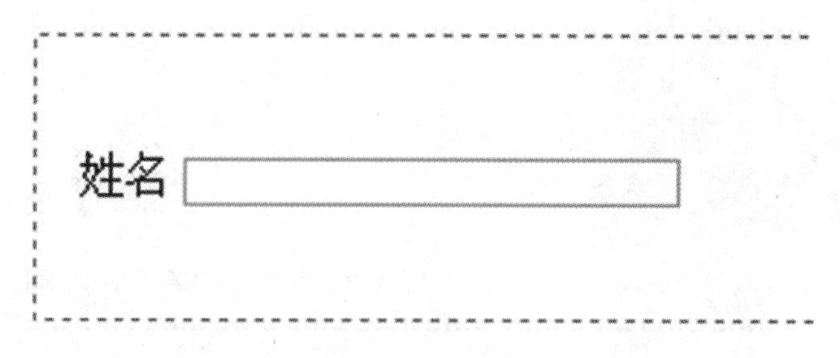

图 14-2 单行文本域

❹单击文本域，打开其属性面板，在属性面板中设置相关参数，如图 14-3 所示。

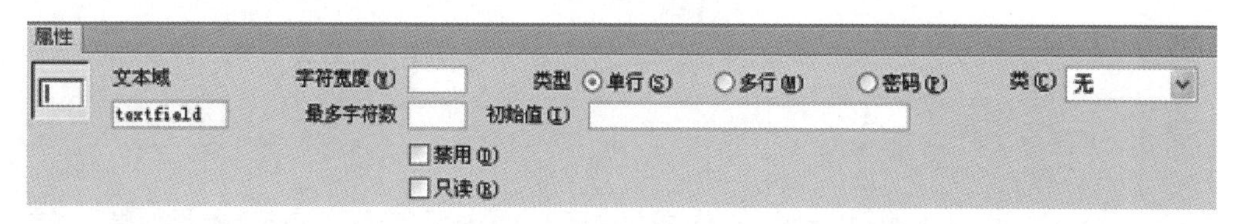

图 14-3 文本域属性面板

【文本域】：该文本域的 ID，为该文本域指定一个名称。每个文本域都必须有唯一名称，文本域名称不能包含空格或特殊字符，所选名称最好与用户输入的信息要有联系。文本域指定名称要便于理解和记忆，它将为后台程序对此栏目内容进行整理与辨别提供方便，比如“姓名”文本域可以命名为“username”，系统默认名称为 textfield。

【字符宽度】：设置文本域一次最多可以显示的字符数，它小于【最多字符数】。

【最多字符数】：设置单行文本域中最多可输入的字符数。如果此值为空白，则用户可以输入任意数量的文本，如果文本超过文本域的字符宽度，文本将滚动显示；如果输入超过最大字符数，表单将发出警告。

【类型】：选择【单行】将产生一个 type 设置为 text 的 input 标签；选择【密码】，当用户输入时，输入内容显示为项目符号或星号，以保护它不被其他人看到；选择【多行】则可以显示多行，相对于在表单中插入【文本区域】。

【初始值】：首次载入表单中文本域里显示的值，可以是指示用户在域中输入信息的提示语。

❺设置完成，保存网页。

多行文本域与密码域的创建方法与单行文本域的创建方法一样，不再赘述。

14.2 单选框和复选框

单选框和复选框用于解决访问者在网页中进行选项选择的问题。复选框用于访问者进行多选，单选框一次只能选择一个。

14.2.1 复选框

复选框可以一次选择一个，也可以一次选择多个，插入复选框的具体操作如下：

❶将光标放置在窗口文档中，并输入“爱好”两字，然后回车。

❷在光标的地方，选择【插入栏】中【表单】项里的复选框 ☑ 按钮，弹出【输入标签辅助功能属性】对话框，在 ID 中输入“art”，在标签中输入“艺术”，如图 14-4 所示。

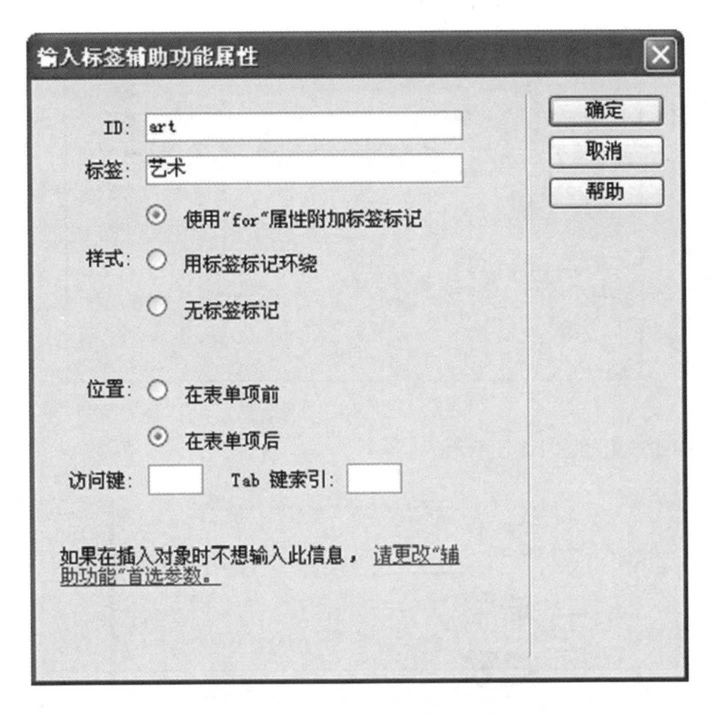

图 14-4　输入标签辅助功能属性

❸选中文档窗口中的复选框，在其属性面板中设置其参数。

【选定值】：设置在该复选框被选中时发给服务器的值；【初始状态】：设置复选框的初始状态，包含两个值，【已勾选】和【未选中】。设置完成，单击确定，效果如图 14-5 所示。

图 14-5　属性面板

❹依照❷❸步，依次再创建两个复选框，其 ID 分别为：football 和 sing；标签分别为足球和唱歌。效果如图 14-6 所示。

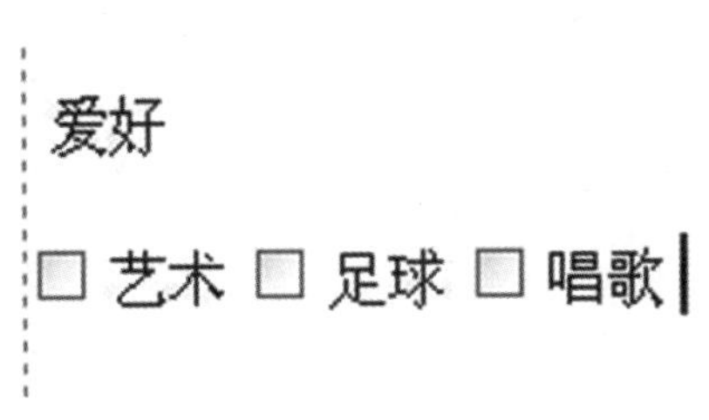

图 14-6　效果图

❺设置完成，保存网页。

14.2.2 复选框组

插入复选框组的具体操作如下：

❶选择【插入栏】中【表单】里的复选框组按钮，弹出【复选框组】对话框，设置如图 14-7 所示。

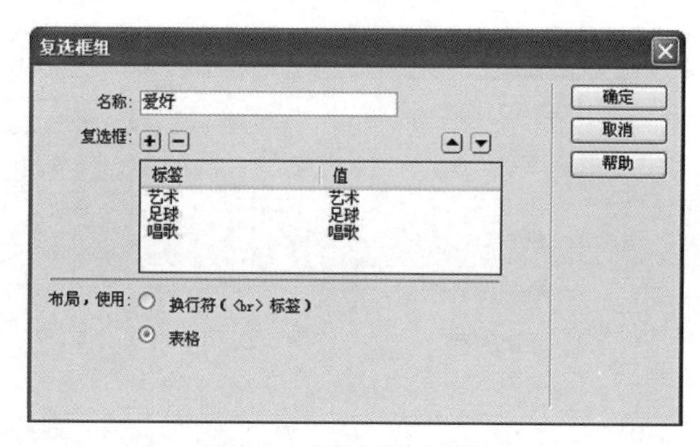

图 14-7　复选框组对话框

❷设置完成，在表单中的效果如图 14-8 所示。

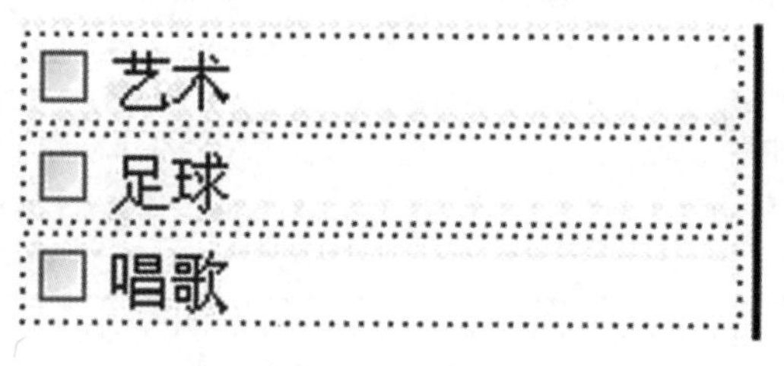

图 14-8　效果

❸选中复选框组中的每个小框，在属性面板中为其设置属性，属性含义与设置方法和复选框一样，不再赘述。

14.2.3 单选按钮

单选按钮的作用在于只能选择一个列出的选项。单选按钮通常是成组使用。一个组中的所有单选按钮必须具有相同的名称，且必须包含不同的选定值。具体操作步骤如下：

❶将光标放置在窗口文档中，并输入“性别”两字，然后回车。

❷在光标的地方，选择【插入栏】中【表单】项里的单选按钮，弹出【输入标签辅助功能属性】对话框，在 ID 中输入“male”，在标签中输入“男”，如图 14-9 所示。

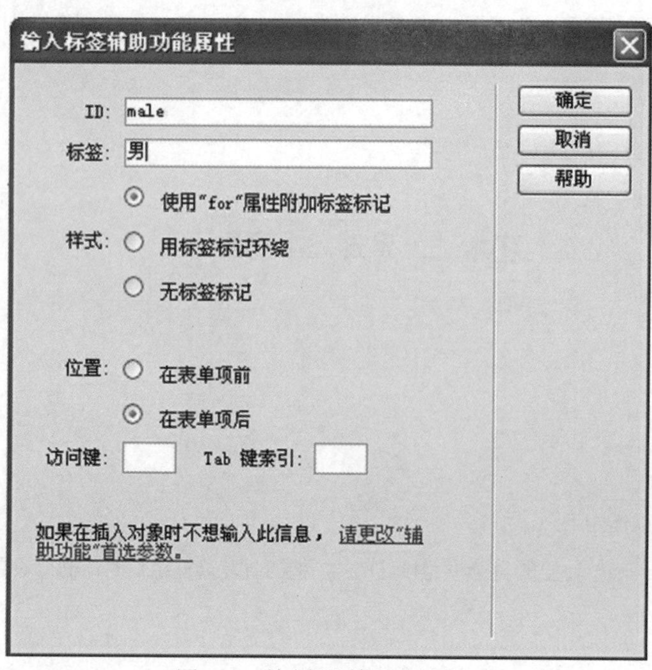

图 14-9　输入标签辅助功能属性

❸选中文档窗口中的单选按钮，在其属性面板中设置其属性。【单选按钮】：用来定义单选按钮的名字，所有同一组的单选按钮必须有相同的名字。【选定值】：用来判断单选按钮被选定与否。在提交表单时，单选按钮传送给服务端表单处理程序的值，同一组单选按钮应设置不同的值。【初始状态】：用来设置单选按钮的初始状态是【已勾选】还是【未选中】，设置参数如图 14-10 所示。

图 14-10　属性面板

❹依照❷步，插入单选按钮，在 ID 中输入“female”，在标签中输入“女”；依照❸步在属性面板中设置【单选按钮】为 sex。

❺设置完成，保存文档。最终效果如图 14-11 所示。

单选按钮组的创建方法和复选框组创建方法一样，在这里不再赘述。

图 14-11　最终效果

14.3 列表和菜单

显示为有列表项目的可滚动列表，从类别中选择项目，这种形式称为列表 单击时下拉的菜单形式，称为下拉菜单。

❶将光标置于表单域中，选择【插入栏】中【表单】项下的【选择（列表 / 菜单）】按钮，弹出【输入标签辅助功能属性】对话框，如图 14-12 所示。

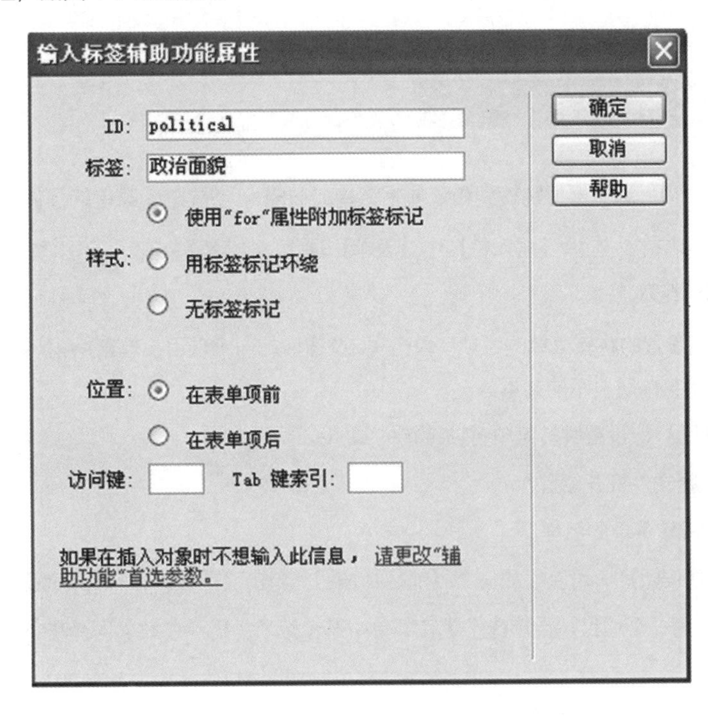

图 14-12　输入标签辅助功能属性对话框

❷选中文档窗口中的列表 / 菜单，在其属性面板中设置其相关属性，如图 14-13 所示。

图 14−13　属性对话框

【类型】：指的是当前对象设置为下拉菜单还是滚动列表。

【列表值】：单击该按钮，弹出列表值对话框，在对话框中增减或修改列表 / 菜单项目。当列表或菜单中的某项内容被选中，提交表单时它对应的值就会被传送到服务器端的表单处理程序；若没有对应的值，则传送标签自身。列表值设置如图 14-14 所示。

图 14−14　列表值对话框

当【类型】为列表时，还会有【高度】和【选定范围】属性。

【高度】：为具体数字，设置列表框在浏览器中显示选项的个数的总高度。如果选项数目超过高度值，则列表框出现滚动条。

【选定范围】：若勾选该属性，则这个列表允许多选，选择时使用 Shift+Ctrl 组合键进行操作，如果不勾选，则表示只允许单选。

❸设置完成，保存网页。

14.4 跳转菜单

在列表项目中选择一项，浏览器将跳转到和该项相链接的 URL。创建跳转菜单的具体操作步骤如下：

❶将光标放置在表单域中，选择【插入栏】中【表单】项下的跳转菜单按钮，弹出插入跳转菜单对话框。在对话框中可以设置相关参数。

【菜单项】：列出所设置的跳转菜单的各项，单击按钮增加一个项目，单击按钮，删除列表中一个项目。

【文本】：设置跳转菜单所显示的文本。

【选择时，转到 URL】：设置跳转菜单各项链接的 URL。

【打开 URL】：选择文件打开位置。

【菜单 ID】：设置跳转菜单的名称。

【菜单之后插入前往按钮】：可以添加一个【前往】按钮，单击【前往】按钮可以跳转菜单中当前项的 URL。

【更改 URL 后选择第一个项目】：选择了跳转菜单中某个选项，仍选中跳转菜单中的第一项。

❷设置完成后保存。

14.5 按钮提交表单

❶将光标放在表单域中，选择【插入栏】中【表单】项下的【按钮】按钮，输入标签辅助功能属性对话框。

❷选中文档窗口中的按钮，在其属性面板中设置其属性。

【按钮名称】：为按钮设置名称。

【值】：设置在按钮上显示的文本内容。

【动作】：有 3 个值，分别是【提交表单】、【重设表单】和【无】。

图像域的功能与按钮的功能类似，只是用图片代替了按钮形态，创建方法与按钮创建方法一样，不再赘述。

14.6 文件域

使用文件域将计算机上的文件上传到服务器。创建文件域的具体操作如下：

❶将光标放在表单域中，选择【插入栏】中【表单】项下的【文件域】按钮，弹出输入标签辅助功能属性对话框。设置方法和文本域的设置方式一样。

❷选择文件域，在其属性中设置相关参数。

【文件域名称】：给文件域命名。

【字符宽度】：文本域输入框的宽度。

【最多字符数】：可输入的最多字符数量。

❸设置完成保存即可。

第 15 章　小型企业网站制作

15.1 网站的开发流程

网站开发流程大致分为 4 个阶段：

- 规划站点：确定站点的目标，确定面向的用户。
- 网站制作：包括设置网站的开发环境、页面设计和布局。
- 测试站点：使用 Dreamweaver 测试页面的链接和网站的兼容性。
- 发布站点：使用 Dreamweaver 将站点发布到服务器上。

15.1.1 规划站点

（1）规划站点目标

在规划站点时最重要的是“创意”，良好的构思往往比实际的技术更重要，在规划站点目标时至少应确定 3 个方面的问题。

- 确定建站的目的。建站的目的要么是以销售产品增加利润，要么是展示信息、传播信息。
- 确定目标群体。不同年龄层次、爱好的用户对站点的要求是不同的；在确定了目标群体之后，要明确其特征，根据特征进行网站整体风格的设计。
- 确定网站的内容。良好的内容价值决定了用户是否有兴趣继续关注。

（2）合理的文档结构

使用文件夹可以清晰地展现文档的结构。首先为站点建立一个根文件夹，根据文档类别在其中创建多个子文件夹，然后将文档分门别类地存储到相应的文件夹下。

（3）使用合理的文件名称

当网站内容增多，使用合理的文件名就显得十分必要，文件名应该容易理解且便于记忆，让人看文件名就能知道网页的内容。

（4）本地站点与远端站点结构保持相同

本地站点与远端站点结构保持相同，在本地站点进行网页的设计、制作与编辑时可以与远端站点一一对应，方便维护和管理。

15.1.2 网站制作

完整的网站制作过程包括两个方面：

（1）前台网页制作

当网页设计人员收到美工效果图以后，就开始编写 HTML、CSS，将效果图转换为“.html”网页。

（2）后台程序开发

后台程序开发包括网站数据库设计、网站和数据库的连接及动态网页编程等。

15.1.3 测试网站

在站点上传之前要进行测试。在建站过程中最好经常对站点进行测试并解决出现的问题，这样可以早发现问题，早解决。

15.1.4 发布站点

在站点建设完成后，可以使用 Dreamweaver 将文件上传到远程 web 服务器以发布该站点。

15.2 设计首页布局

在开始制作页面之前，需要创建站点搭建整个网站的大致结构。利用在前面所讲的建立站点的方法建立站点（mysite），并在该站点中建立目录结构，即在站点文件夹下，建立一些子文件夹，如图 15-1 所示。对于中小型网站，一般会创建如下通用的目录结构：

images：存放网站的所有图片。

style：存放网站的 CSS 样式表文件，实现内容和形式的分离。

js：存放 JavaScript 脚本文件。

admin：一般存放网站后台管理程序。

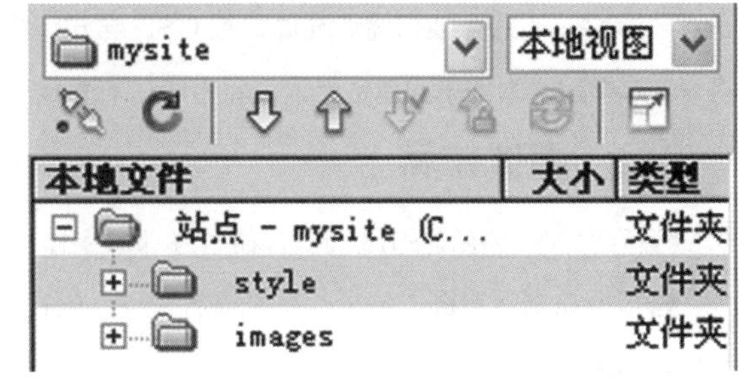

图 15-1　站点结构

企业网站首页包括公司的 logo、导航、产品分类等，首页的效果如图 15-2 所示，布局示意如图 15-3 所示。

图 15-2　首页效果图

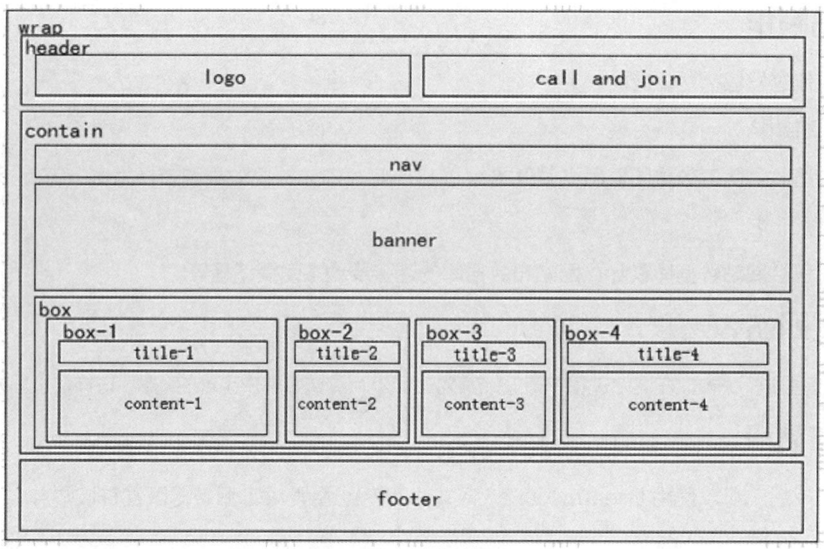

图 15-3　布局示意图

15.3 首页的制作

在实现了首页的整体布局后，接下来就要完成首页的制作。具体的思路是用 HTML 建立页面框架结构，利用 Dreamweaver 的可视化优点准确设置 CSS 样式。将美工效果图制作成 .html 网页需要根据网页制作思路切图，将 PS 效果图切为细小的建站元素，此方法在前面章节已经做过阐述，在此不再赘述。

15.3.1 整体布局

❶新建文件，将新建的 html 文件命名为 “index.html”，在 标题：均衡教育 输入框中将标题改为 “均衡教育”。

❷根据布局示意图的分析，将光标放在【代码视图】中的 <body>……</body> 之间，输入如下代码建立网页的整体布局。

```
<div id="wrap">
        <div id="header">
            <img/ >                    <!_ _公司 logo 图片 _ _>
            <div id="call-join"></div>
</div>
        <div id="contain">
            <div id="nav"></div>
            <div id="banner"></div>
            <div id="box">
                <div id="box-1">
                    <p></p>            <!_ _文字标题 _ _>
                    <div id="content-1"></div>
</div>
                <div id="box-2">
                    <p></p>            <!_ _文字标题 _ _>
```

```
                    <div id="content-2"></div>
</div>
                <div id="box-3">
<p></p>                     <!_ _ 文字标题 _ _>
                    <div id="content-3"></div>
</div>
<div id="box-4">
<p></p>                     <!_ _ 文字标题 _ _>
                    <div id="content-4"></div>
</div>
            </div>
        </div>
        <div id="footer"></div>
</div>
```

15.3.2 页面顶部的制作

页面顶部的内容放置在名为 header 的 Div 容器中，用于显示公司 logo 和用户登录。

❶将光标放置在 <img 与 /> 之间，按下空格键，弹出属性对话框，如图 15-4 所示。

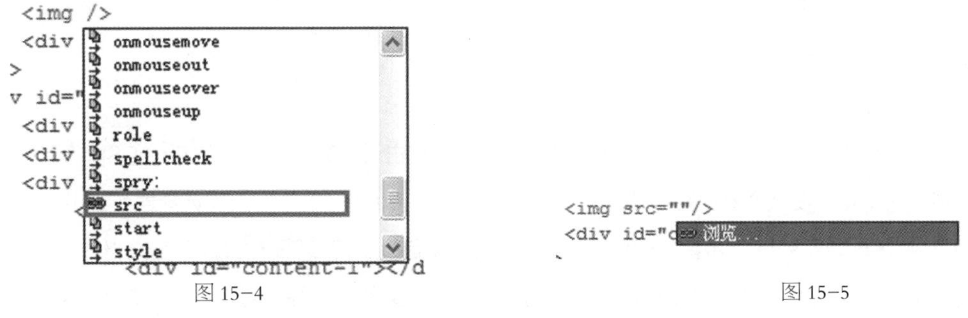

图 15-4　　图 15-5

❷在弹出的属性列表框中选择 src，弹出浏览对话框，如图 15-5 所示，双击打开。

❸在弹出的选择文件对话框中选择 images 文件夹下的 logo.png 文件。点击【设计视图】查看效果，如果 15-6 所示。

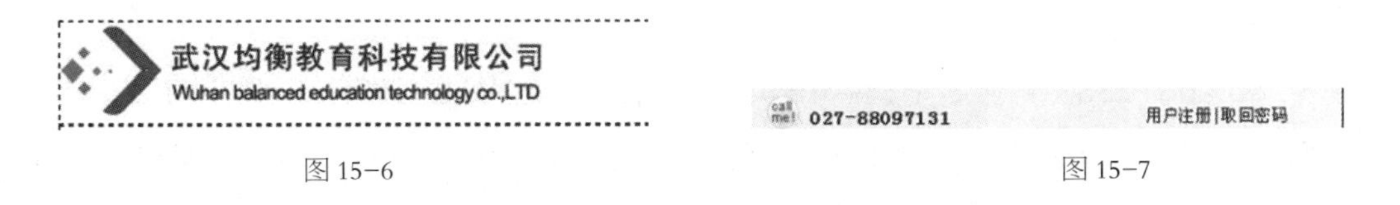

图 15-6　　图 15-7

接下来就是制作 header 的右边部分，右边部分制作的思路是利用定位属性将登录表单进行定位。首先完成图 15-7 部分，此部分由一个小图（call me）和文字构成。

❹将光标置于 <div id="call-join"> 与 </div> 之间，插入图片 call.png，接着输入“<p>027-88097131 用户注册 <span>|</span> 取回密码 </p>”，代码如下：

<div id="call-join"><img src="images/call.png" width="41" height="33" /><p>027-88097131<a href="#"> 用户注册 </a><span>|</span><a href="#"> 取回密码 </a></p></div>

❺切换到【设计视图】中，在光标的位置，点击【插入栏】→【表单】下的表单按钮，插入表单；在表单（即当前光标的位置）中，点击【插入栏】→【表单】下的文本字段按钮；在弹出的“输入标签辅助功能属性”对话框中，ID 输入框中输入“user”，标签中输入“用户名”，单击确定；接着点击【插入栏】→【表单】下的文本字段按钮；在弹出的“输入标签辅助功能属性”对话框中，ID 输入框中输入“password”，标签中输入“密码”，单击确定；接着点击【插入栏】→【表单】下的文本字段按钮；在弹出的“输入标签辅助功能属性”对话框中，ID 输入框中输入“identification”，标签中输入“验证码”， 单击确定。由于验证码的生成涉及程序，在此不做表述，只是利用文本字段做一个外形。

❻【设计视图】中当前光标的位置，点击【插入栏】→【表单】下的按钮按钮，插入了一个按钮，选中该按钮，将其属性栏中“值”后输入框中的“提交”修改为“登录”，保存，效果如图 15-8 所示。

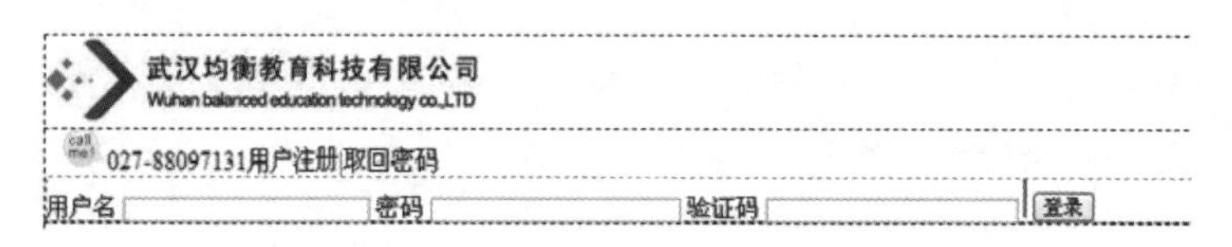

图 15-8

很显然这不是想要的结果，这仅是完成了 header 中内容的输入，下面需要对 header 中的各个内容元素进行合理的定位和编写 CSS 规则，使其达到美工设计的效果。为页面设置 CSS 样式通常包含几个步骤：

（1）定义通用的样式规则；

（2）定义 <body> 标签样式；

（3）定义各个元素的样式；

（4）定义超链接的样式。

❶首先定义通用的样式规则。在不选中任何元素的前提下，点击【CSS】面板中的新建 CSS 规则按钮，弹出新建 CSS 规则对话框，在选择器类型中选择“标签（重新定义 html 元素）”，在选择器名称中输入“*”，规则定义中选择“新建样式表文件”，单击确定。新建样式表文件是为了把 CSS 样式保存在文档中，成为外部链接方式，降低了页面文件的体积，提升了用户体验。弹出“将样式表文件另存为”对话框，打开 style 文件夹，将文件命名为 style，单击保存按钮，打开“* 的 CSS 规则定义”对话框，选中【分类】中的【方框】选项，将 padding 设置为 0，margin 设置为 0。

❷为 wrap 进行大小设置和定位。回到【代码视图】中，选择“wrap”，点击【CSS】面板中的新建 CSS 规则按钮，弹出新建 CSS 规则对话框，单击确定。

❸弹出“#wrap 的 CSS 规则定义”。选中【分类】中的【类型】选项，在【类型】区域中设置如图 15-9 所示；选中【分类】中的【背景】选项，在【背景】区域中设置 background-color 为 #F0F0F0，如图 15-10 所示；选中【分类】中的【方框】选项，在【方框】区域中设置 width 为 1002，height 为 698，padding-right 为 10，padding-left 为 10，如图 15 -11 所示。

图 15-9　　图 15-10

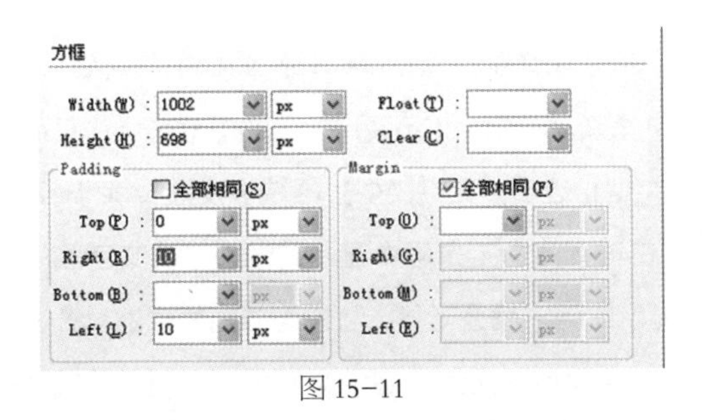

图 15-11

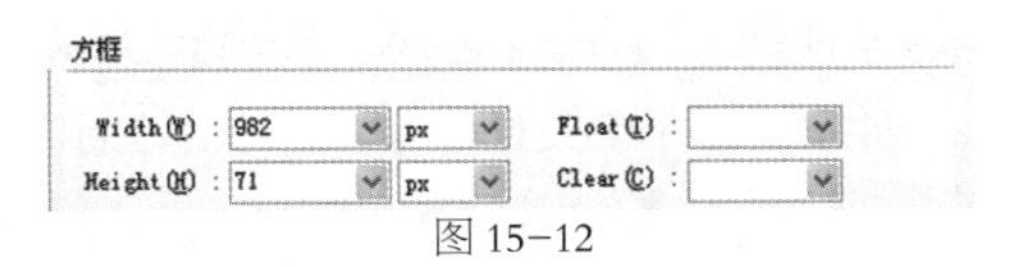

图 15-12

❹为 header 定位。在【代码视图】中选择“header”，点击【CSS】面板中的新建 CSS 规则按钮，弹出新建 CSS 规则对话框，选择器中选择“ID（仅应用于一个 HTML 元素）”，单击确定。弹出“#header 的 CSS 规则定义”，选中【分类】中的【方框】选项，在【方框】区域中设置 width 为 982，height 为 71，如图 15-12 所示。

❺为 logo 定位。在【代码视图】中选中插入 logo.jpg 的那个“img”，如图 15-13 所示。点击【CSS】面板中的新建 CSS 规则按钮，弹出新建 CSS 规则对话框，选择器中选择“ID（仅应用于一个 HTML 元素）”，选择器名称中输入 logo，单击确定。

图 15-13

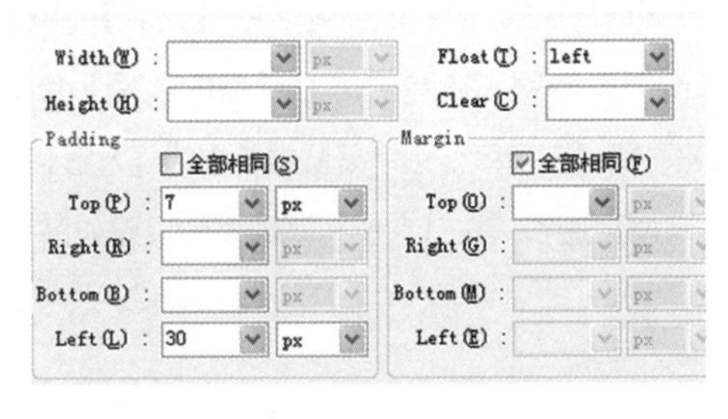

图 15-14

❻弹出“#logo 的 CSS 规则定义”的对话框。在 PS 中测量 logo 离浏览器窗口左边距离为 30px，顶部 7px，所以选中【分类】中的【方框】选项，在【方框】区域中设置 padding-top 为 7px，padding-left 为 30px，float 为 left，如图 15-14 所示。

❼为“call-join”定位。在【代码视图】中选择“call-join”，点击【CSS】面板中的新建 CSS 规则按钮，弹出新建 CSS 规则对话框，“选择器”类型中选择“ID（仅应用于一个 HTML 元素）”，单击确定。弹出“#call-join 的 CSS 规则定义”，选中【分类】中的【方框】选项，在【方框】区域中设置 width 为 405，height 为 70，float 为 right，如图 15-15 所示。选中【分类】中的【定位】选项，在【定位】区域中设置如图 15-16 所示。

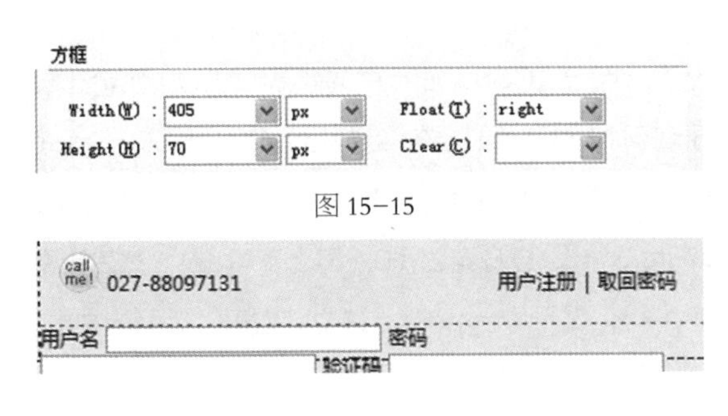

图 15-15

图 15-17

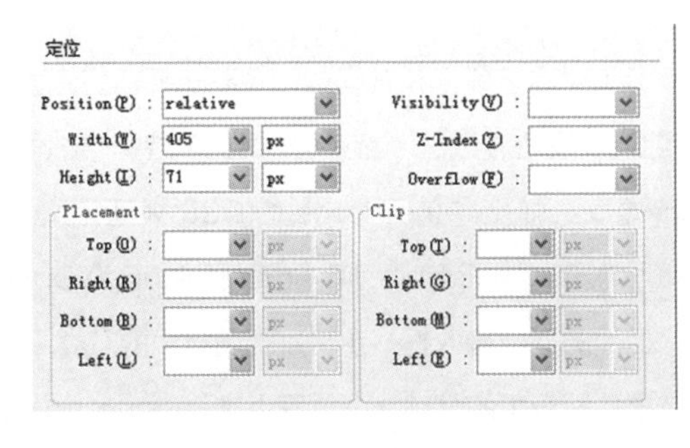

图 15-16

❽为 call.png 定位。在【设计视图】中选中 call.png，点击【CSS】面板中的新建 CSS 规则按钮，弹出新建 CSS 规则对话框，“选择器”类型中选择“标签（重新定义 html 元素）”，单击确定。弹出“img 的 CSS 规则定义”，选中【分类】中的【方框】选项，在【方框】区域中设置 padding 为 0，float 为 left。

❾为“027……取回密码”定位。在【设计视图】中选中这个段文字，点击【CSS】面板中的新建CSS规则按钮，弹出新建CSS规则对话框，选择器中选择“标签（重新定义html元素）”，选择器名称中输入p，单击确定。弹出“p的CSS规则定义”，选中【分类】中的【类型】选项，在【类型】区域中设置Line-height（行高）为50。call.png的高度为33px，文字在一行高度中，在垂直方向上是居中显示的，为了使文字和call.png底部对齐，则把文字的行高设置大些，这样文字在行间居中显示的话，就会下移，与前面的图片底部对齐。在【设计视图】中，把光标放置在“1”和“用”之间，同时按住Shift+Ctrl+Space，使文字后移。在【代码视图】中选择“span”，点击【CSS】面板中的新建CSS规则按钮，弹出新建CSS规则对话框，选择器中选择“标签（重新定义html元素）”，选择器名称中输入span，单击确定。弹出“span的CSS规则定义”，选中【分类】中的【方框】选项，在【方框】区域中设置padding-right为5，padding-left为5；效果如图15-17所示。

前面的设置相对比较容易理解，而表单的设置相对要烦琐点。

❶为表单定位。在【代码视图】中选择“form1”，如图15-18所示。点击【CSS】面板中的新建CSS规则按钮，弹出新建CSS规则对话框，“选择器”类型中选择“ID（仅应用于一个HTML元素）”，单击确定。弹出“#form1的CSS规则定义”，选中【分类】中的【背景】选项，在【背景】区域中设置background-image，点击浏览按钮，在弹出的对话框中选择images文件夹下的join-bg.jpg，background-repeat为no-repeat，如图15-19所示；选中【分类】中的【方框】选项，在【方框】区域中的设置如图15-20所示；选中【分类】中的【定位】选项，在【定位】区域中的设置如图15-21所示。

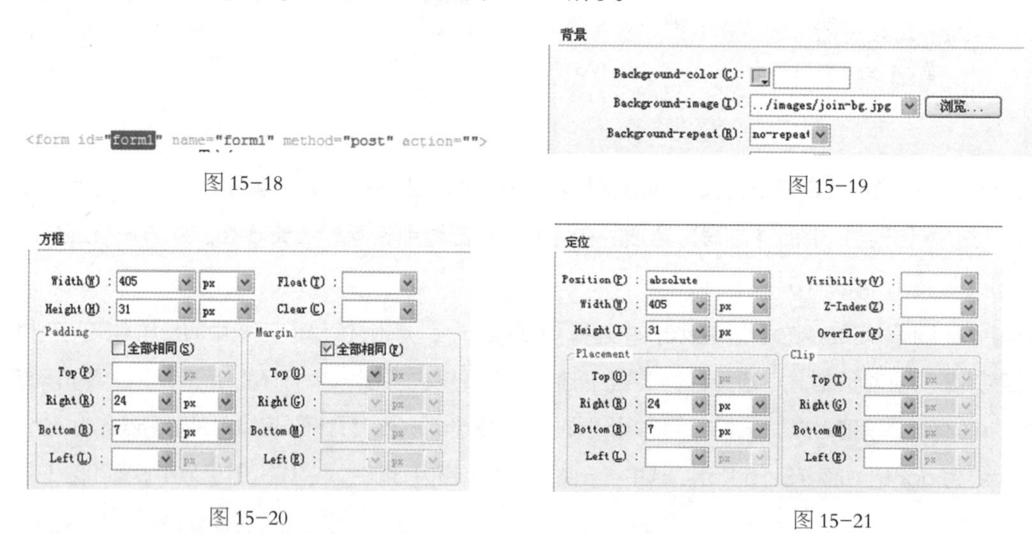

图15-18

图15-19

图15-20

图15-21

❷为文本字段框设置样式。在不选择任何元素的情况下，点击【CSS】面板中的新建CSS规则按钮，弹出新建CSS规则对话框，“选择器”类型中选择“类(可应用于任何html元素)”，在“选择器名称”中输入“.inputtype”，单击确定。弹出“.inputtype的CSS规则定义”，选中【分类】中的【方框】选项，在【方框】区域中设置width为71，height为16，margin-top为8px(表单高度31px-自身高度16，再上下留出)，然后选中“用户名”后面的文本输入框，在其属性面板中的“类”下拉框中选择“.inputtype”；选中“密码”后面的文本输入框，在其属性面板中的“类”下拉框中选择“.inputtype”。

❸在不选择任何元素的情况下，点击【CSS】面板中的新建CSS规则按钮，弹出新建CSS规则对话框，“选择器”类型中选择“类（可应用于任何html元素）”，在“选择器名称”中输入“.inputtype-1”，单击确定。弹出“.inputtype-1的CSS规则定义”，选中【分类】中的【方框】选项，在【方框】区域中设置width为40，height为16，margin-top为8px。然后选中“验证码”后面的文本输入框，在其属性面板中的“类”下拉

框中选择“.inputtype-1”; 选中“最后一个”后面的文本输入框, 在其属性面板中的“类”下拉框中选择“.inputtype-1”。header 的最终效果如图 15-22 所示。

图 15-22

15.3.3 页面主体部分制作

❶为主体内容定位。在【代码视图】中选择“content”，点击【CSS】面板中的新建 CSS 规则按钮，弹出新建 CSS 规则对话框，“选择器”类型中选择“ID（仅应用于一个 HTML 元素）”，单击确定。弹出“#content 的 CSS 规则定义”对话框，选中【分类】中的【方框】选项，在【方框】区域中设置 width 为 982，height 为 535，margin-top 为 2。

❷为主导航 nav 定位。在【代码视图】中选择“nav” 点击【CSS】面板中的新建 CSS 规则按钮，弹出新建 CSS 规则对话框，“选择器”类型中选择“ID（仅应用于一个 HTML 元素）”，单击确定。弹出“#nav 的 CSS 规则定义”对话框，选中【分类】中的【方框】选项，在【方框】区域中设置 width 为 982，height 为 33。

❸在【代码视图】中，将光标放置在 <div id="nav"> 与 </div> 之间，输入如下代码，建立列表。

```
<ul>
        <li id="first"><a href="#"> 首页 </a></li>
        <li><a href="#"> 公司简介 </a></li>
        <li><a href="#"> 新闻中心 </a></li>
        <li><a href="#"> 产品介绍 </a></li>
        <li><a href="#"> 技术支持 </a></li>
        <li><a href="#"> 合作客户 </a></li>
        <li><a href="#"> 代理专区 </a></li>
        <li><a href="#"> 会员专区 </a></li>
        <li><a href="#"> 联系我们 </a></li>
        <li id="last"><a href="#"> 教程下载 </a></li>
    </ul>
```

因为“首页”和“教程下载”，这两个的样式和其他的八个不一样，所以设置为 id 类型，便于个性化的样式控制。

❹在【代码视图】中选择“ul”，点击【CSS】面板中的新建 CSS 规则按钮，弹出新建 CSS 规则对话框，“选择器”类型中选择“标签（重新定义 HTML 元素）”，单击确定。弹出“ul 的 CSS 规则定义”对话框，选中【分类】中的【方框】选项，在【方框】区域中设置 width 为 982，height 为 33，margin-right 为 1，margin-left 为 1。在【列表】区域中设置 List-style-type 为 none;【区块】中 Text-line 为 center，【类型】中设置 Font-size 为 16，Line-height 为 33。

❺为首页编写 CSS 规则。在【代码视图】中选择“first”，点击【CSS】面板中的新建 CSS 规则按钮，弹出新建 CSS 规则对话框，“选择器”类型中选择“ID（仅应用于一个 HTML 元素）”，单击确定。弹出“#first 的 CSS 规则定义”对话框，【背景】中 Background-image 为 nav-bg1.jpg，Background-repeat 为 no-repeat,【方框】中 width 为 98，height 为 33，float 为 left。

❻为 li 编写 CSS 规则。点击【CSS】面板中的新建 CSS 规则按钮，弹出新建 CSS 规则对话框，“选择器”类型中选择“标签（重新定义 HTML 元素）”，单击确定。弹出“li 的 CSS 规则定义”对话框，弹出“li 的 CSS 规则定义”对话框，【背景】中 Background-image 为 nav-bg2.jpg，Background-repeat 为 no-repeat,【方框】中 width 为 98，height 为 33，float 为 left。

❼为“教程下载”编写规则。在【代码视图】中选择“last”，点击【CSS】面板中的新建 CSS 规则按钮，弹出新建 CSS 规则对话框，“选择器”类型中选择“ID（仅应用于一个 HTML 元素）”，单击确定。弹出“#last 的 CSS 规则定义”对话框，【背景】中 Background-image 为 nav-bg3.jpg，Background-repeat 为 no-repeat，【方框】中 width 为 98，height 为 48（33 为 nav 的高度，15 为 nav-1 的高度），float 为 left。最终的主导航效果如图 15-23 所示。

图 15-23

❽为子导航定位。子导航是一个弹出导航，应该用程序来控制。在美工、页面编写时，需要写出其效果。在【代码视图】中将光标放置在 </ul> 后面，输入如下代码：

```
<ul id="nav-1">
        <li><a href="#"> 关于我们 </a></li>
        <li><a href="#"> 我们的荣誉 </a></li>
        <li><a href="#"> 合作伙伴 </a></li>
    </ul>
```

在此列表中，给 ul 设置了 ID 为 nav-1，目的在于区别于主导航中的那列表 ul 标签。点击【CSS】面板中的新建 CSS 规则按钮，弹出新建 CSS 规则对话框，“选择器”类型中选择“ID（仅应用于一个 HTML 元素）”，单击确定。弹出“#nav-1 的 CSS 规则定义”对话框，设置如图 15-24 所示。

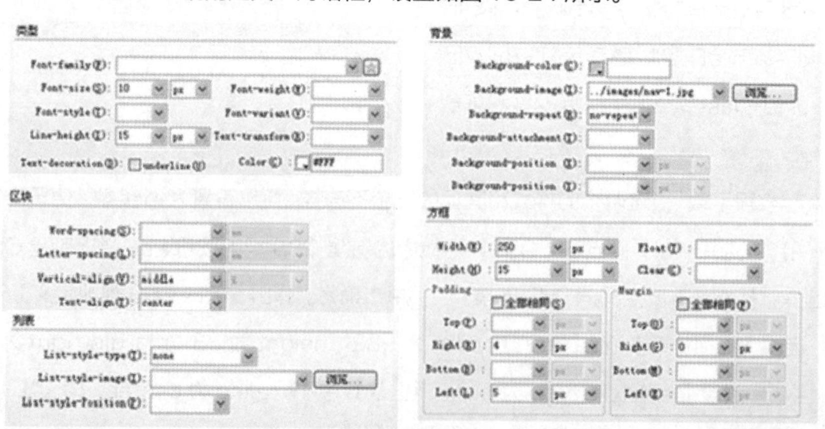

图 15-24

❾在【代码视图】中选择 <ul id= “nav-1” > 下面的 <li>，点击【CSS】面板中的新建 CSS 规则按钮，弹出新建 CSS 规则对话框，“选择器”类型中选择“复合内容（基于选择的内容）”，单击确定。弹出“#wrap #content #nav #nav-1 li 的 CSS 规则定义”对话框，设置如图 15-25 所示。

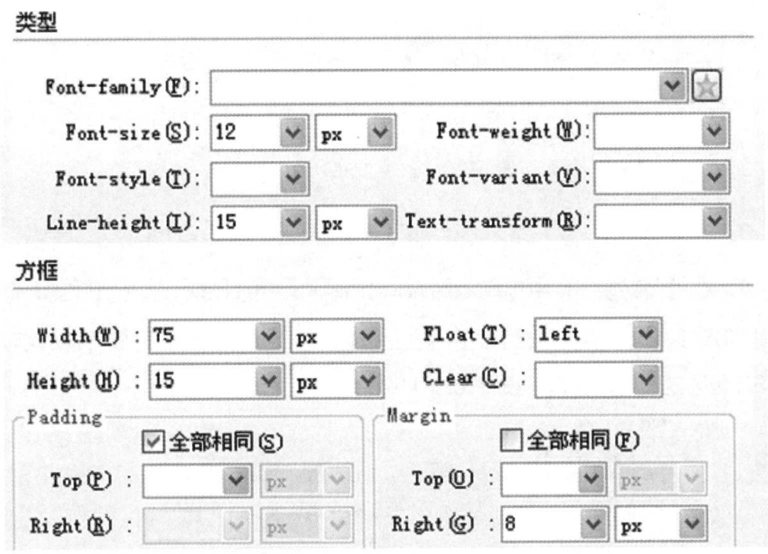

类型

Font-family(F):
Font-size(S): 12 px Font-weight(W):
Font-style(T): Font-variant(V):
Line-height(I): 15 px Text-transform(R):

方框

Width(W): 75 px Float(T): left
Height(H): 15 px Clear(C):
Padding 全部相同(S) Top(P): px Right(R): px
Margin 全部相同(F) Top(O): px Right(G): 8 px

图 15-25

至此，效果如图 15-26 所示。

图 15-26

接下来制作 banner 部分：

在【代码视图】中选择 <div id="banner"> 中的 banner，点击【CSS】面板中的新建 CSS 规则按钮，弹出新建 CSS 规则对话框，“选择器”类型中选择“ID（仅应用于一个 HTML 元素）”，单击确定。弹出“#banner 的 CSS 规则定义”对话框，设置如图 15-27 所示。

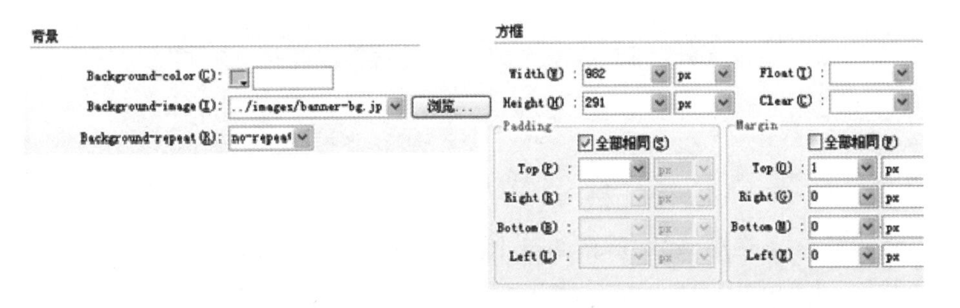

图 15-27

接下来制作 box 部分：

❶在【代码视图】中选择 <div id="box"> 中的 box，点击【CSS】面板中的新建 CSS 规则按钮，弹出新建 CSS 规则对话框，“选择器”类型中选择“ID（仅应用于一个 HTML 元素）”，单击确定。弹出“#box 的 CSS 规则定义”对话框，设置如图 15-28 所示。

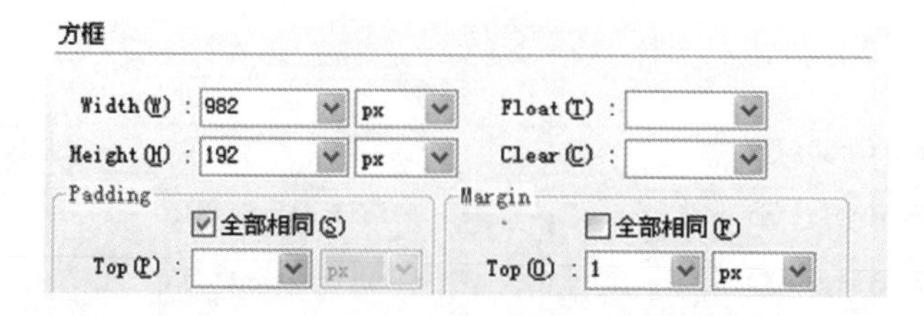

图 15-28

❷制作完成 box-1。在【代码视图】中选择 <div id="box-1"> 中的 box，点击【CSS】面板中的新建 CSS 规则按钮，弹出新建 CSS 规则对话框，“选择器”类型中选择“ID（仅应用于一个 HTML 元素）”，单击确定。弹出“#box-1 的 CSS 规则定义”对话框，设置如图 15-29 所示。

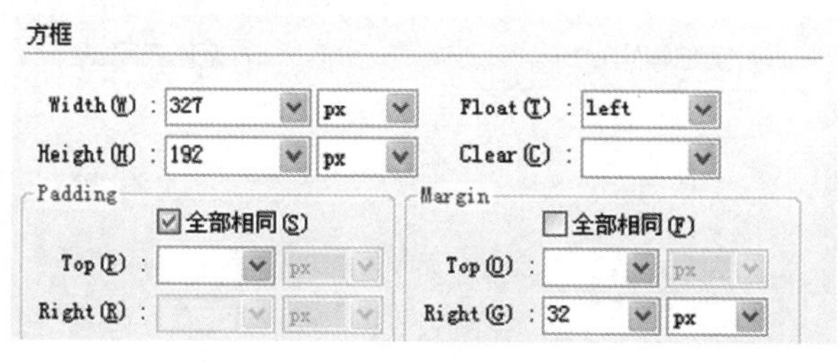

图 15-29

❸在【代码视图】中将光标放置在 <div id="box-1"> 后面的 <p> 与 </p> 中间，输入“关于我们”，并插入图标 more.png，在【代码视图】中选择如图 15-30 所示。

```
<div id="box-1">
  <p>关于我们<a href="#"><img src="images/more.png" width="55" height="41" /><a></p>
```

图 15-30

点击【CSS】面板中的新建 CSS 规则按钮，弹出新建 CSS 规则对话框，“选择器”类型中选择“复合内容（基于选择的内容）”，单击确定。弹出“#wrap #content #box #box-1 p 的 CSS 规则定义”对话框，设置如图 15-31 所示。

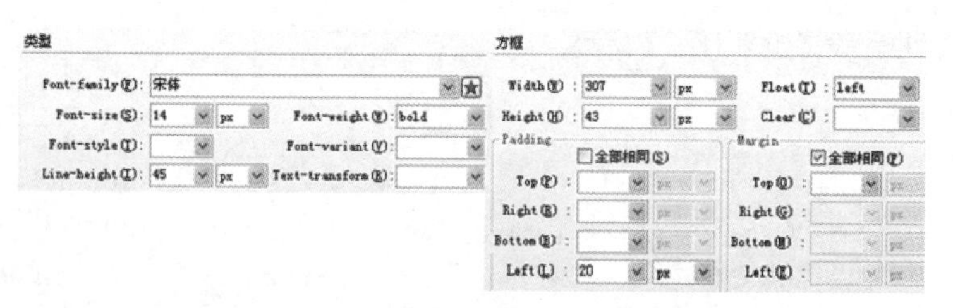

图 15-31

给 more.png 设置样式。选择 more.png，点击【CSS】面板中的新建 CSS 规则按钮，弹出新建 CSS 规则对话框，“选择器”类型中选择“复合内容（基于选择的内容）”，单击确定。弹出“#wrap #content #box #box-1 p img 的 CSS 规则定义”对话框，设置如图 15-32 所示。

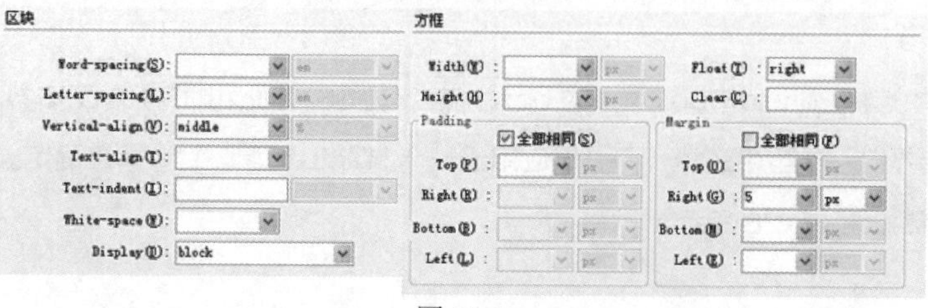

图 15-32

给 content-1 定位。在【代码视图】中将光标放置在 <div id="content-1"> 与 </div> 之间，插入图片 cantract.jpg，并输入文字，代码结构如图 15-33 所示。

```
<div id="content-1">
    <img src="images/cantract.jpg" width="105" height="81" />
    <p><a href="#">武汉均衡教育科技有限公司成立以来一直专注于教育行业信息化及基础教育均衡化发展，推出了区县级教育管理学习一体化解决方案，提供包括教育人员模型系统、教育即时通讯系统、网站信息群、导学在线学习平台、同步课堂录播系统&hellip;</a>
    </p>
</div>
```

图 15-33

选中 content-1，点击【CSS】面板中的新建 CSS 规则按钮，弹出新建 CSS 规则对话框，“选择器”类型中选择“复合内容（基于选择的内容）”，单击确定。弹出“#wrap #content #box #box-1 #content-1 的 CSS 规则定义”对话框，设置如图 15-34 所示。

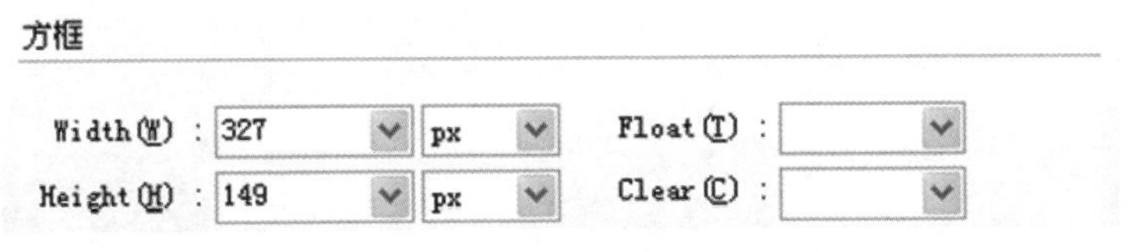

图 15-34

选中 img，点击【CSS】面板中的新建 CSS 规则按钮，弹出新建 CSS 规则对话框，“选择器”类型中选择“复合内容（基于选择的内容）”，单击确定。弹出“#wrap #content #box #box-1 #content-1 img 的 CSS 规则定义”对话框，设置如图 15-35 所示。

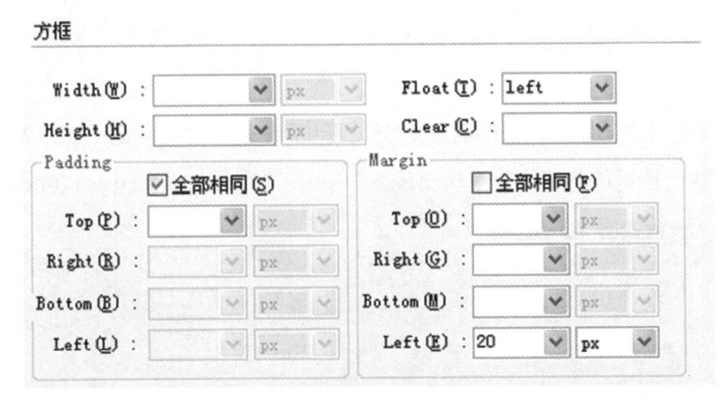

图 15-35

选中 p，点击【CSS】面板中的新建 CSS 规则按钮，弹出新建 CSS 规则对话框，“选择器”类型中选择“复合内容（基于选择的内容）”，单击确定。弹出“#wrap #content #box #box-1 #content-1 p 的 CSS 规则定义”对话框，设置如图 15-36 所示。

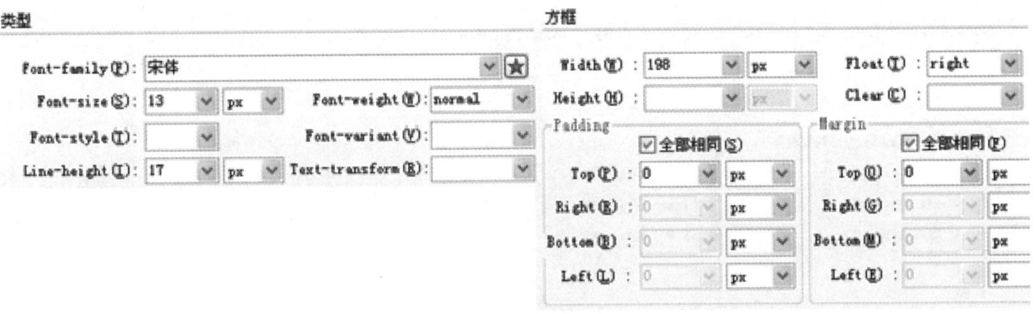

图 15-36

❹定位 box-2。box-2 中的代码结构如图 15-37 所示：

```
<div id="box-2">
    <p>软件产品</p>
    <div id="content-2">
        <img src="images/soft.jpg" width="107" height="81" />
        <p><a href="#">即时通讯软件</a><br />
        <a href="#">教学教研服务平台</a><br />
        <a href="#">就业管理系统</a></p>
    </div>
</div>
```

图 15-37

选中 p，点击【CSS】面板中的新建 CSS 规则按钮，弹出新建 CSS 规则对话框，“选择器”类型中选择“复合内容（基于选择的内容）”，单击确定。弹出“#wrap #content #box #box-2 p 的 CSS 规则定义”对话框，设置如图 15-38 所示。

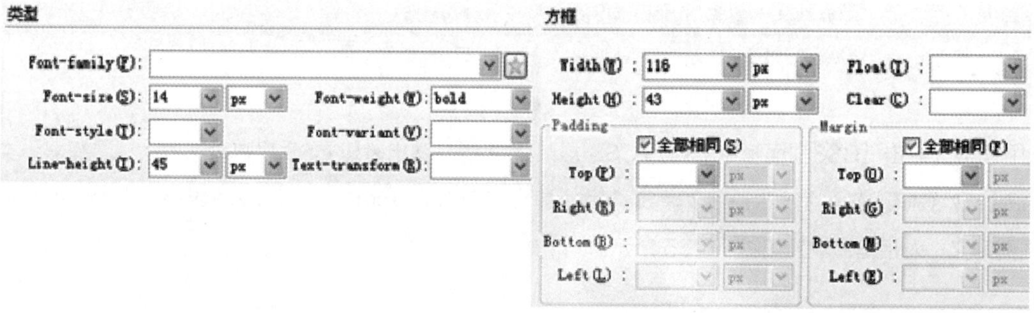

类型

Font-family(F):
Font-size(S): 14 px　Font-weight(W): bold
Font-style(T):　Font-variant(V):
Line-height(I): 45 px　Text-transform(R):

方框

Width(W): 116 px　Float(T):
Height(H): 43 px　Clear(C):
Padding　☑全部相同(S)　Top(P):　Right(R):　Bottom(B):　Left(L):
Margin　☑全部相同(F)　Top(O):　Right(G):　Bottom(M):　Left(E):

图 15-38

选中 content-2，点击【CSS】面板中的新建 CSS 规则按钮，弹出新建 CSS 规则对话框，“选择器”类型中选择“复合内容（基于选择的内容）”，单击确定。弹出“#wrap #content #box #box-2 content-2 的 CSS 规则定义”对话框，设置如图 15-39 所示。

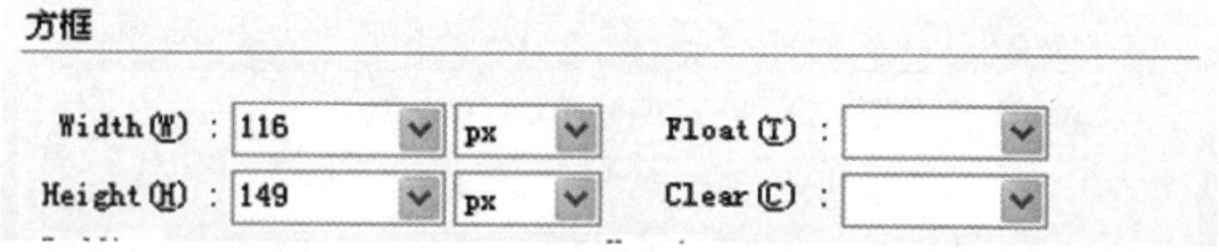

方框

Width(W): 116 px　Float(T):
Height(H): 149 px　Clear(C):

图 15-39

选中 <p>即时通讯软件
中的 p，点击【CSS】面板中的新建 CSS 规则按钮，弹出新建 CSS 规则对话框，“选择器”类型中选择“复合内容（基于选择的内容）”，单击确定。弹出“#wrap #content #box #box-2 content-2 p 的 CSS 规则定义”对话框，设置如图 15-40 所示。

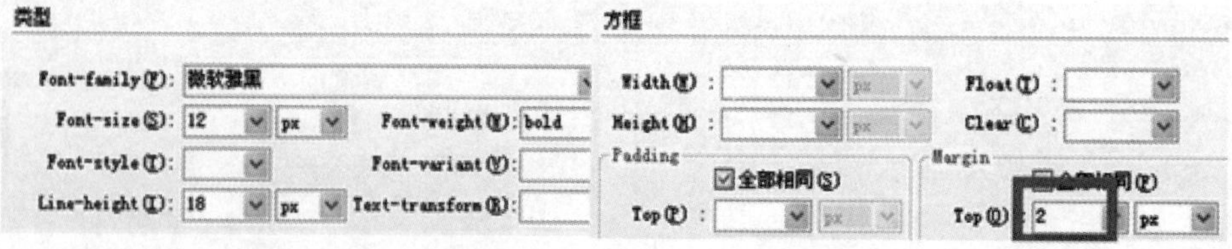

类型

Font-family(F): 微软雅黑
Font-size(S): 12 px　Font-weight(W): bold
Font-style(T):　Font-variant(V):
Line-height(I): 18 px　Text-transform(R):

方框

Width(W):　Float(T):
Height(H):　Clear(C):
Padding　☑全部相同(S)　Top(P):
Margin　☐全部相同(F)　Top(O): 2 px

图 15-40

❺定位 box-3。box-3 的代码结构如图 15-41 所示。

```
<div id="box-3">
    <p>硬件产品<a href="#"><img src="images/more.png" width="55" height="41" /></a></p>
    <div id="content-3">
        <img src="images/hard.jpg" width="111" height="81" />
        <p><a href="#">汉微&middot;微课宝</a><br />
            <a href="#">手写录屏宝</a><br />
            <a href="#">高拍仪</a>
        </p>
    </div>
</div>
```

图 15-41

选中 p，点击【CSS】面板中的新建 CSS 规则按钮，弹出新建 CSS 规则对话框，“选择器”类型中选择“复合内容（基于选择的内容）”，单击确定。弹出“#wrap #content #box #box-3 p 的 CSS 规则定义”对话框，设置如图 15-42 所示。

类型

Font-family(F): 宋体

Font-size(S): 14 px　Font-weight(W): bold

Font-style(T):　Font-variant(V):

Line-height(I): 45 px　Text-transform(R):

方框

Width(W): 147 px　Float(T): left

Height(H): 43 px　Clear(C):

图 15-42

选中 content-3，点击【CSS】面板中的新建 CSS 规则按钮，弹出新建 CSS 规则对话框，“选择器”类型中选择“复合内容（基于选择的内容）”，单击确定。弹出“#wrap #content #box #box-3 content-3 的 CSS 规则定义”对话框，设置如图 15-43 所示。

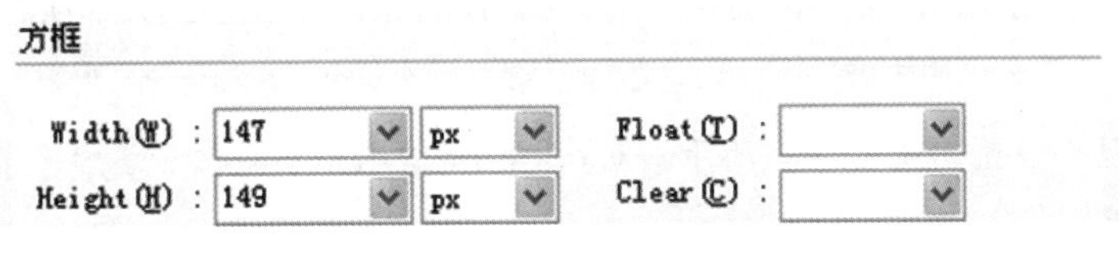

图 15-43

选中<p>汉微·微课宝 <br 中的 p，点击【CSS】面板中的新建 CSS 规则按钮，弹出新建 CSS 规则对话框，“选择器”类型中选择“复合内容（基于选择的内容）”，单击确定。弹出“#wrap #content #box #box-3 content-3 p 的 CSS 规则定义”对话框，设置如图 15-44 所示。

类型

Font-family(F): 微软雅黑

Font-size(S): 12 px　Font-weight(W): bold

Font-style(T):　Font-variant(V):

Line-height(I): 18 px　Text-transform(R):

方框

Width(W):　Float(T):

Height(H):　Clear(C):

Padding　全部相同(S)　Top(P):

Margin　全部相同(F)　Top(O): 2 px

图 15-44

❻定位 box-4。box-4 的代码结构如图 15-45 所示。

```
<div id="box-4">
    <p>联系方式</p>
    <div id="content-4">
        <p>地址：武汉市洪山区光谷创业街一栋 403 室<br />
          电话：027-88097131 <br />
              027-88097131<br />
          邮箱：jhkj01@sina.cn<br />
          传真：027-87870218</p>
        <a href="#">
          <img src="images/online.jpg" width="156" height="76" />
        </a>
    </div>
</div>
```

图 15-45

选中 p，点击【CSS】面板中的新建 CSS 规则按钮，弹出新建 CSS 规则对话框，“选择器”类型中选择“复合内容（基于选择的内容）”，单击确定。弹出“#wrap #content #box #box-4 p 的 CSS 规则定义”对话框，设置如图 15-46 所示。

类型

Font-family(F): 宋体
Font-size(S): 14 px　Font-weight(W): bold
Font-style(T):　Font-variant(V):
Line-height(I): 45 px　Text-transform(R):

方框

Width(W): 296 px　Float(T):
Height(H): 43 px　Clear(C):

图 15-46

选中 content-4，点击【CSS】面板中的新建 CSS 规则按钮，弹出新建 CSS 规则对话框，“选择器”类型中选择“复合内容（基于选择的内容）”，单击确定。弹出“#wrap #content #box #box-4 content-4 的 CSS 规则定义”对话框，设置如图 15-47 所示。对 content 使用相对定位，是为了便于 online.jpg 相对于 content 定位。

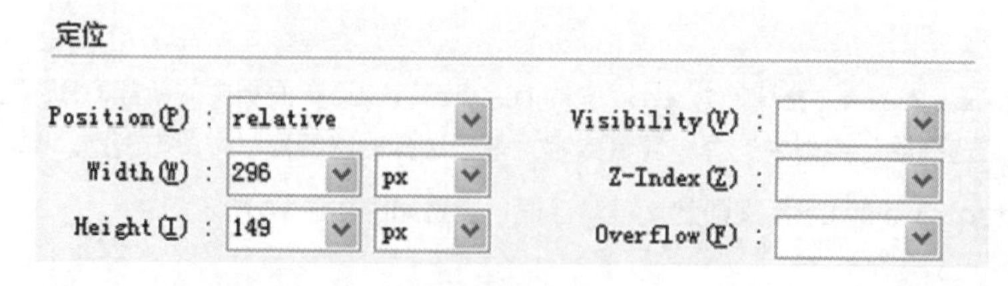

图 15-47

选中 <p>地址：武汉市洪山[中的 p，点击【CSS】面板中的新建 CSS 规则按钮，弹出新建 CSS 规则对话框，“选择器”类型中选择“复合内容（基于选择的内容）”，单击确定。弹出“#wrap #content #box #box-4 content-4 p 的 CSS 规则定义”对话框，设置如图 15-48 所示。

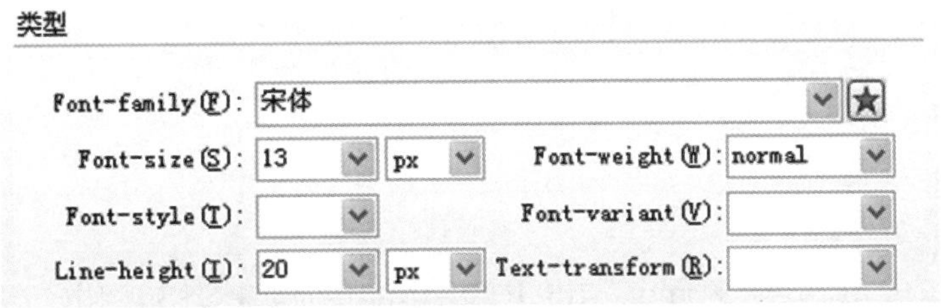

类型

Font-family(F): 宋体

Font-size(S): 13 px　Font-weight(W): normal

Font-style(T):　Font-variant(V):

Line-height(I): 20 px　Text-transform(R):

图 15-48

选中 img，点击【CSS】面板中的新建 CSS 规则按钮，弹出新建 CSS 规则对话框，“选择器”类型中选择“复合内容（基于选择的内容）”，单击确定。弹出“#wrap #content #box #box-4 content-4 img 的 CSS 规则定义”对话框，设置如图 15-49 所示。

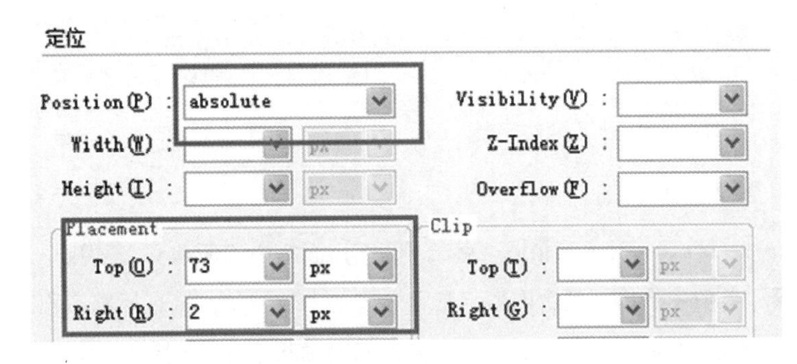

图 15-49

至此页面主体部分制作完成，在【实时视图】中查看效果，效果如图 15-50 所示。

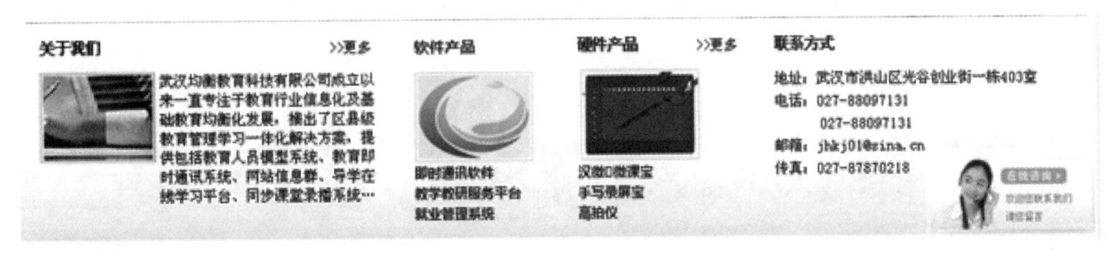

图 15-50

15.3.4 footer 部分制作

footer 部分的代码结构如图 15-51 所示。

```
<div id="footer">
        <img src="images/logo-1.png" width="167" height="54" />
        <img src="images/line.jpg" width="4" height="61" />
        <p>Copyright © 2014-2015 jhkj01.com. All Rights Reserved<br/>
        版权所有:武汉均衡科技有限公司 未经许可不得转载 热线电话:(027)88097131 （鄂 ICP 备
        14002867 号-2）<br/>
        地址：中国 武汉 湖北省武汉市洪山区光谷创业街一栋 403 室 邮编：100021
        </p>
</div>
```

图 15-51

选择 footer，点击【CSS】面板中的新建 CSS 规则按钮，弹出新建 CSS 规则对话框，“选择器”类型中选择“ID（仅用于一个 HTML 元素）”，单击确定。弹出“#footer 的 CSS 规则定义”对话框，设置如图 15-52 所示。

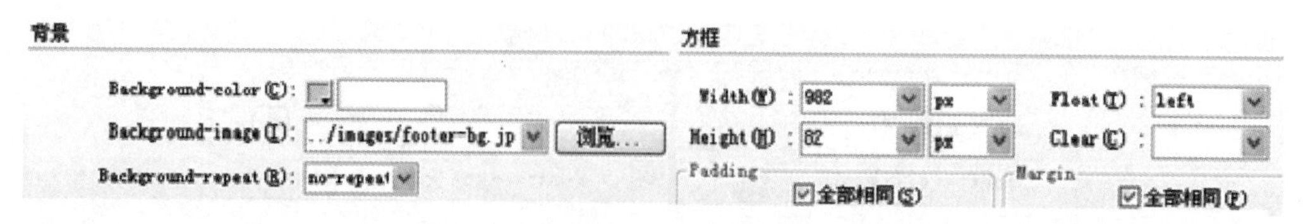

图 15-52

选择<img src="images/logo-1.png"的 img，点击【CSS】面板中的新建 CSS 规则按钮，弹出新建 CSS 规则对话框，“选择器”类型中选择“复合内容（基于选择的内容）”，单击确定。弹出“#wrap #footer img 的 CSS 规则定义”对话框，设置如图 15-53 所示。

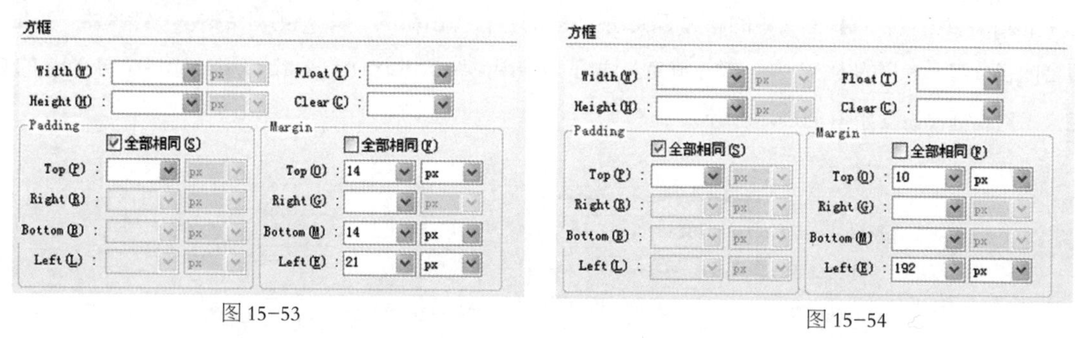

图 15-53　　图 15-54

选择<img src="images/line.jpg"的 img，点击【CSS】面板中的新建 CSS 规则按钮，弹出新建 CSS 规则对话框，“选择器”类型中选择“复合内容（基于选择的内容）”，将选择器名称改为“#wrap #footer img-line”，单击确定。弹出“#wrap #footer img-line 的 CSS 规则定义”对话框，设置如图 15-54 所示。

选择 p，点击【CSS】面板中的新建 CSS 规则按钮，弹出新建 CSS 规则对话框，“选择器”类型中选择“复合内容（基于选择的内容）”，单击确定。弹出“#wrap #footer p 的 CSS 规则定义”对话框，设置如图 15-55 所示。

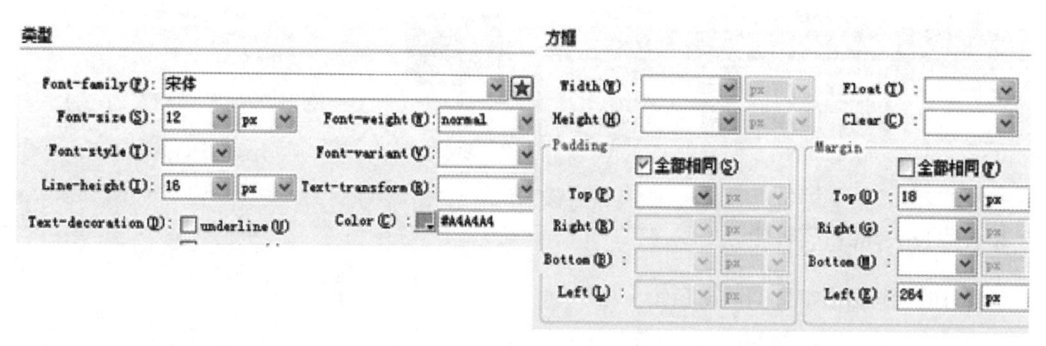

图 15-55

至此，footer 部分制作完成，在【实时视图】中查看效果，如图 15-56 所示。

图 15-56

最后就是为超链接设置 CSS 样式。当然也可以在进行通用规则定义的时候进行定义。点击【CSS】面板中的新建 CSS 规则按钮，弹出新建 CSS 规则对话框，“选择器”类型中选择“复合内容（基于选择的内容）”，选择器名称中选择“a：link”，设置如图 15-57 所示。

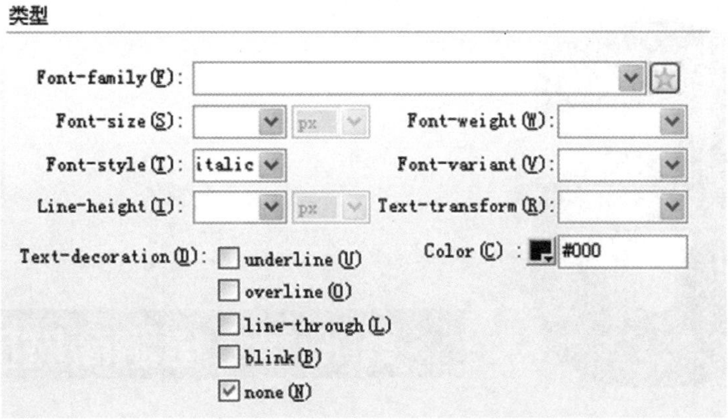

类型
Font-family (F):
Font-size (S):
px
Font-weight (W):
Font-style (T):
italic
Font-variant (V):
Line-height (I):
px
Text-transform (R):
Text-decoration (D):
underline (U)
overline (O)
line-through (L)
blink (B)
none (N)
Color (C) :
#000

图 15-57

a:hover、a:active、a:visited 的设置方式和 a:link 的设置方式一致，不在此赘述。

到此，整个网页制作完成，效果如图 15-58 所示。后台设计人员就可以在 index.html 页面上进行动态的程序开发了。

武汉均衡教育科技有限公司
企业目标
科技促进发展
创造未来
合作 团结 发展 交流 共赢
THE COOPERATION UNITY DEVELOPMENT EXCHANGE ALTOGETHER WINS
均衡教育

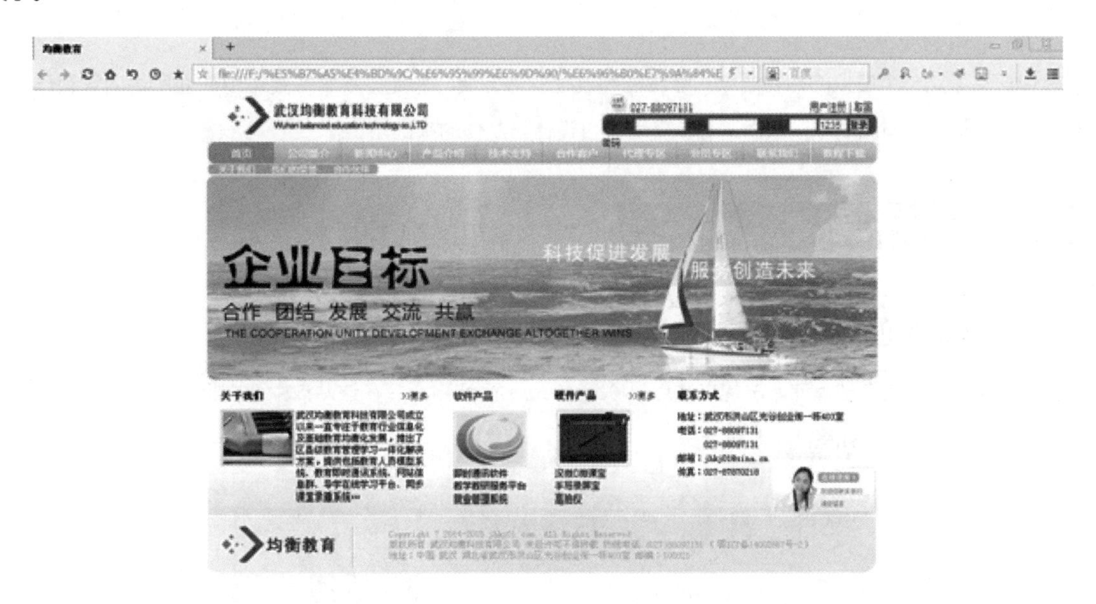

图 15-58

第 16 章　电脑商城首页制作

网络购物商城是一个虚拟的购物商城，它使购物过程变得方便、快捷。本章主要运用前面所讲内容制作一个电子商务网站的首页——电脑商城，从而进一步巩固网页设计与制作的基础知识。

16.1 设计首页布局

16.1.1 设置本地站点

利用在前面所讲的建立站点的方法建立站点（Computer mall），并在该站点中建立目录结构，即在站点文件夹下，建立一些子文件夹，如图 16-1 所示。

图 16-1　站点目录

16.1.2 页面布局规划

商城首页包括网站的 logo、导航、产品分类等栏目，是一个典型的三列式布局页面。效果如图 16-2 所示，布局结构如图 16-3 所示。

图 16–2　页面效果图

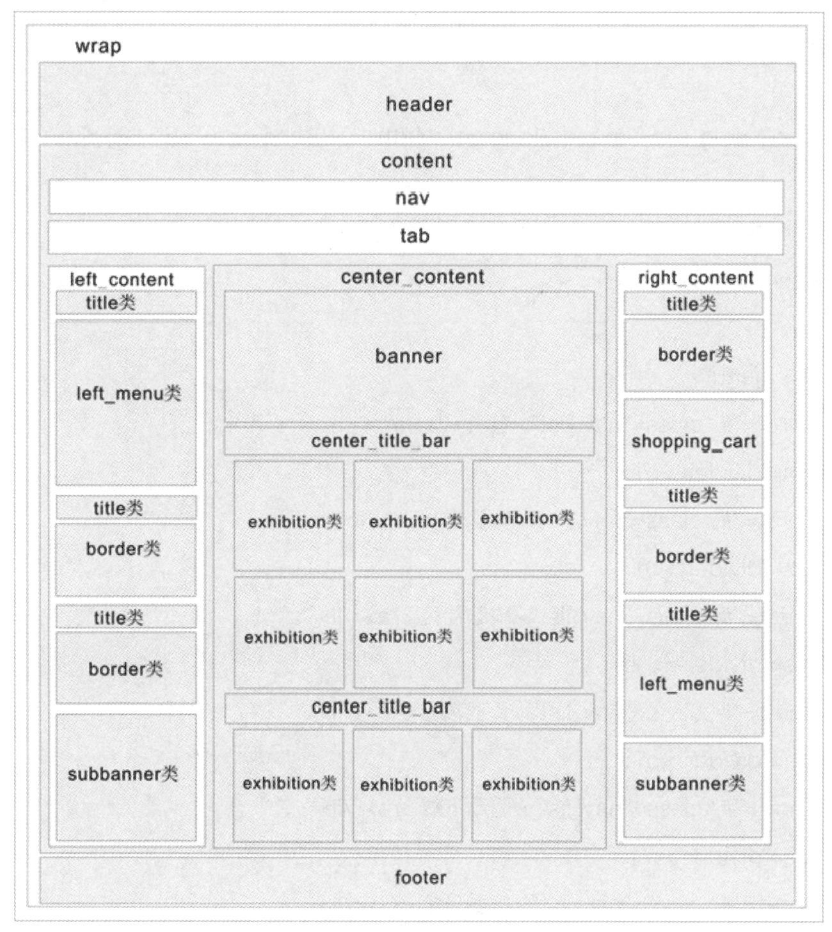

图 16–3　布局结构图

16.2 页面制作

在实现了页面的整体布局之后，接下来就要完成电脑商城页面的制作。下面具体介绍制作过程。

16.2.1 页面结构代码

```
<html>
<head>
<title>Computer mall</title>
</head>
<body>
<!-- 定义最外围的框 -->
<div id="wrap">
<!--header 部分结构代码 -->
  <div id="header">
    <div id="header_right"><a href="#"> 登 录 </a><span>|</span><a href="#"> 免 费 注 册 </a><span>|</span><a href="#"> 我的账户 </a><span>|</span><a href="#"> 付款方式 </a><span>|</span><a href="#">配送范围</a><span>|</span><a href="#">帮助中心</a><span>|</span>订购热线:400-222-6868
      <div id="banner_top"><img src="images/banner_top.jpg" width="728" height="90" border="0" /></div>
    </div>
    <div id="logo"><img src="images/logo.gif" width="182" height="85" /></div>
  </div>
<!--content 部分结构代码 -->
  <div id="content">
    <div id="nav">
      <ul class="menu">
        <li><a href="#" class="nav_list"> 首页 </a></li>
        <li class="divider"></li>
        <li><a href="#" class="nav_list"> 笔记本 </a></li>
        <li class="divider"></li>
        <li><a href="#" class="nav_list"> 电脑社区 </a></li>
        <li class="divider"></li>
        <li><a href="#" class="nav_list"> 基础教程 </a></li>
        <li class="divider"></li>
        <li><a href="#" class="nav_list"> 驱动下载 </a></li>
        <li class="divider"></li>
        <li><a href="#" class="nav_list"> 售后平台 </a></li>
        <li class="divider"></li>
```

```
<li><a href="#" class="nav_list"> 在线咨询 </a></li>
<li class="divider"></li>
<li><a href="#" class="nav_list"> 关于我们 </a></li>
</ul>
</div>
<div id="tab"> 当前位置 : <span> 首页 </span></div>
<!-- left_content 部分结构代码 -->
<div id="left_content">
<div class="title"> 笔记本分类 </div>
<ul class="left_menu">
<li class="odd"><a href="#"> 按品牌分类 </a></li>
<li class="even"><a href="#"> 联想 / 华硕 / 戴尔 / 惠普 / 三星 </a></li>
<li class="odd"><a href="#"> 按价格分类 </a></li>
<li class="even"><a href="#">3K 以下 /3K-6K/6K 以上 </a></li>
<li class="odd"><a href="#"> 按用途分类 </a></li>
<li class="even"><a href="#"> 商务 / 办公 / 设计 / 游戏 </a></li>
<li class="odd"><a href="#"> 按产品配置分类 </a></li>
<li class="even"><a href="#"> 实用配置 / 高级配置 / 顶级配置 </a></li>
<li class="odd"><a href="#"> 按屏幕尺寸分类 </a></li>
<li class="even"><a href="#">13 寸 /14 寸 /15 寸 /17 寸 </a></li>
<li class="odd"><a href="#"> 按产品特色分类 </a></li>
<li class="even"><a href="#"> 时尚靓丽 / 轻便携带 / 二合一 </a></li>
</ul>
<div class="title"> 今日推荐 </div>
<div class="border">
<div class="product_title"><a href="#"><a href="#" target="_blank"> 宏基 14 寸双核 1G 独显
</a></div>
<div class="product_img"><a href="#"><img src="images/p1.jpg" width="120" height="120"
border="0" /></a></div>
<div class="product_price"><span class="reduce">&yen;3788</span> <span
class="price">&yen;3688</span></div>
</div>
<div class="title"> 行业资讯 </div>
<div class="border">
<input type="text" name="newsletter" class="newsletter_input" value="your email"/>
<a href="#" class="join"> 订阅 </a></div>
<div class="subbanner"> <a href="#"><img src="images/bann2.gif" width="167" height="167"
```

```
border="0" /></a></div>
      </div>

      <!-- center_content 部分结构代码 -->
          <div id="center_content">
            <div class="banner"></div>
            <div class="center_title_bar"> 最新款式 </div>
            <div class="exhibition">
              <div class="center_exhibition">
                <div class="product_title"><a href="#" target="_blank"> 联想 15 寸双核 2G 独显 </a></div>
                 <div class="product_img"><a href="#"><img src="images/n1_s.jpg" width="120"
height="120" border="0" /></a></div>
                 <div class="product_price"><span class="reduce">&yen;5890</span> <span
class="price">&yen;5599</span></div>
              </div>
              <div class="product_details_tab"> <a href="#" class="buy"> 加 入 购 物 车 </a> <a href="#"
class="details"> 详细信息 </a></div>
            </div>
            <div class="exhibition">
              <div class="center_exhibition">
                <div class="product_title"><a href="#" target="_blank"> 戴尔 14 寸双核 1G 独显 </a></div>
                <div class="product_img"><a href="#"><img src="images/n2_s.jpg" width="120" height="120"
border="0" /></a></div>
                <div class="product_price"><span class="reduce">&yen;3399</span> <span class=
"price">&yen;3189</span></div>
              </div>
              <div class="product_details_tab"> <a href="#" class="buy"> 加 入 购 物 车 </a> <a href="#"
class="details"> 详细信息 </a></div>
            </div>
            <div class="exhibition">
              <div class="center_exhibition">
                <div class="product_title"><a href="#" target="_blank"> 华硕 14 寸双核 1G 独显 </a></div>
                <div class="product_img"><a href="#"><img src="images/n3_s.jpg" width="120" height=
"120"v border="0" /></a></div>
                <div class="product_price"><span class="reduce">&yen;3698</span> <span class=
"price">&yen;3489</span></div>
              </div>
```

```
            <div class="product_details_tab"> <a href="#" class="buy"> 加 入 购 物 车 </a> <a href="#"
class="details"> 详细信息 </a></div>
          </div>
          <div class="exhibition">
            <div class="center_exhibition">
              <div class="product_title"><a href="#" target="_blank"> 惠普 14 寸双核 1G 独显 </a></div>
              <div class="product_img"><a href="#"><img src="images/n4_s.jpg" width="120" height=
"120" border="0" /></a></div>
              <div class="product_price"><span class="reduce">&yen;3299</span> <span class=
"price">&yen;3109</span></div>
            </div>
            <div class="product_details_tab"> <a href="#" class="buy"> 加 入 购 物 车 </a> <a href="#"
class="details"> 详细信息 </a></div>
          </div>
          <div class="exhibition">
            <div class="center_exhibition">
              <div class="product_title"><a href="#" target="_blank"> 三星 14 寸双核 2G 独显 </a></div>
              <div class="product_img"><a href="#"><img src="images/n5_s.jpg" width="120"
height="120" border="0" /></a></div>
              <div class="product_price"><span class="reduce">&yen;4399</span> <span
class="price">&yen;4098</span></div>
            </div>
            <div class="product_details_tab"> <a href="#" class="buy"> 加 入 购 物 车 </a> <a href="#"
class="details"> 详细信息 </a></div>
          </div>
          <div class="exhibition">
            <div class="center_exhibition">
              <div class="product_title"><a href="#" target="_blank"> 苹果 15 寸双核 2G 独显 </a></div>
              <div class="product_img"><a href="#"><img src="images/n6_s.jpg" width="120" height=
"120" border="0" /></a></div>
              <div class="product_price"><span class="reduce">&yen;6999</span> <span class=
"price">&yen;6888</span></div>
            </div>
            <div class="product_details_tab"> <a href="#" class="buy"> 加 入 购 物 车 </a> <a href="#"
class="details"> 详细信息 </a></div>
          </div>
          <div class="center_title_bar"> 热卖笔记本 </div>
```

```
<div class="exhibition">
  <div class="center_exhibition">
    <div class="product_title"><a href="#" target="_blank"> 戴尔 14 寸双核 2G 独显 </a></div>
    <div class="product_img"><a href="#"><img src="images/h1_s.jpg" width="120" height=
"120" border="0" /></a></div>
    <div class="product_price"><span class="reduce">&yen;3799</span> <span class=
"price">&yen;3299</span></div>
  </div>
  <div class="product_details_tab"> <a href="#" class="buy"> 加 入 购 物 车 </a> <a href="#"
class="details"> 详细信息 </a></div>
</div>
<div class="exhibition">
  <div class="center_exhibition">
    <div class="product_title"><a href="#" target="_blank"> 华硕 15 寸双核 1G 独显 </a></div>
    <div class="product_img"><a href="#"><img src="images/h2_s.jpg" width="120" height=
"120" border="0" /></a></div>
    <div class="product_price"><span class="reduce">&yen;4689</span> <span class=
"price">&yen;4489</span></div>
  </div>
  <div class="product_details_tab"> <a href="#" class="buy"> 加 入 购 物 车 </a> <a href="#"
class="details"> 详细信息 </a></div>
</div>
<div class="exhibition">
  <div class="center_exhibition">
    <div class="product_title"><a href="#" target="_blank"> 三星 14 寸双核 1G 独显 </a></div>
    <div class="product_img"><a href="#"><img src="images/h3_s.jpg" width="120" height=
"120" border="0" /></a></div>
    <div class="product_price"><span class="reduce">&yen;3699</span> <span class=
"price">&yen;3599</span></div>
  </div>
  <div class="product_details_tab"> <a href="#" class="buy"> 加 入 购 物 车 </a> <a href="#"
class="details"> 详细信息 </a></div>
</div>
</div>
<!-- right_content 部分结构代码 -->
<div id="right_content">
  <div class="title"> 笔记本搜索 </div>
```

```
        <div class="border">
      <form action="" method="get">
        <input type="text" name="newsletter" class="newsletter_input" value="keyword"/>
        <a href="#" class="join"> 搜索 </a>
      </form>
    </div>
    <div class="shopping_cart">
      <div class="title"> 我的购物车 </div>
      <div class="cart_details"> 购物车有 3 个 <br/>
        <span class="border_cart"></span> 合计 : <span class="price">&yen;10686</span></div>
      <div class="cart_icon"><a href="#" title=""><img src="images/shoppingcart.png" alt="" title=""
width="35" height="35" border="0" /></a></div>
    </div>
    <div class="title"> 特价专区 </div>
    <div class="border">
      <div class="product_title"> 联想 14 寸双核笔记本 </div>
      <div class="product_img"><a href="#"><img src="images/tejia.jpg" width="120" height="120"
border="0" /></a></div>
        <div class="product_price"><span class="reduce">&yen;3308</span> <span
class="price">&yen;2909</span></div>
    </div>
    <div class="title"> 常见问题 </div>
    <ul class="left_menu">
      <li class="odd"><a href="#">1. 是正品吗 ?</a></li>
      <li class="even"><a href="#">2. 怎么付款 ?</a></li>
      <li class="odd"><a href="#">3. 可以货到付款吗 ?</a></li>
      <li class="even"><a href="#">4. 物流方式 ?</a></li>
      <li class="odd"><a href="#">5. 购买的产品与图片一致吗 ?</a></li>
      <li class="even"><a href="#">6. 对货品不满意 , 能退还 ?</a></li>
      <li class="odd"><a href="#">7. 可以开发票吗 ?</a></li>
      <li class="even"><a href="#">8. 下单后多长时间发货 ?</a></li>
    </ul>
    <div class="subbanner"><a href="#"><img src="images/banner1.jpg" width="167" height="167"
border="0" /></a></div>
    </div>
    <div id="footer">
      <p>Copyright 2015 - 2016 电脑商城 All Rights Reserved ICP 备 10115678 号 </p>
```

<p> 注：7×24 小时均可网上订购，支持货到付款，我们提供的付款方式有网上银行、银行转账、支付宝，当天 21:00 以后预定的手机在次日安排配送。</p>

</div>

</div>

</div>

</body>

</html>

16.2.2 页面整体的设置

在 Dreamweaver 的【代码视图】中完成了页面结构的布局之后，就要进行 CSS 的设置，首当其冲的就是对页面全局的规则设置，包括 body、段落 P 和整体容器 wrap 的 CSS 规则定义。

❶选择【CSS 面板】中的“新建 CSS 规则”按钮，弹出“新建 CSS 规则”对话框，如图 16-4 所示。

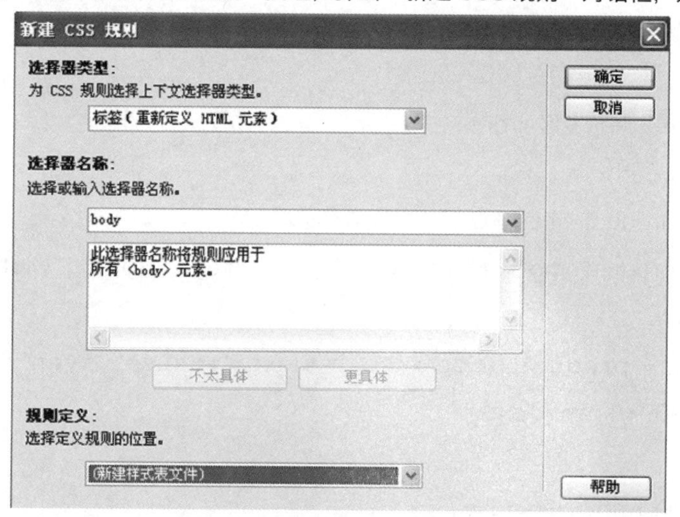

图 16-4　新建 CSS 规则对话框

❷单击确定。弹出“将样式表文件另存为”对话框，设置如图 16-5 所示，然后点击保存。

图 16-5　样式表另存对话框

❸弹出“body 的 CSS 规则定义（在 style.css 中）”对话框，设置如图 16-6 所示。

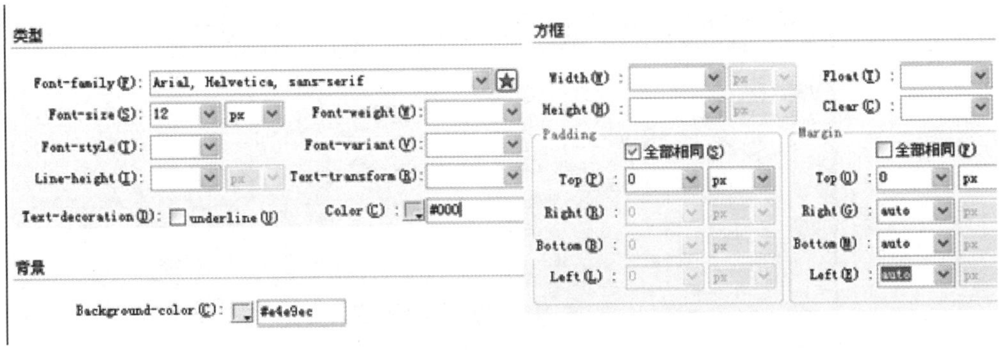

图 16-6　设置对话框

❹选择【CSS 面板】中的“新建 CSS 规则”按钮，弹出“新建 CSS 规则”对话框，如图 16-7 所示。

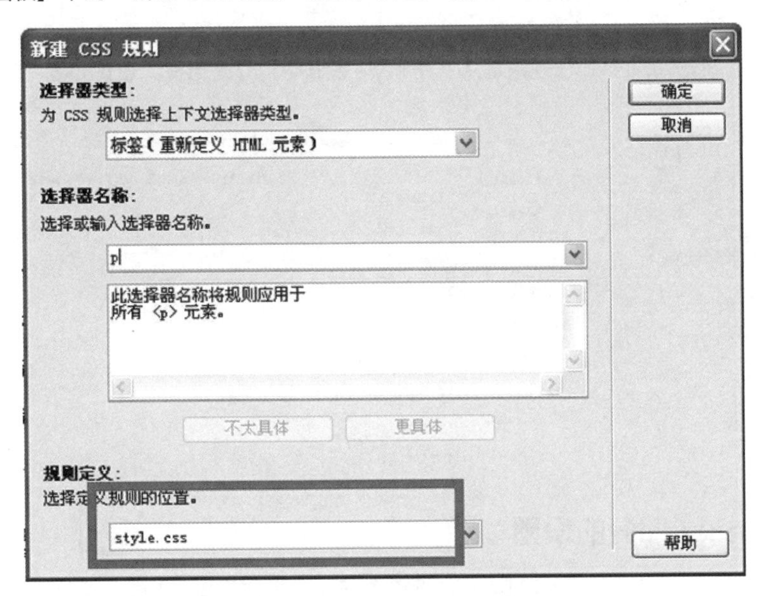

图 16-7　新建 CSS 规则对话框

❺弹出“P 的 CSS 规则定义（在 style.css 中）”对话框，设置如图 16-8 所示。

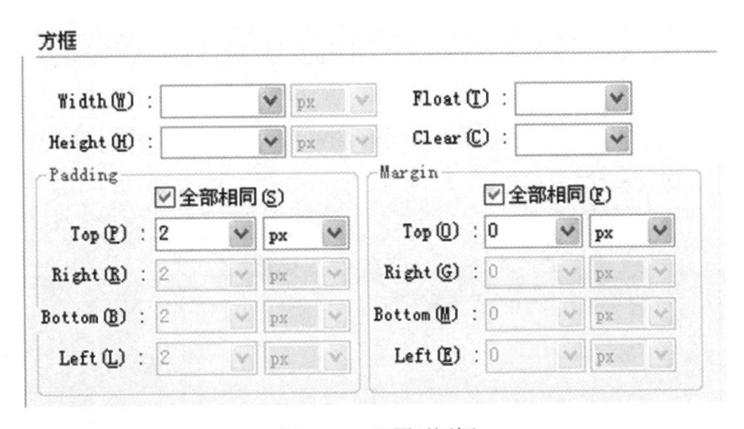

图 16-8　设置对话框

❻在【代码视图】中选中“wrap”，选择【CSS 面板】中的“新建 CSS 规则”按钮，弹出“新建 CSS 规则”对话框，如图 16-9 所示。

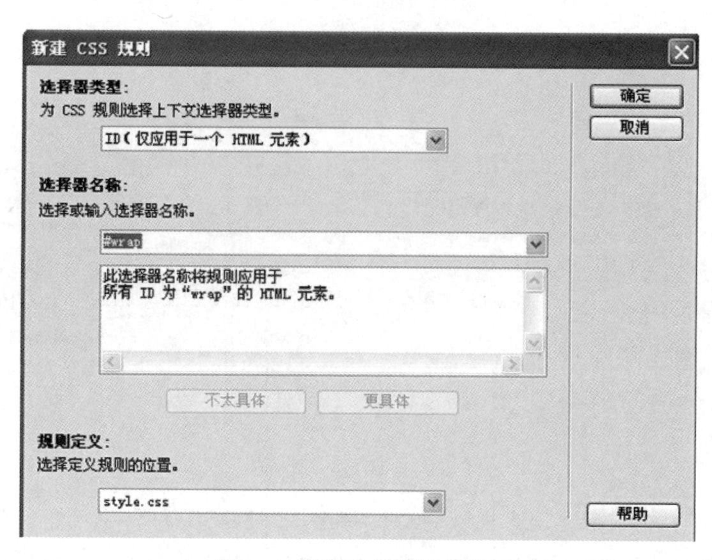

图 16-9　新建 CSS 规则对话框

❼单击确定，弹出“#wrap 的 CSS 规则定义（在 style.css 中）”对话框，设置如图 16-10 所示。

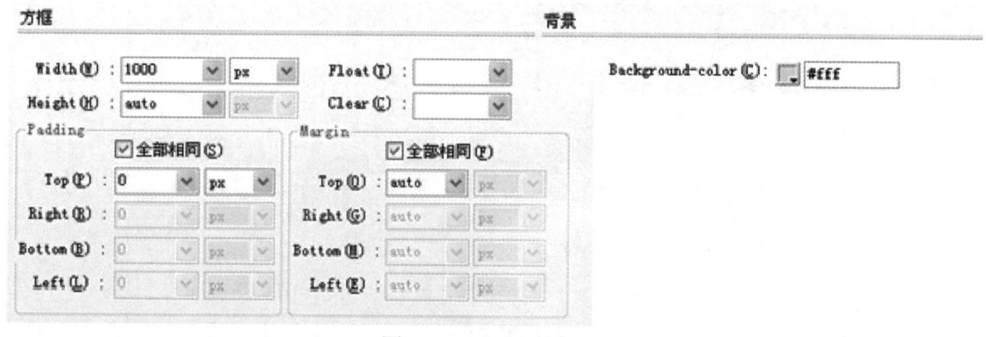

图 16-10　设置对话框

16.2.3 页面 header 部分的设置

页面顶部的 logo 和 banner 都放在名为 header 的容器中，主要用来显示 logo、广告条和链接。

❶在【代码视图】中选中“header”，选择【CSS 面板】中的“新建 CSS 规则”按钮，弹出“新建 CSS 规则”对话框，如图 16-11 所示。

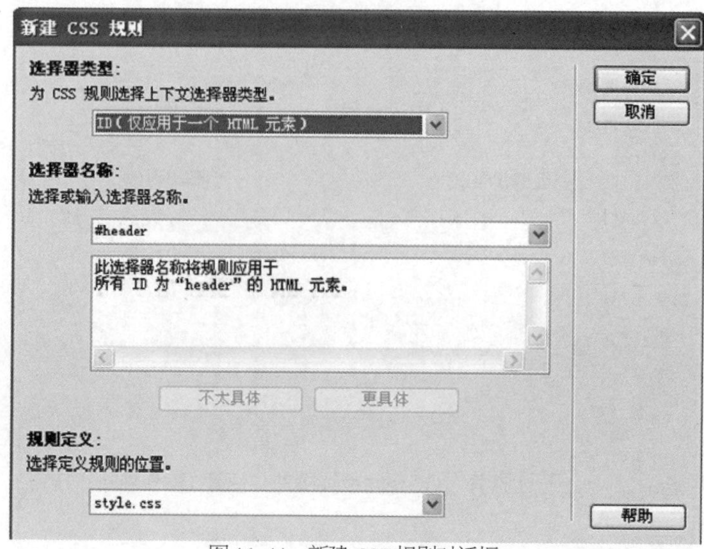

图 16-11　新建 CSS 规则对话框

❷单击确定，弹出“#header 的 CSS 规则定义（在 style.css 中）”的对话框，设置如图 16-12 所示。

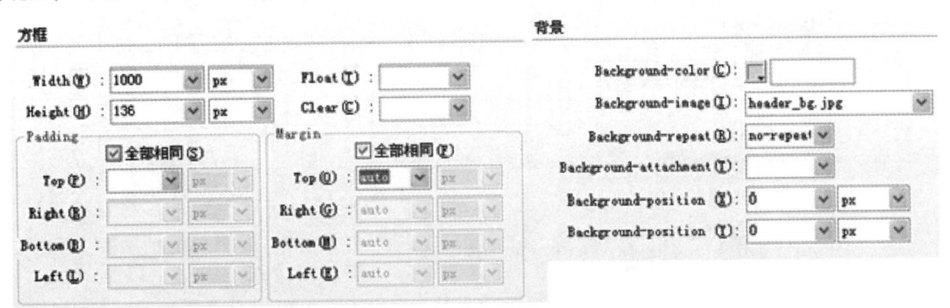

图 16-12　设置对话框

❸在【代码视图】中选中“header_right”，选择【CSS 面板】中的“新建 CSS 规则”按钮，弹出“新建 CSS 规则”对话框，如图 16-13 所示。

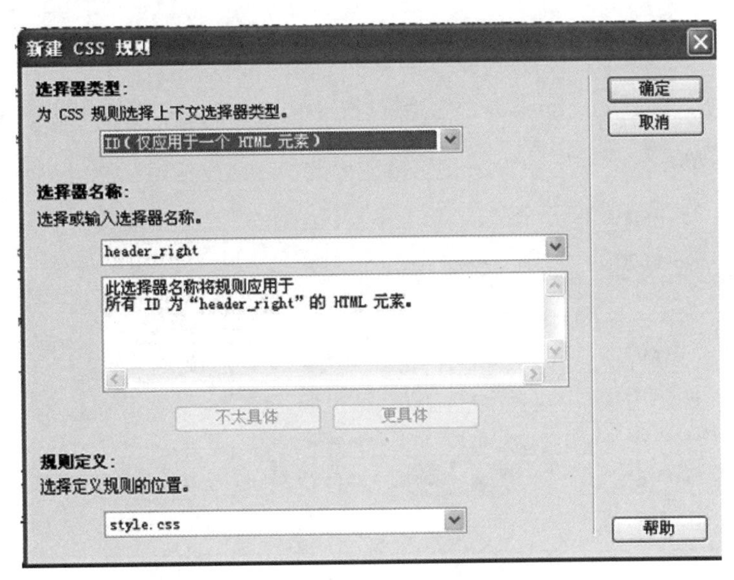

图 16-13　新建 CSS 规则对话框

❹单击确定，弹出“#header_right 的 CSS 规则定义（在 style.css 中）”的对话框，设置如图 16-14 所示。

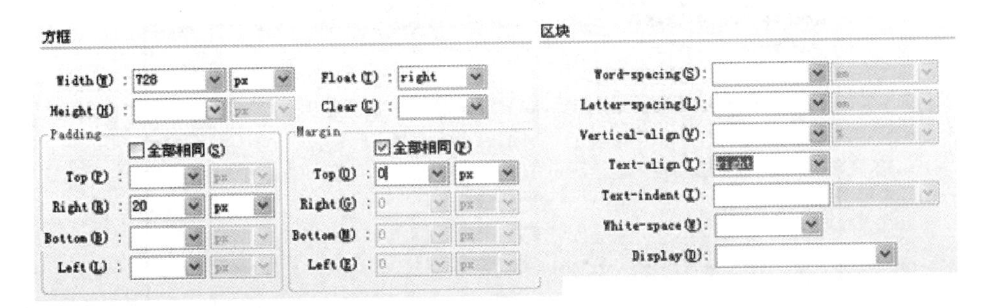

图 16-14　设置对话框

❺在【代码视图】中选中“span”，选择【CSS 面板】中的“新建 CSS 规则”按钮，弹出“新建 CSS 规则”对话框，如图 16-15 所示。

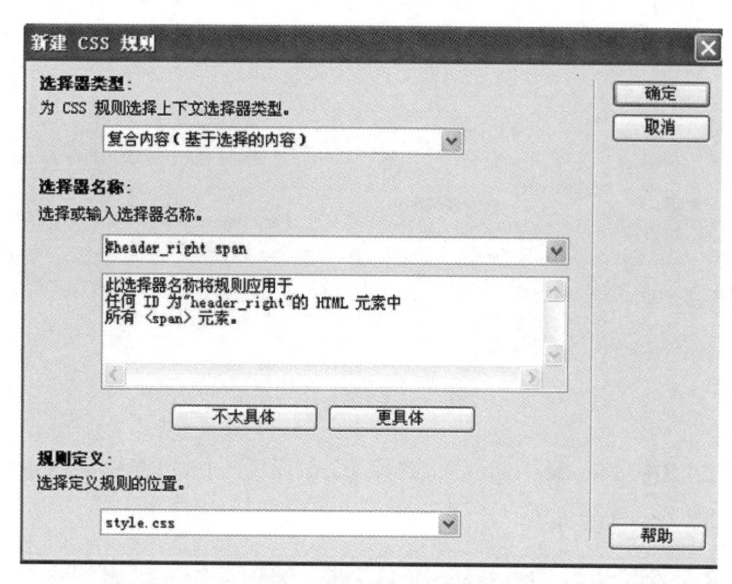

图 16-15　新建 CSS 规则对话框

❻单击确定，弹出“#header_right span 的 CSS 规则定义（在 style.css 中）”的对话框，设置如图 16-16 所示。

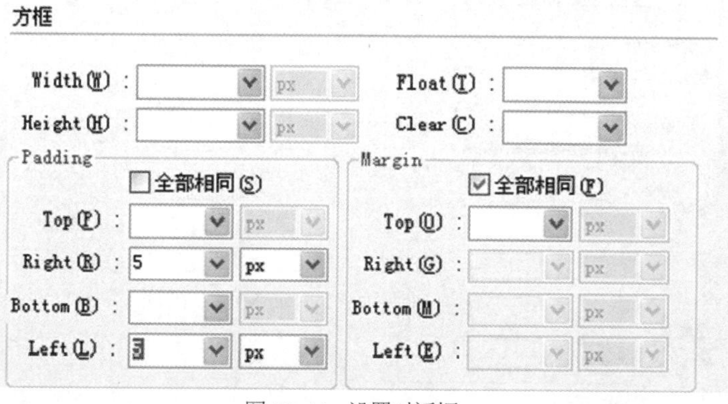

图 16-16　设置对话框

❼在【代码视图】中选中“banner_top”，选择【CSS 面板】中的“新建 CSS 规则”按钮，弹出“新建 CSS 规则”对话框，如图 16-17 所示。

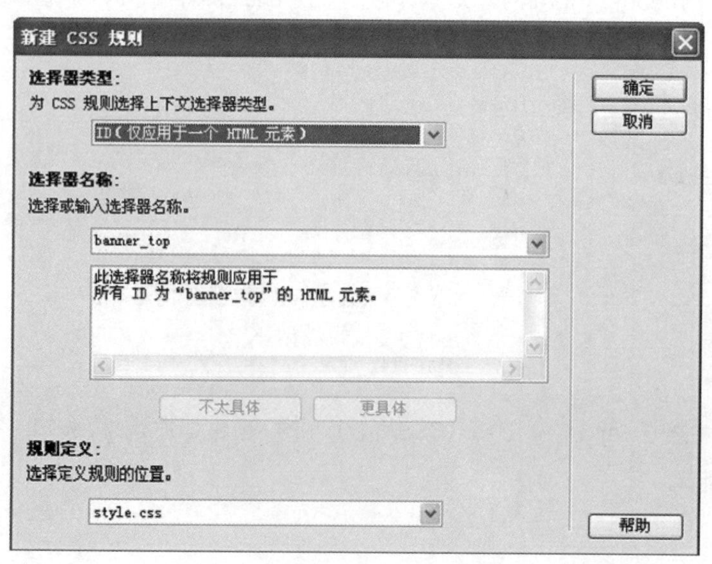

图 16-17　新建 CSS 规则对话框

❽单击确定，弹出“#banner_top 的 CSS 规则定义（在 style.css 中）”的对话框，设置如图 16-18 所示。

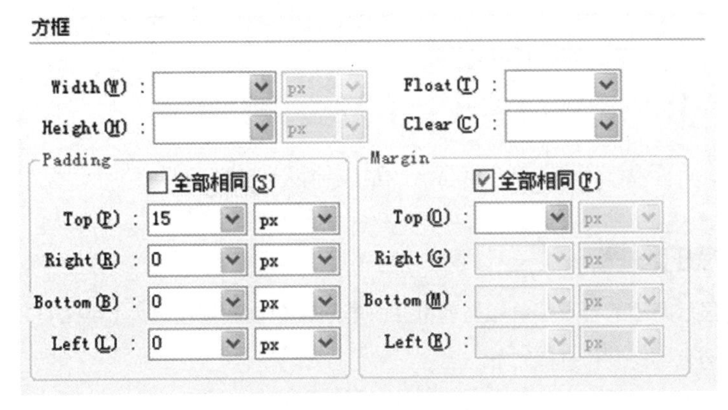

图 16-18 设置对话框

❾在【代码视图】中选中“logo”，选择【CSS 面板】中的“新建 CSS 规则”按钮，弹出“新建 CSS 规则”对话框，如图 16-19 所示。

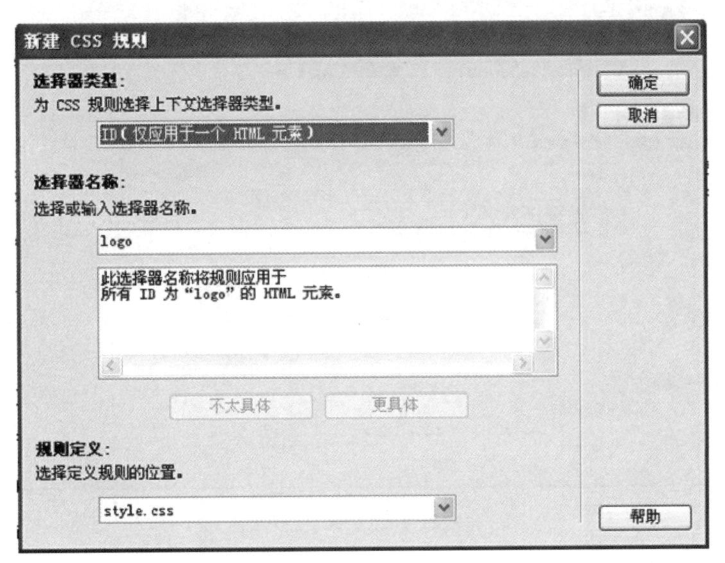

图 16-19 新建 CSS 规则对话框

❿单击确定，弹出“#logo 的 CSS 规则定义（在 style.css 中）”的对话框，设置如图 16-20 所示。

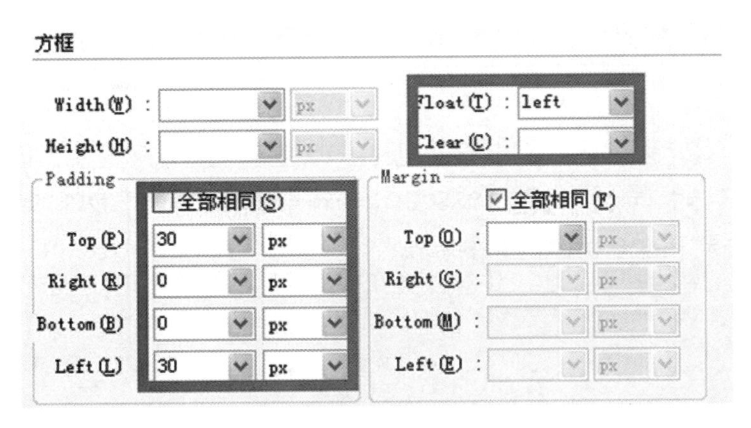

图 16-20 设置对话框

最终 header 部分设置完成的效果如图 16-21 所示。

图 16-21 header 的效果

16.2.4 导航区域的设置

导航区域主要用来显示网站的导航菜单和当前位置，导航菜单被放置在名为 nav 的 DIV 容器中，当前位置被放置在名为 tab 的 DIV 容器中，制作过程如下。

❶在【代码视图】中选中“content”，选择【CSS 面板】中的“新建 CSS 规则”按钮，弹出“新建 CSS 规则”对话框，如图 16-22 所示，设置参数如图 16-23 所示。

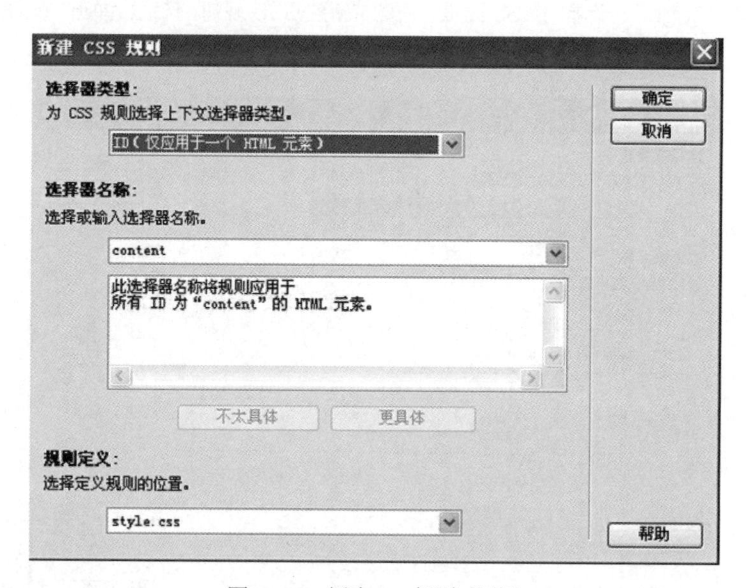

图 16-22 新建 CSS 规则对话框

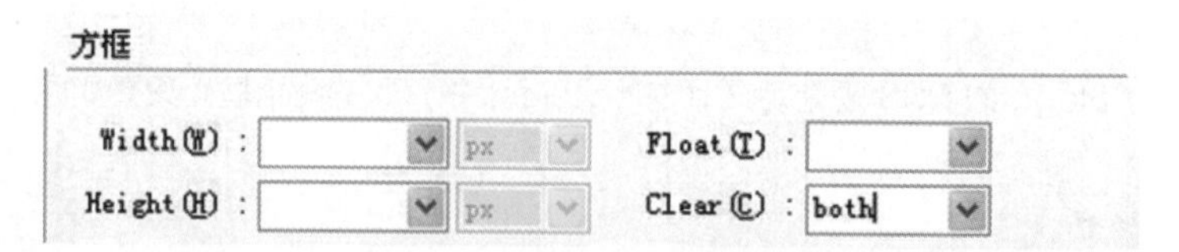

图 16-23 设置对话框

❷在【代码视图】中选中“nav”，选择【CSS 面板】中的“新建 CSS 规则”按钮，弹出“新建 CSS 规则”对话框，如图 16-24 所示，设置参数如图 16-25 所示。

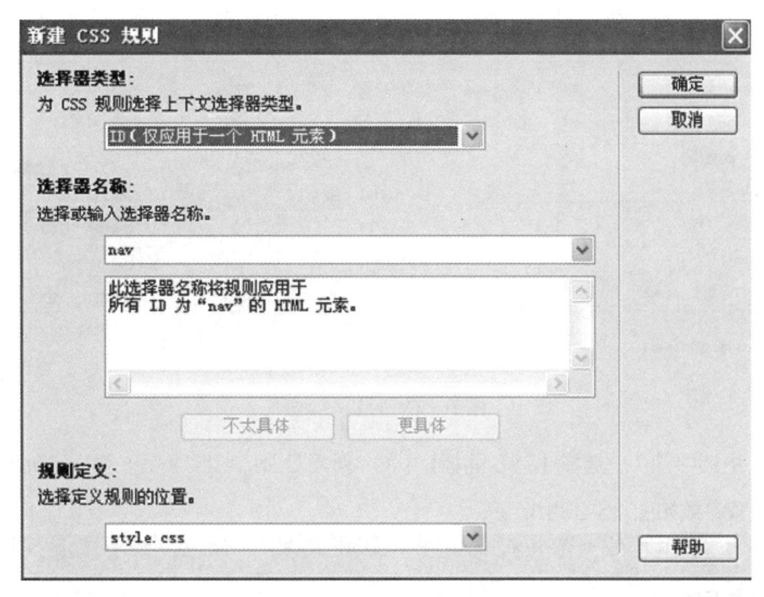

图 16-24　新建 CSS 规则对话框

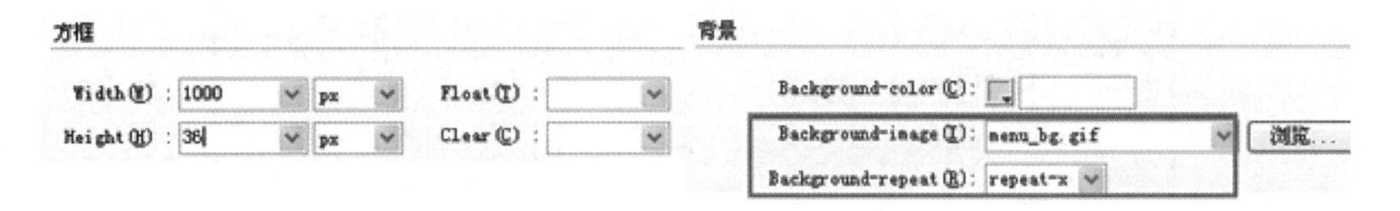

图 16-25　设置对话框

❸在【代码视图】中选中“menu”，选择【CSS 面板】中的“新建 CSS 规则”按钮，弹出“新建 CSS 规则”对话框，如图 16-26 所示，设置参数如图 16-27 所示。

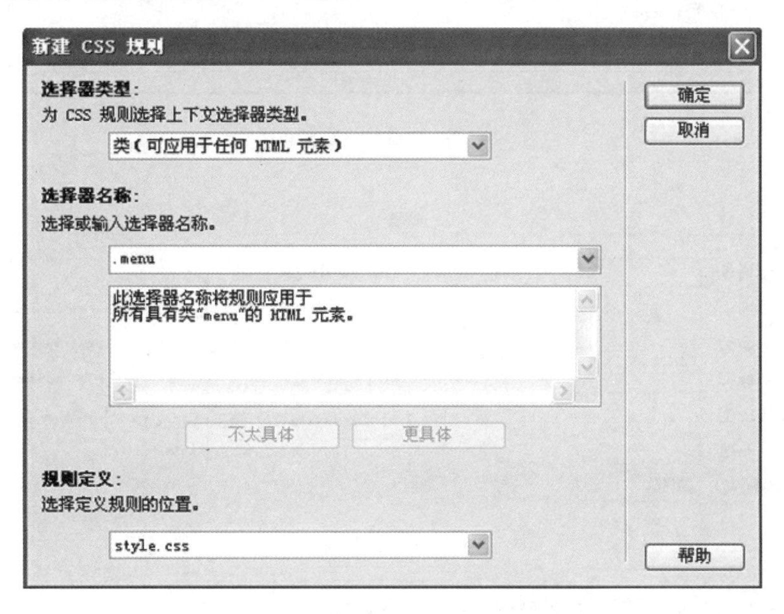

图 16-26　新建 CSS 规则对话框

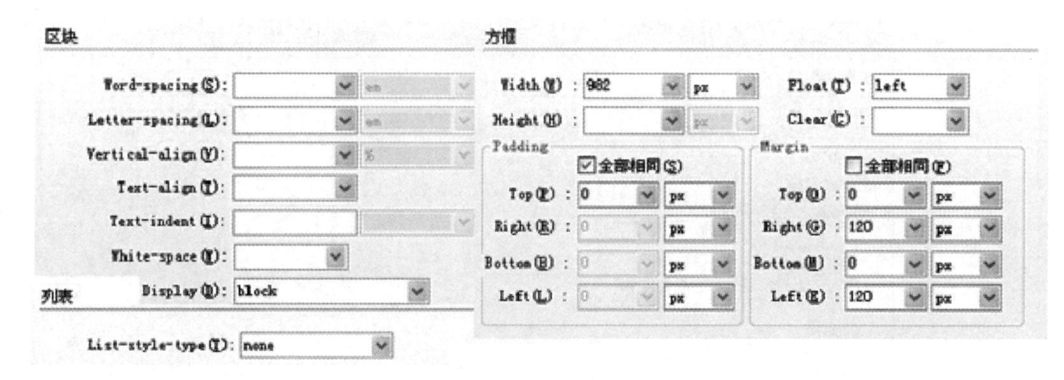

图 16-27 设置对话框

❹在【代码视图】中选中“li”，选择【CSS 面板】中的“新建 CSS 规则”按钮，弹出“新建 CSS 规则”对话框，如图 16-28 所示，设置参数如图 16-29 所示。

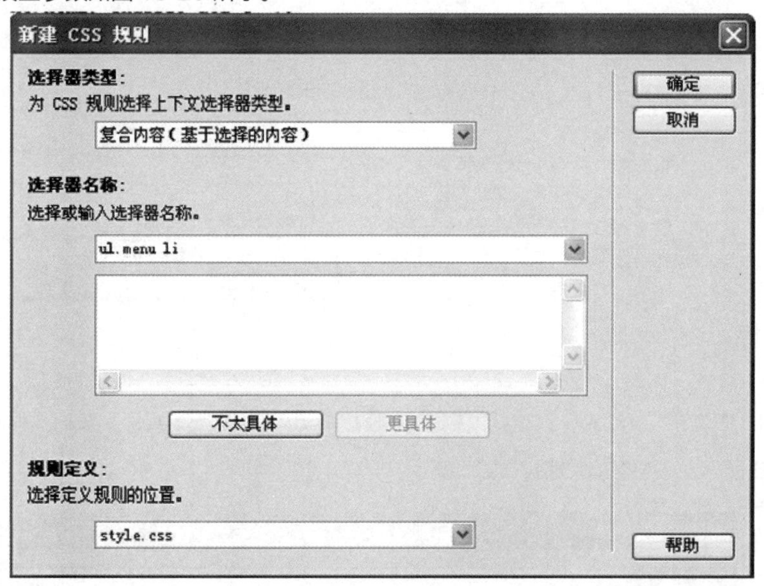

图 16-28 新建 CSS 规则对话框

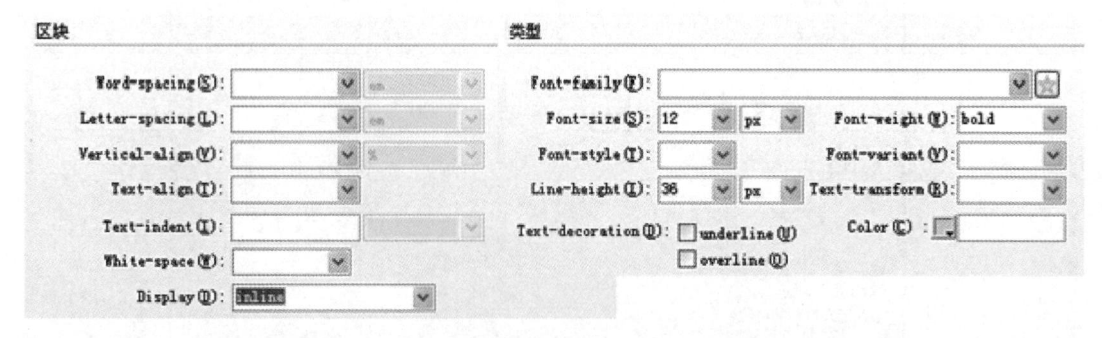

图 16-29 设置对话框

在为导航设置完样式之后，需要为导航的超链接设置样式。

❶选择【CSS 面板】中的“新建 CSS 规则”按钮，弹出“新建 CSS 规则”对话框，如图 16-30 所示，设置参数如图 16-31 所示。

图 16-30　新建 CSS 规则对话框

❷选择【CSS 面板】中的“新建 CSS 规则”按钮，弹出“新建 CSS 规则”对话框，如图 16-32 所示，设置参数如图 16-31 所示（和 a.nav_list:link 的设置一样）。

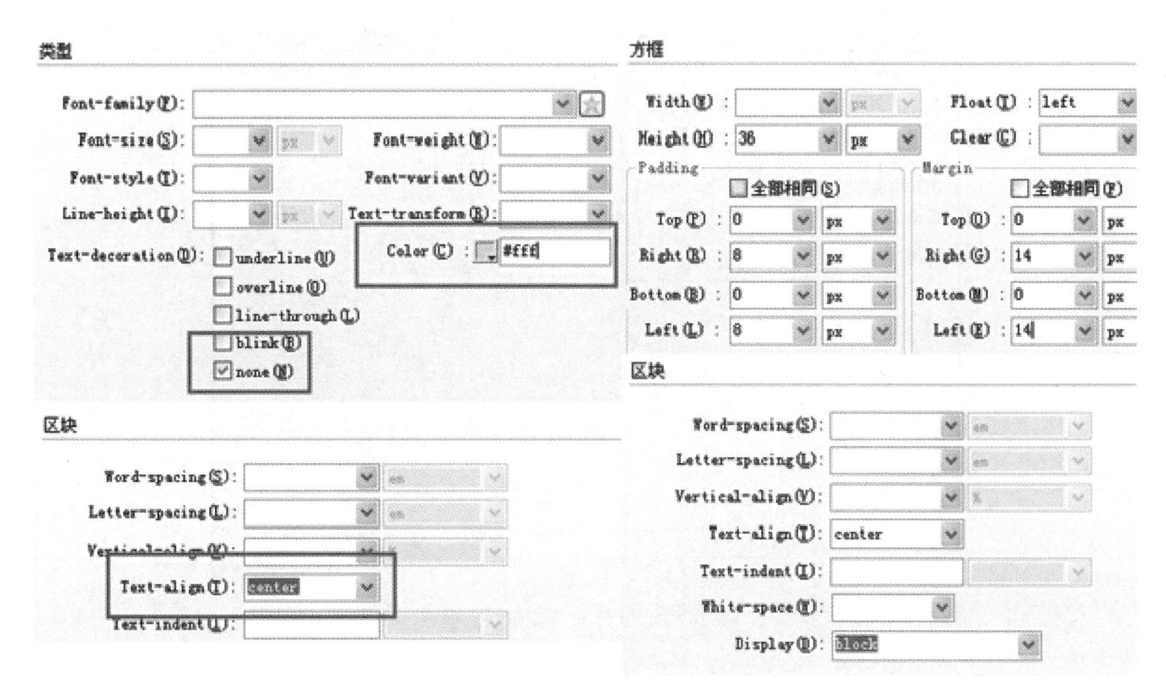

图 16-31　设置对话框

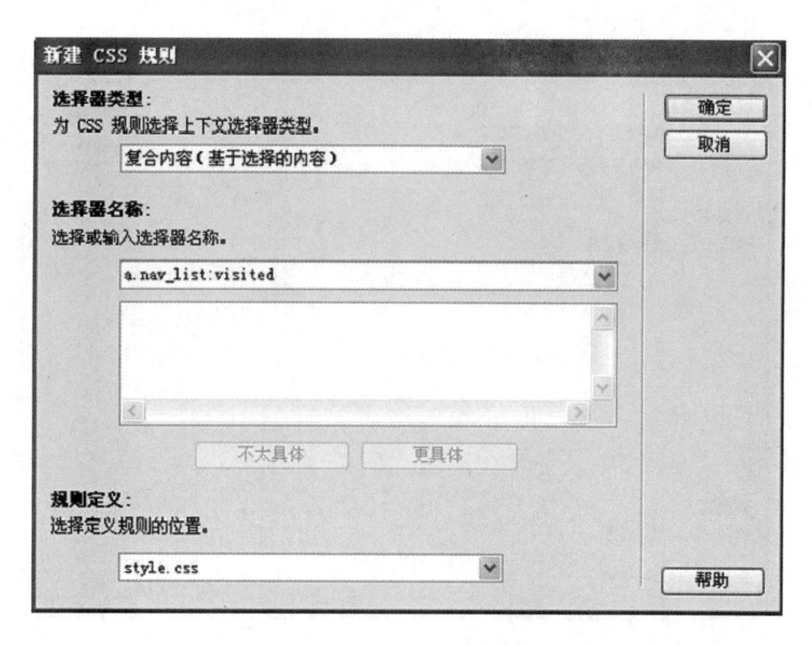

图 16-32　新建 CSS 规则对话框

❸选择【CSS 面板】中的“新建 CSS 规则”按钮，弹出“新建 CSS 规则”对话框，如图 16-33 所示，设置参数如图 16-34 所示。

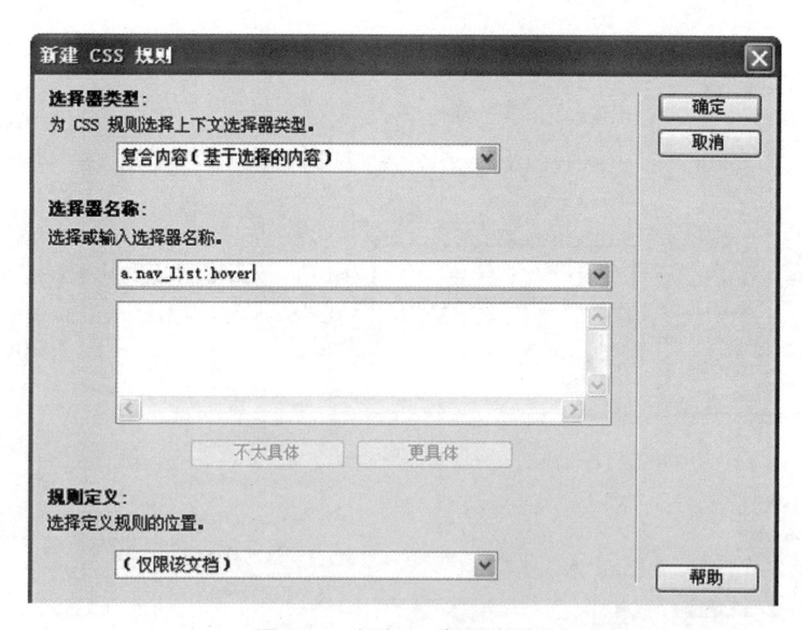

图 16-33　新建 CSS 规则对话框

类型

Font-family(F):
Font-size(S): px Font-weight(W):
Font-style(T): Font-variant(V):
Line-height(I): px Text-transform(R):
Text-decoration(D): underline(U) Color(C): #199ecd
overline(O)
line-through(L)
blink(B)
none(N)

方框

Width(W): px Float(T): left
Height(H): 36 px Clear(C):
Padding 全部相同(S) Margin 全部相同(F)
Top(P): 0 px Top(O): 0 px
Right(R): 8 px Right(G): 14 px
Bottom(B): 0 px Bottom(M): 0 px
Left(L): 8 px Left(E): 14 px

区块

Word-spacing(S): em
Letter-spacing(L): em
Vertical-align(V): %
Text-align(T): center
Text-indent(I):
White-space(W):
Display(D): block

图 16-34　设置对话框

接下来为导航菜单中间的分界线设置样式。

在【代码视图】中选中“divider”，选择【CSS 面板】中的“新建 CSS 规则”按钮，弹出“新建 CSS 规则”对话框，如图 16-35 所示，设置参数如图 16-36 所示。

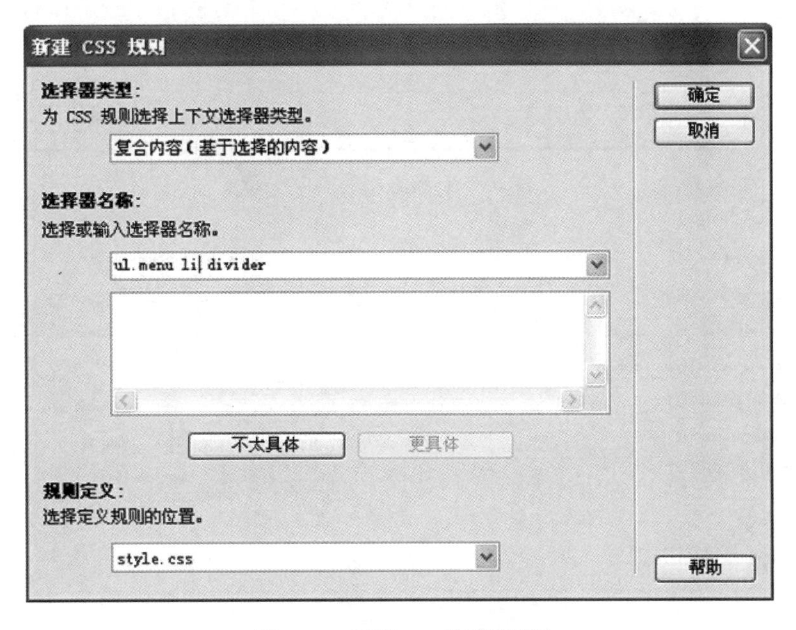

图 16-35　新建 CSS 规则对话框

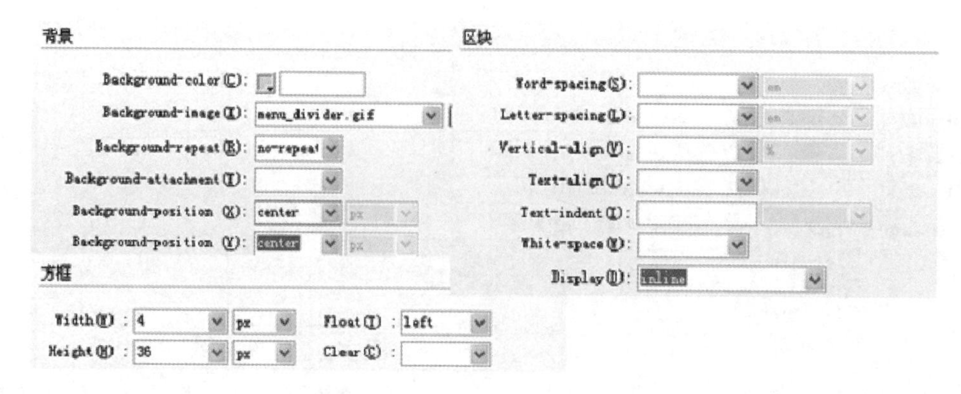

图 16-36　设置对话框

接下来为“当前位置”设置样式。

❶在【代码视图】中选中“tab”，选择【CSS 面板】中的“新建 CSS 规则”按钮，弹出“新建 CSS 规则”对话框，如图 16-37 所示，设置参数如图 16-38 所示。

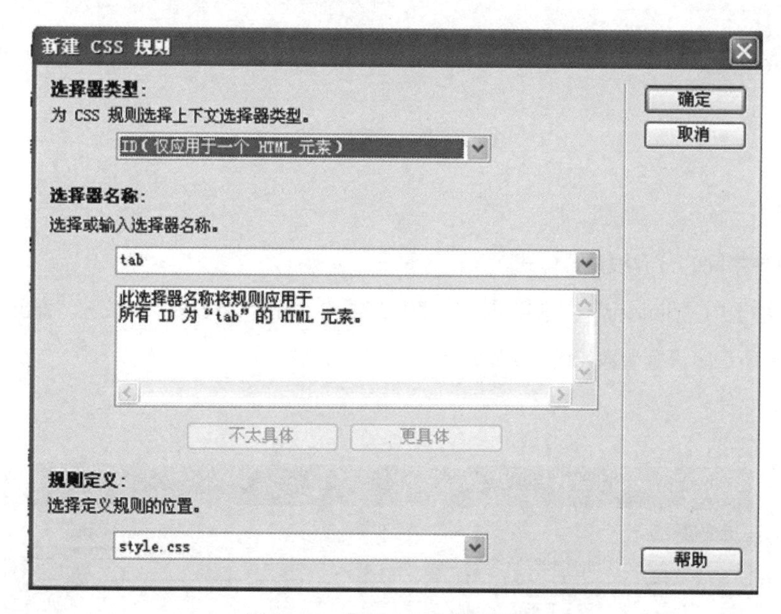

图 16-37　新建 CSS 规则对话框

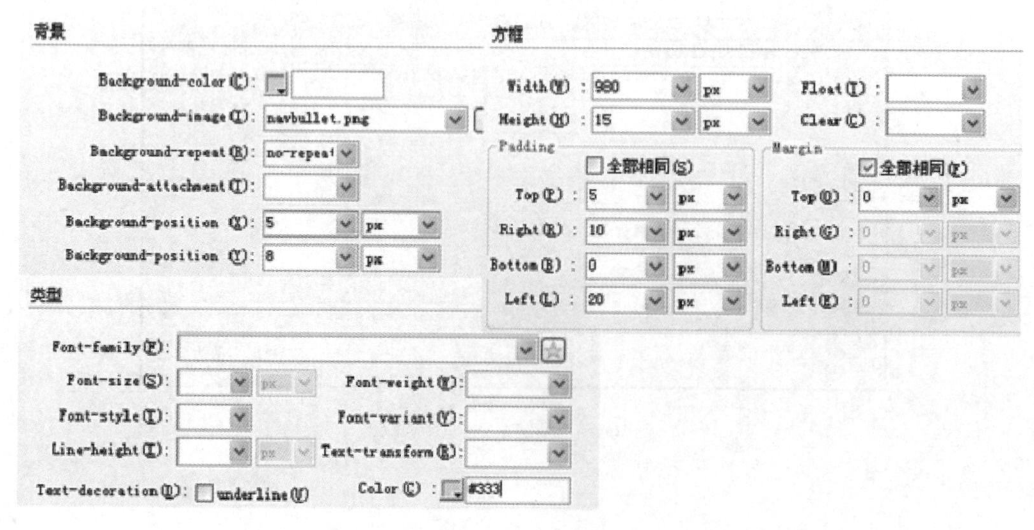

图 16-38　设置对话框

❷在【代码视图】中选中 tab 标签中的“span”，选择【CSS 面板】中的“新建 CSS 规则”按钮，弹出“新建 CSS 规则”对话框，如图 16-39 所示，设置参数如图 16-40 所示。

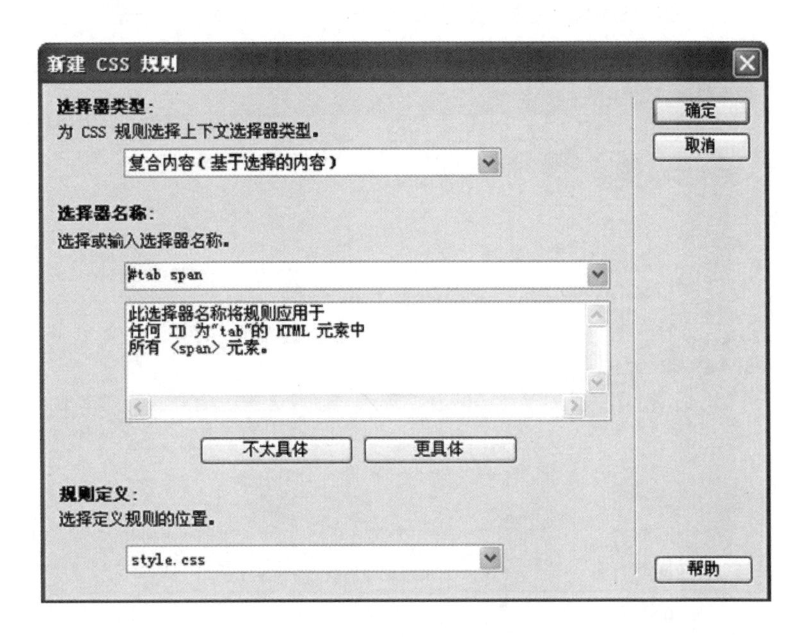

图 16-39　新建 CSS 规则对话框

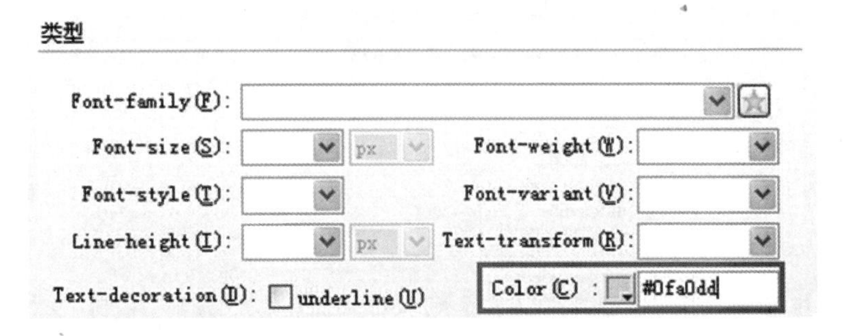

图 16-40　设置对话框

16.3 左侧区域的制作

该区域中的内容被放置在名为 left_content 的 DIV 容器中，用来显示商品分类等信息。

❶在【代码视图】中选中“left_content”，选择【CSS 面板】中的“新建 CSS 规则”按钮，弹出“新建 CSS 规则”对话框，如图 16-41 所示，设置参数如图 16-42 所示。

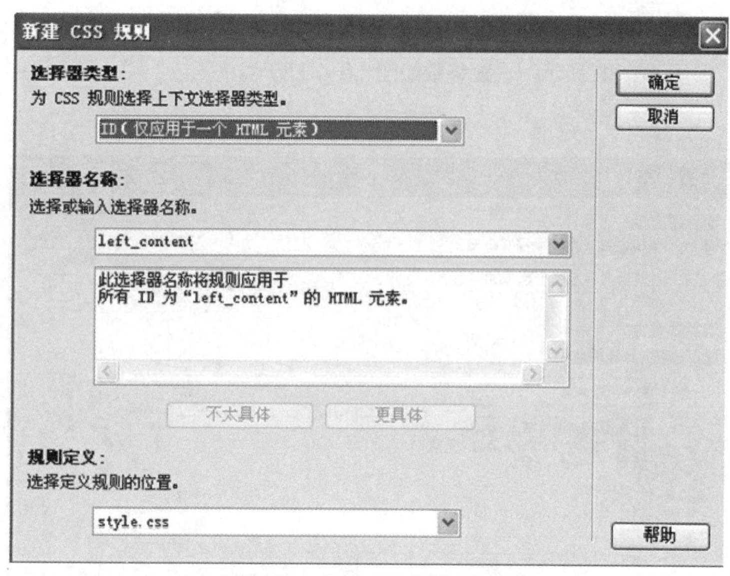

图 16-41　新建 CSS 规则对话框

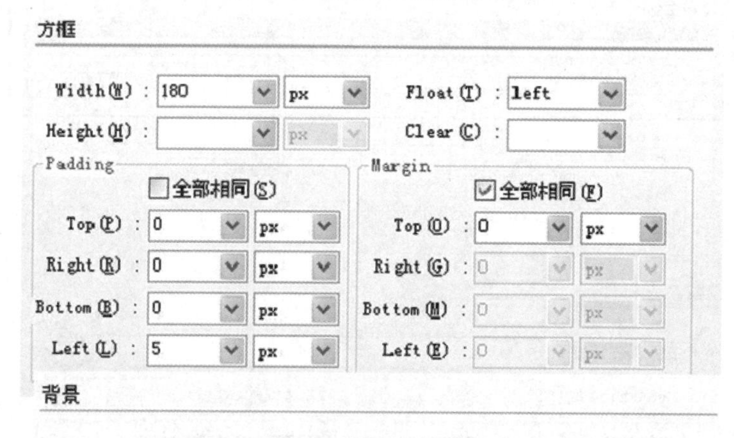

图 16-42　设置对话框

❷在【代码视图】中选中“title”，选择【CSS 面板】中的“新建 CSS 规则”按钮，弹出“新建 CSS 规则”对话框，如图 16-43 所示，设置参数如图 16-44 所示。

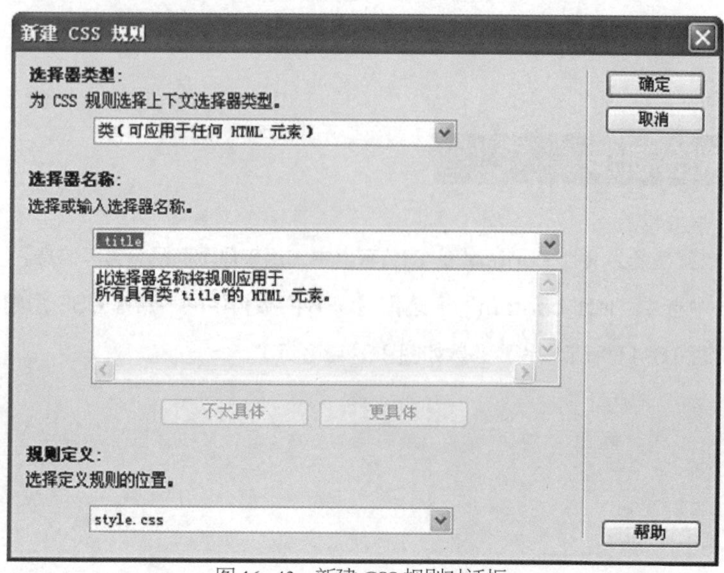

图 16-43　新建 CSS 规则对话框

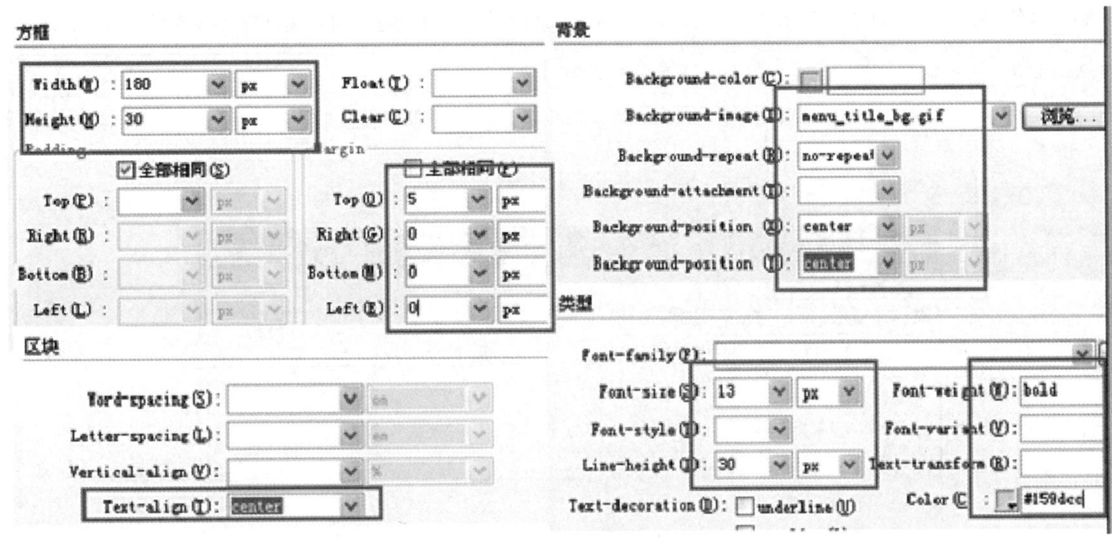

图 16-44　设置对话框

❸在【代码视图】中选中“left_menu”，选择【CSS 面板】中的“新建 CSS 规则”按钮，弹出“新建 CSS 规则”对话框，如图 16-45 所示，设置参数如图 16-46 所示。

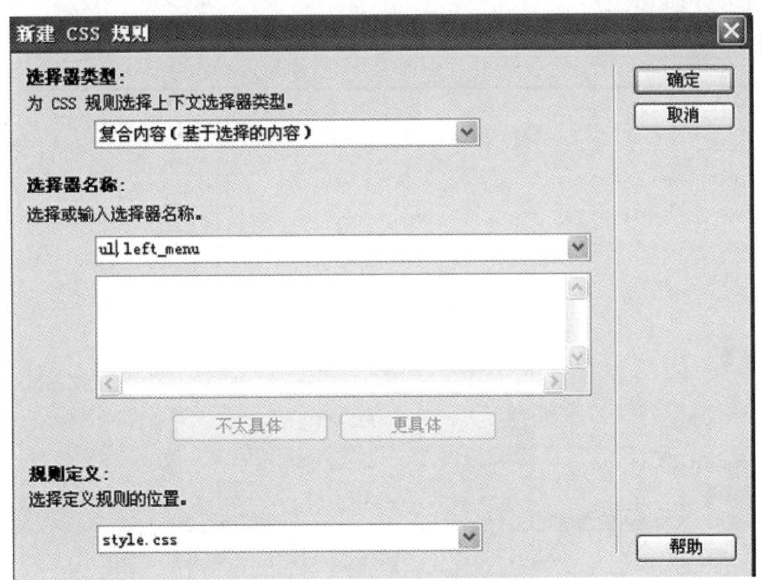

图 16-45　新建 CSS 规则对话框

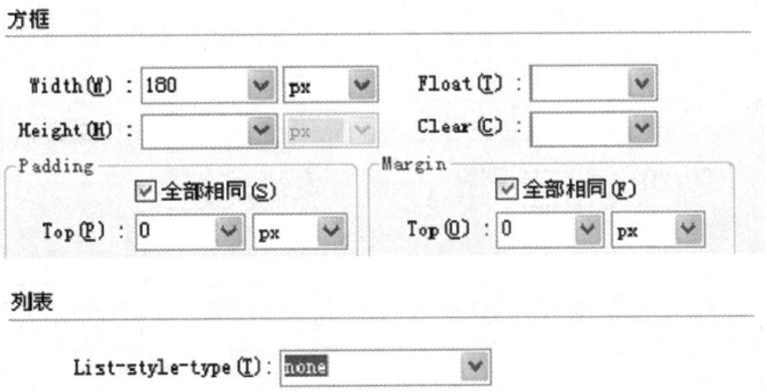

图 16-46　设置对话框

❹在【代码视图】中选中 left_menu 标签中的“li”，选择【CSS 面板】中的“新建 CSS 规则”按钮，弹出“新建 CSS 规则”对话框，如图 16-47 所示，设置参数如图 16-48 所示。

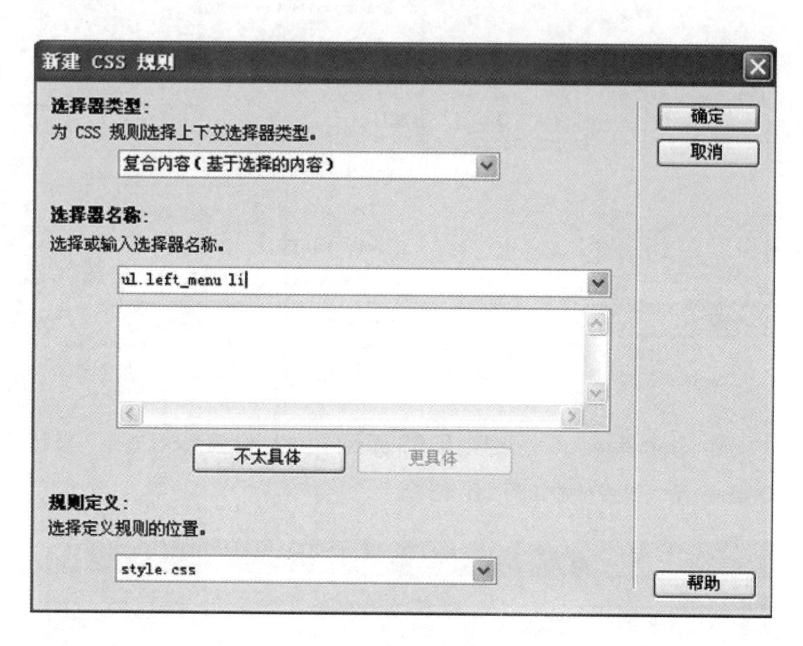

图 16-47　新建 CSS 规则对话框

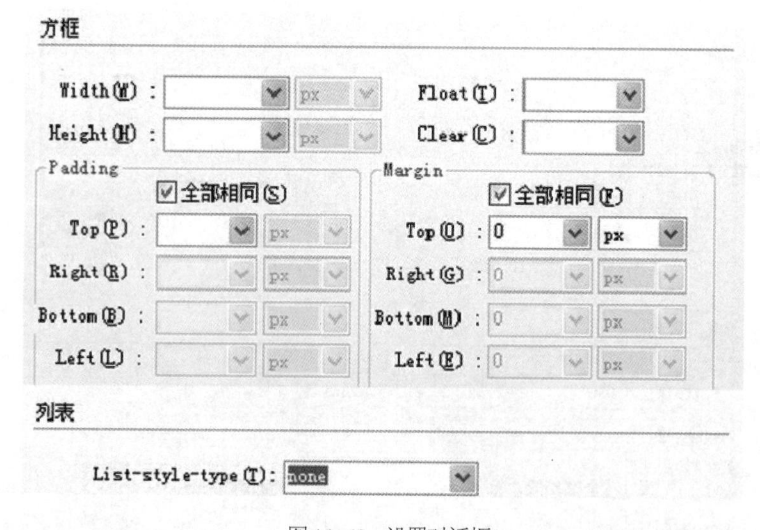

图 16-48　设置对话框

❺在【代码视图】中选中 left_menu 标签中的 odd 后的“a”，选择【CSS 面板】中的“新建 CSS 规则”按钮，弹出“新建 CSS 规则”对话框，如图 16-49 所示，设置参数如图 16-50 所示。

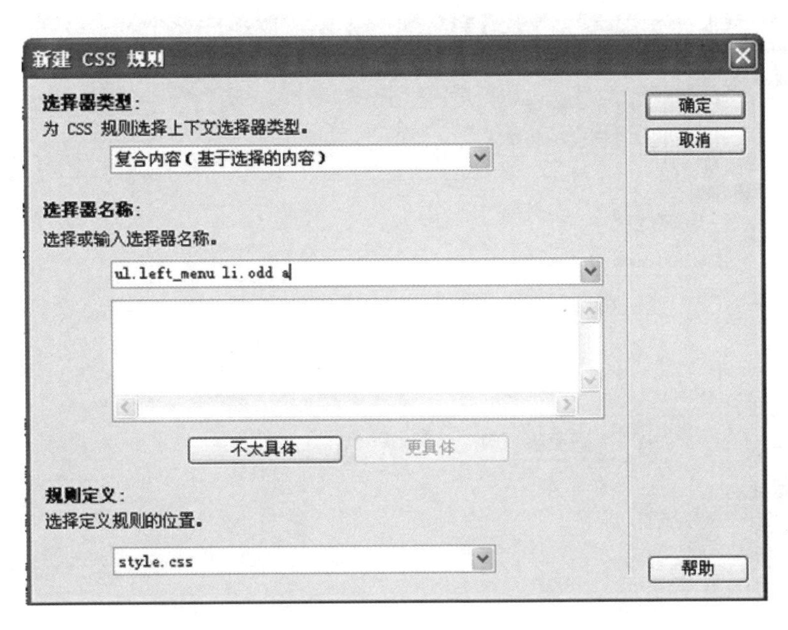

图 16-49　新建 CSS 规则对话框

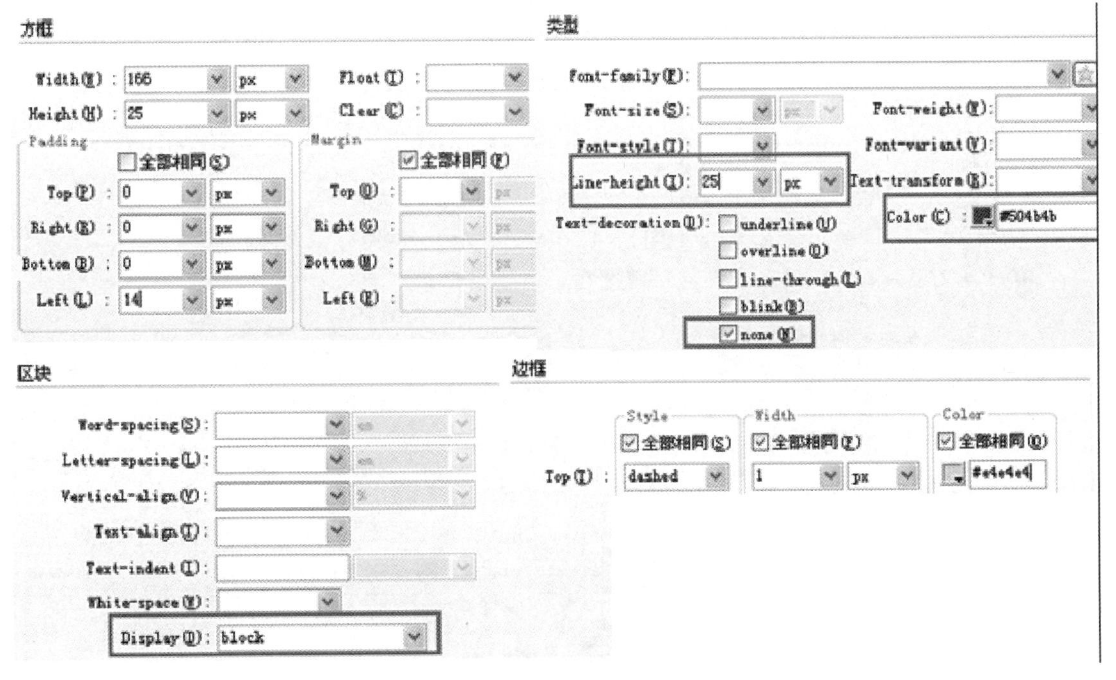

图 16-50　设置对话框

❻在【代码视图】中选中 left_menu 标签中的 even 后的“a”，选择【CSS 面板】中的“新建 CSS 规则”按钮，弹出“新建 CSS 规则”对话框，如图 16-51 所示，设置参数如图 16-52 所示。

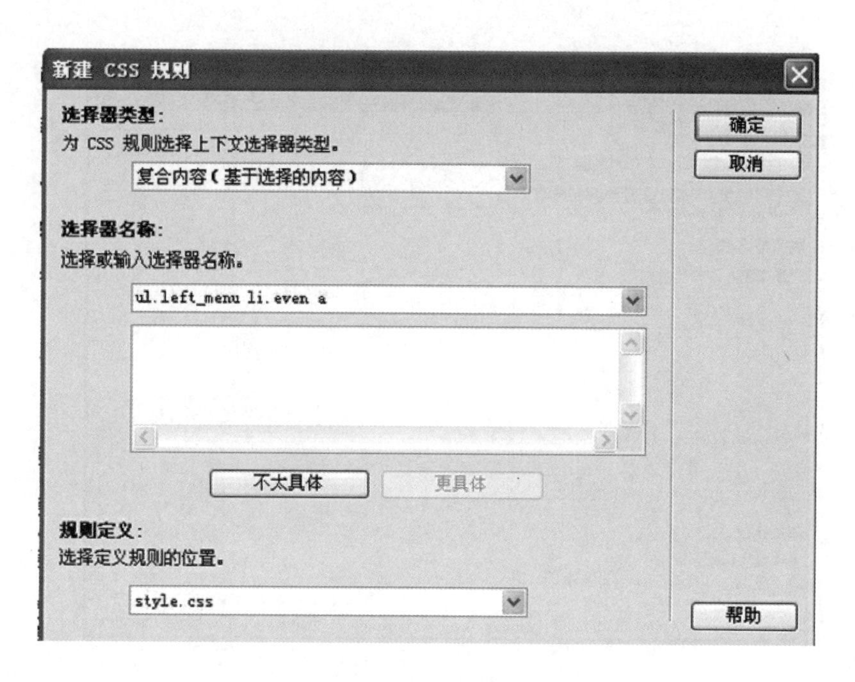

图 16-51 新建 CSS 规则对话框

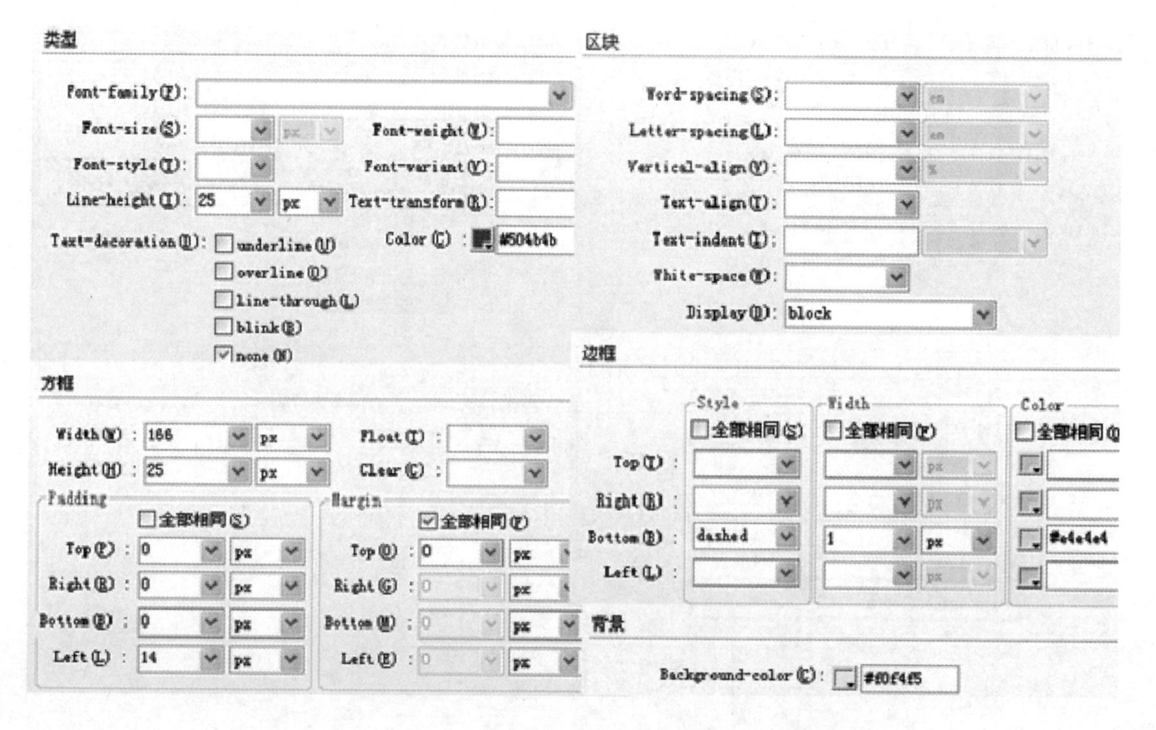

图 16-52 设置对话框

接下来设置菜单列表项中鼠标悬停的样式，奇数项和偶数项的悬停样式一样。

❶选择【CSS 面板】中的“新建 CSS 规则”按钮，弹出“新建 CSS 规则”对话框，如图 16-53 所示，设置参数如图 16-54 所示。

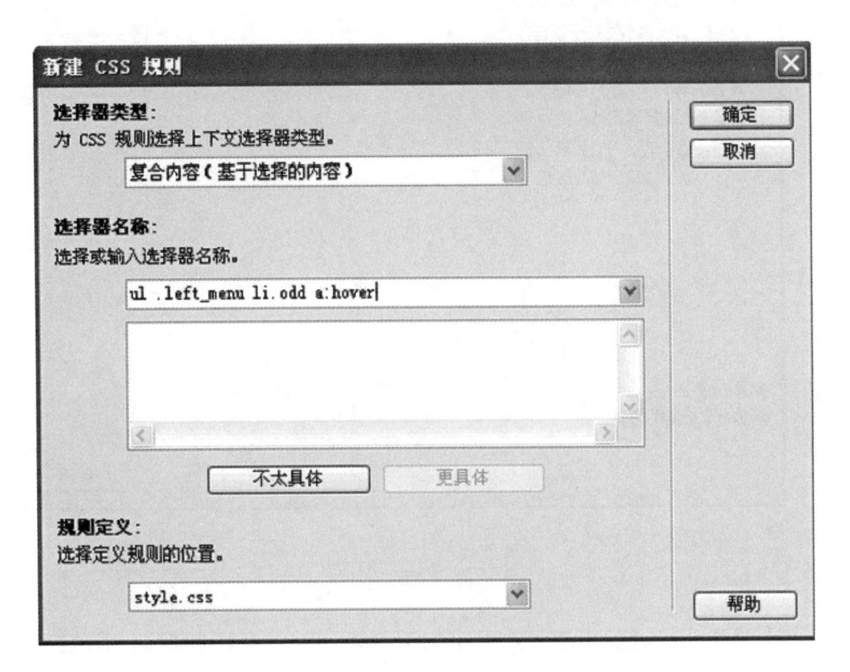

图 16-53　新建 CSS 规则对话框

类型

Font-family(F):
Font-size(S): px
Font-weight(W):
Font-style(T):
Font-variant(V):
Line-height(I): px
Text-transform(R):
Text-decoration(D): underline(U)
overline(O)
Color(C) : #000

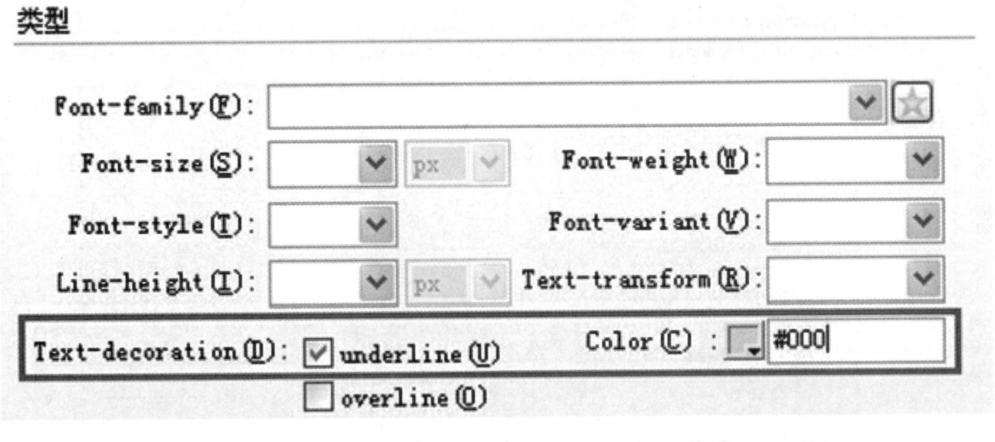

图 16-54　设置对话框

❷选择【CSS 面板】中的“新建 CSS 规则”按钮，弹出“新建 CSS 规则”对话框，如图 16-55 所示，设置参数如图 16-54 所示。

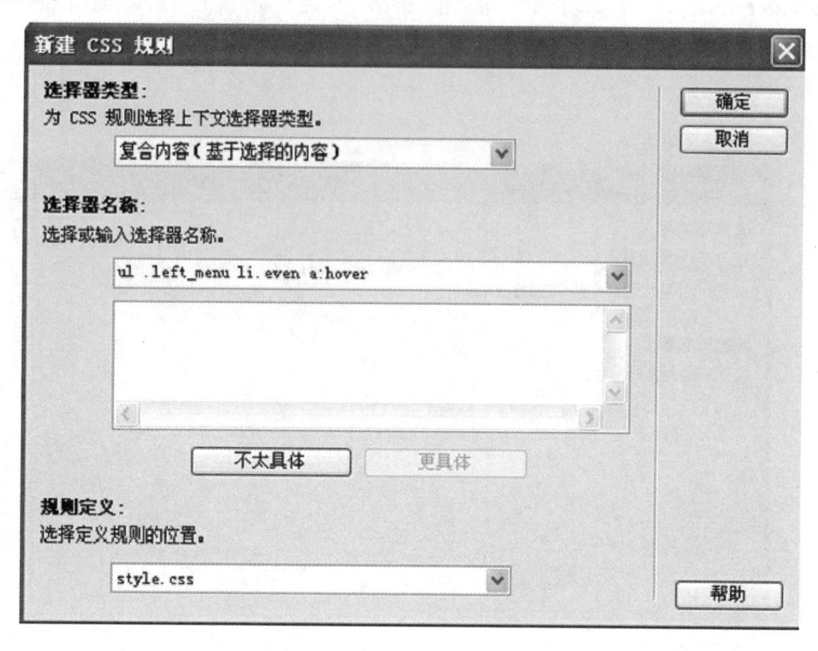

图 16-55　新建 CSS 规则对话框

❸在【代码视图】中选中 border 标签，选择【CSS 面板】中的“新建 CSS 规则”按钮，弹出“新建 CSS 规则”对话框，如图 16-56 所示，设置参数如图 16-57 所示。

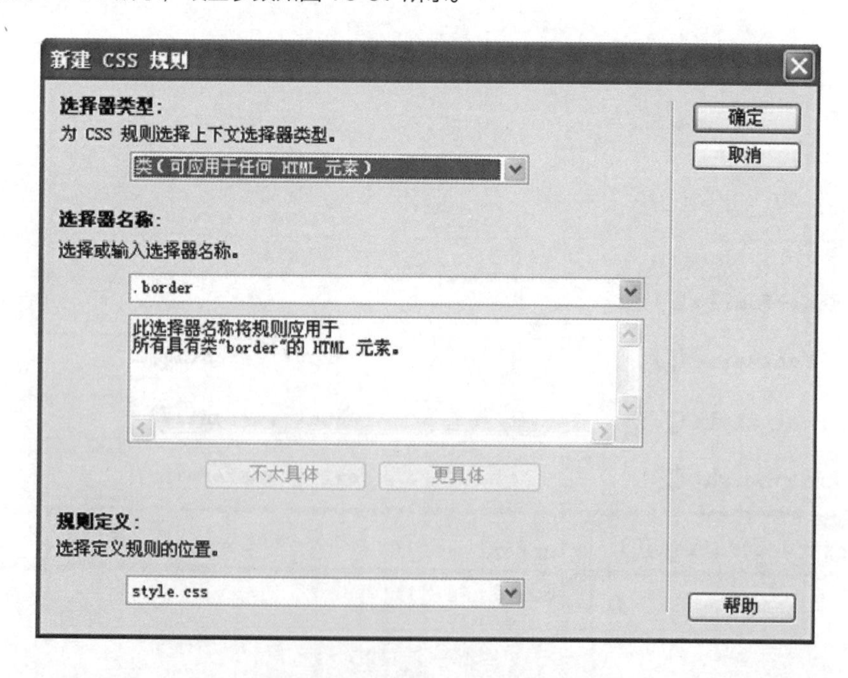

图 16-56　新建 CSS 规则对话框

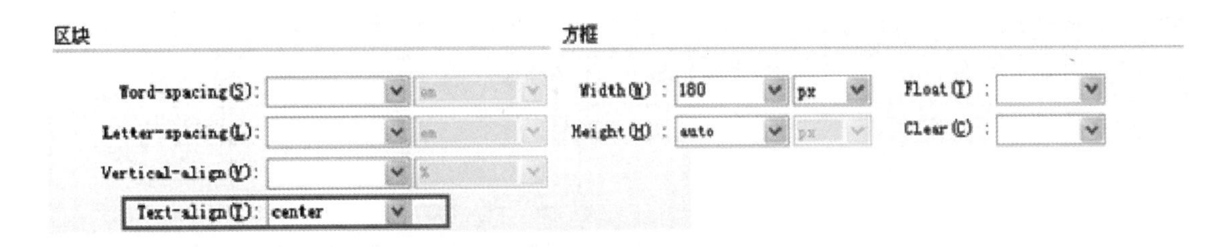

图 16-57　设置对话框

❹在【代码视图】中选中 product_title 标签，选择【CSS 面板】中的“新建 CSS 规则”按钮，弹出“新建 CSS 规则”对话框，如图 16-58 所示，设置参数如图 16-59 所示。

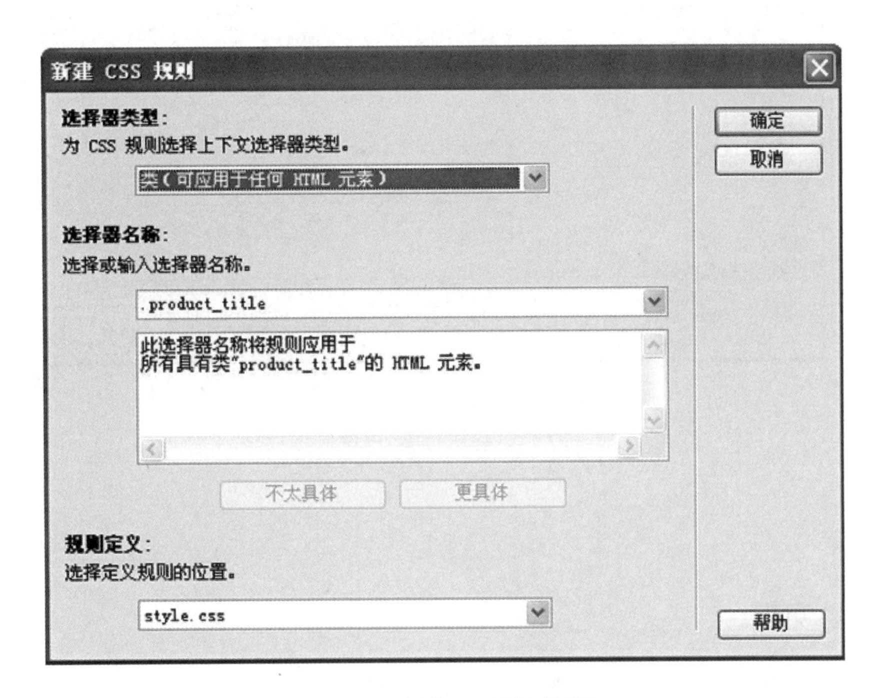

图 16-58　新建 CSS 规则对话框

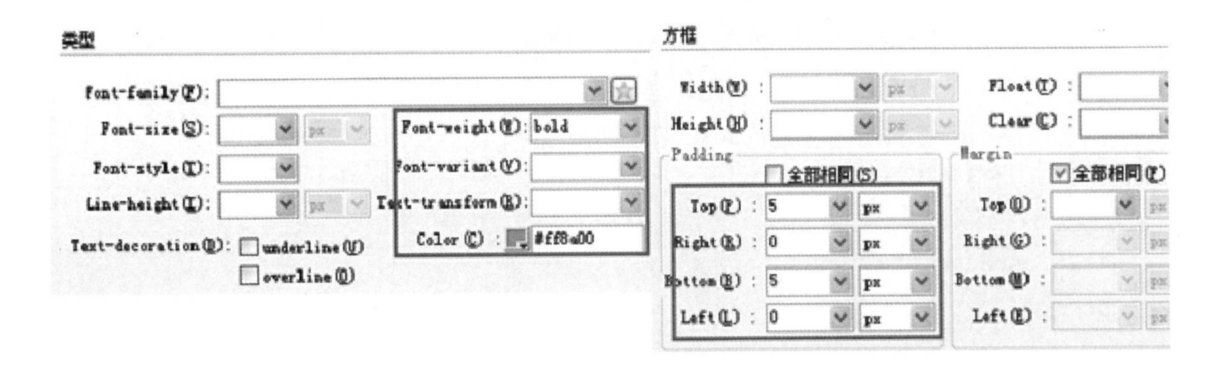

图 16-59　设置对话框

❺在【代码视图】中选中 product_img 标签，选择【CSS 面板】中的“新建 CSS 规则”按钮，弹出“新建 CSS 规则”对话框，如图 16-60 所示，设置参数如图 16-61 所示。

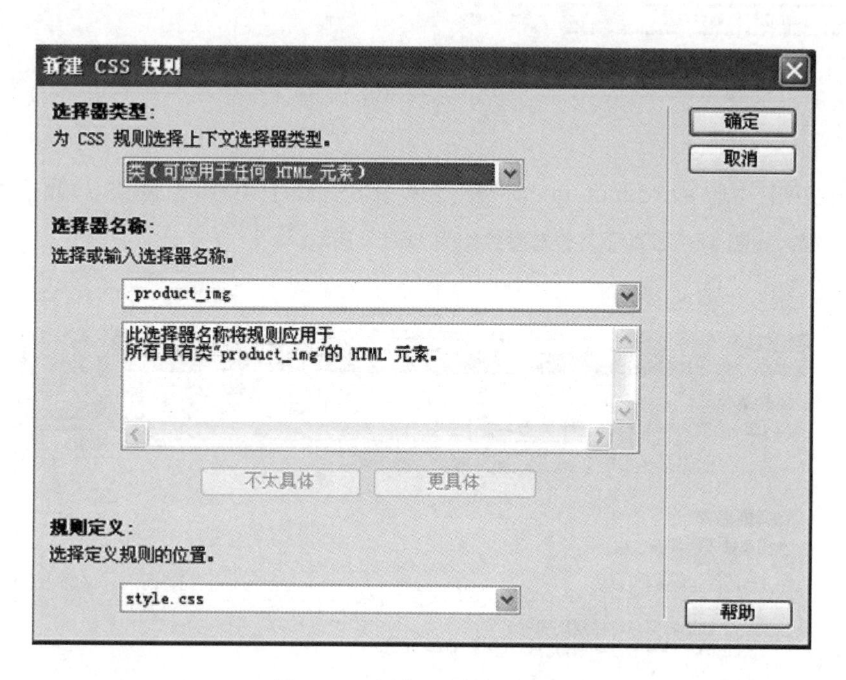

图 16-60　新建 CSS 规则对话框

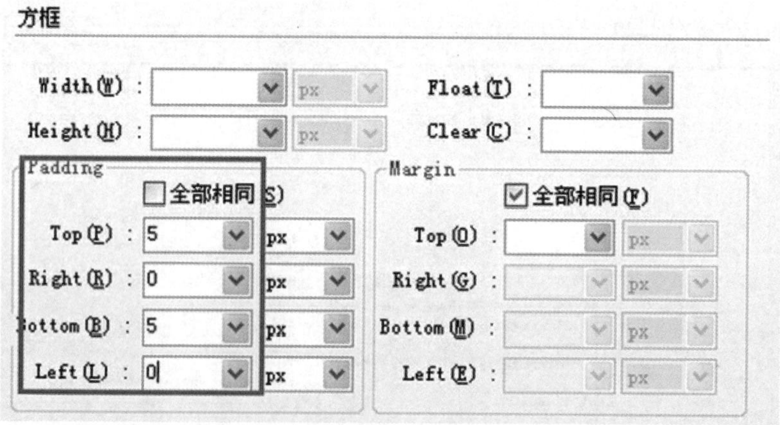

图 16-61　设置对话框

❻在【代码视图】中选中 product_price 标签，选择【CSS 面板】中的“新建 CSS 规则”按钮，弹出“新建 CSS 规则”对话框，如图 16-62 所示，设置参数如图 16-63 所示。

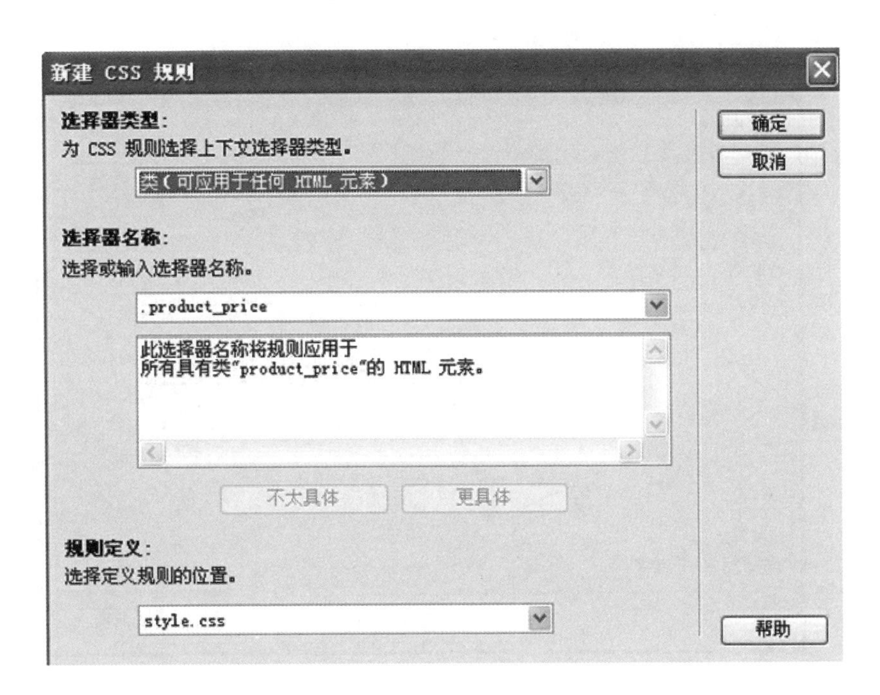

图 16-62　新建 CSS 规则对话框

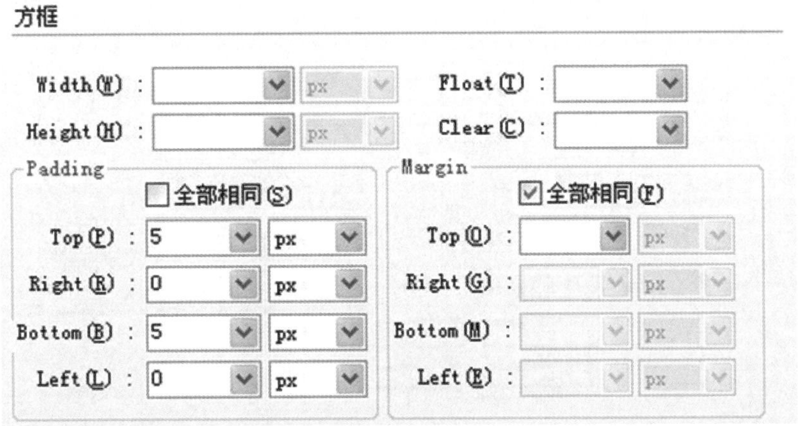

方框

Width(W)：　px　Float(T)：
Height(H)：　px　Clear(C)：

Padding　☐全部相同(S)
Top(P)：5 px
Right(R)：0 px
Bottom(B)：5 px
Left(L)：0 px

Margin　☑全部相同(F)
Top(O)：　px
Right(G)：　px
Bottom(M)：　px
Left(E)：　px

图 16-63　设置对话框

❼在【代码视图】中选中 reduce 标签，选择【CSS 面板】中的“新建 CSS 规则”按钮，弹出“新建 CSS 规则”对话框，如图 16-64 所示，设置参数如图 16-65 所示。

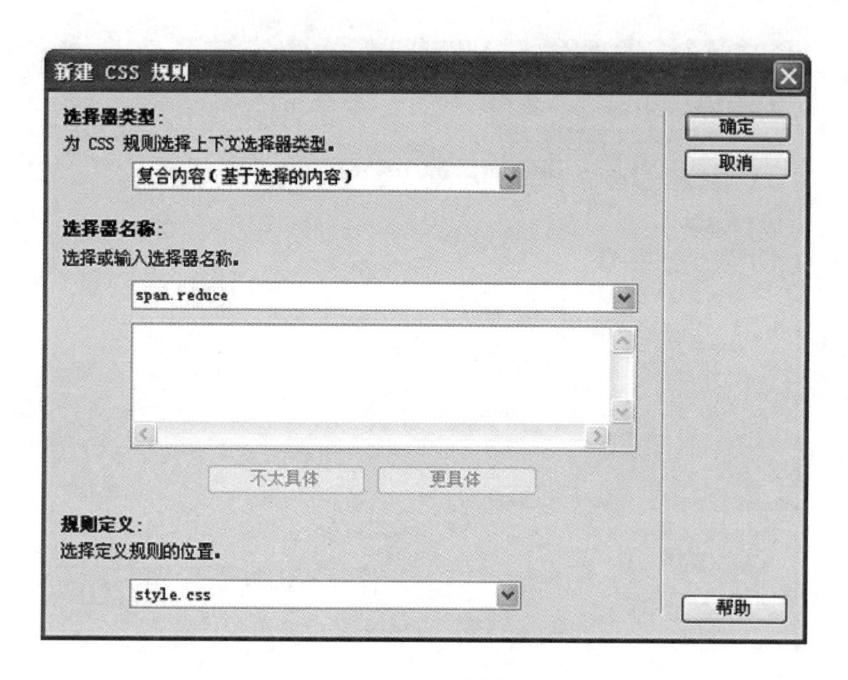

图 16-64　新建 CSS 规则对话框

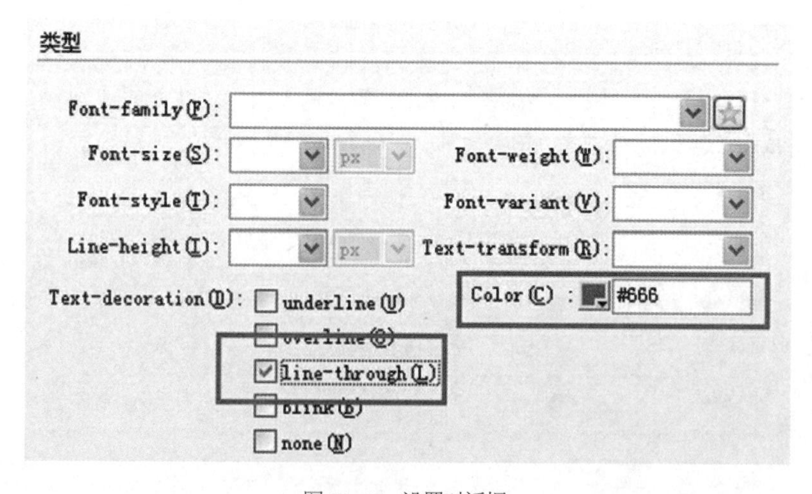

图 16-65　设置对话框

❽在【代码视图】中选中 price 标签，选择【CSS 面板】中的“新建 CSS 规则”按钮，弹出“新建 CSS 规则”对话框，如图 16-66 所示，设置参数如图 16-67 所示。

新建 CSS 规则
选择器类型:
为 CSS 规则选择上下文选择器类型。
复合内容（基于选择的内容）
选择器名称:
选择或输入选择器名称。
span.price
不太具体
更具体
规则定义:
选择定义规则的位置。
style.css
确定
取消
帮助

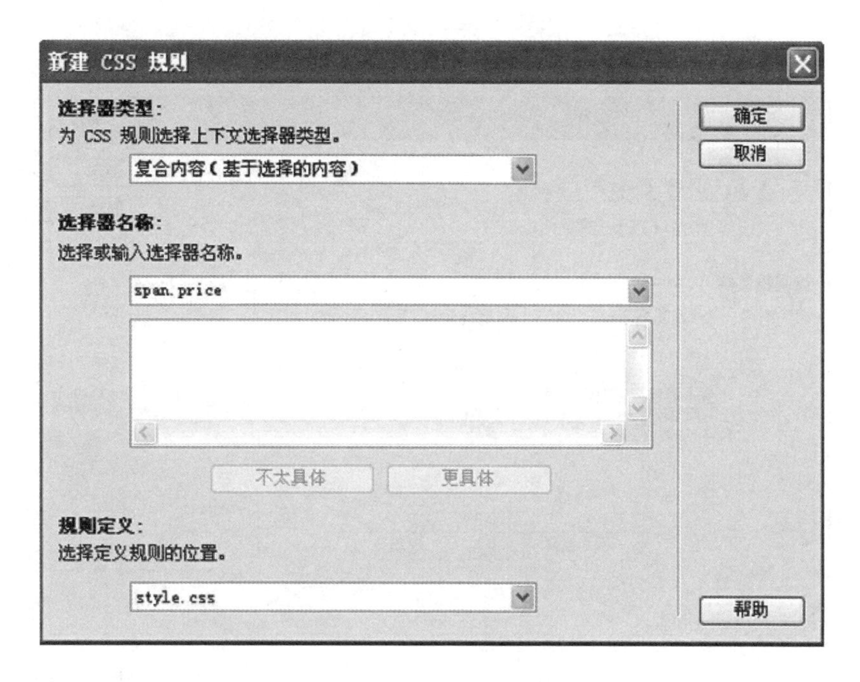

图 16-66　新建 CSS 规则对话框

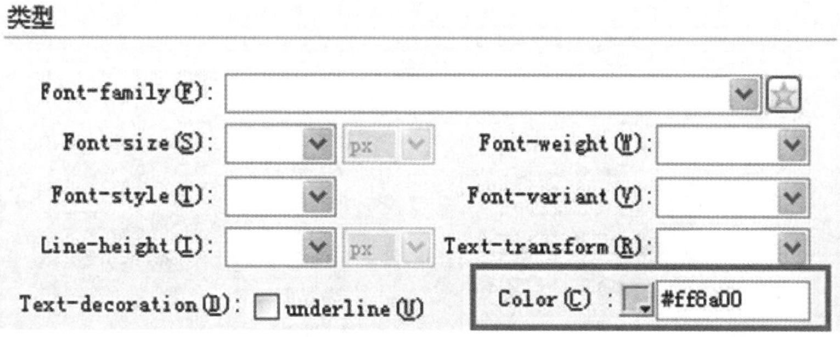

类型
Font-family(F):
Font-size(S):
px
Font-weight(W):
Font-style(T):
Font-variant(V):
Line-height(I):
px
Text-transform(R):
Text-decoration(D):
underline(U)
Color(C):
#ff8a00

图 16-67　设置对话框

接下来设置产品标题超链接的样式。

❶在【代码视图】中选中product_title标签后的a标签，选择【CSS面板】中的“新建CSS规则”按钮，弹出“新建CSS规则”对话框，如图16-68所示，设置参数如图16-69所示。

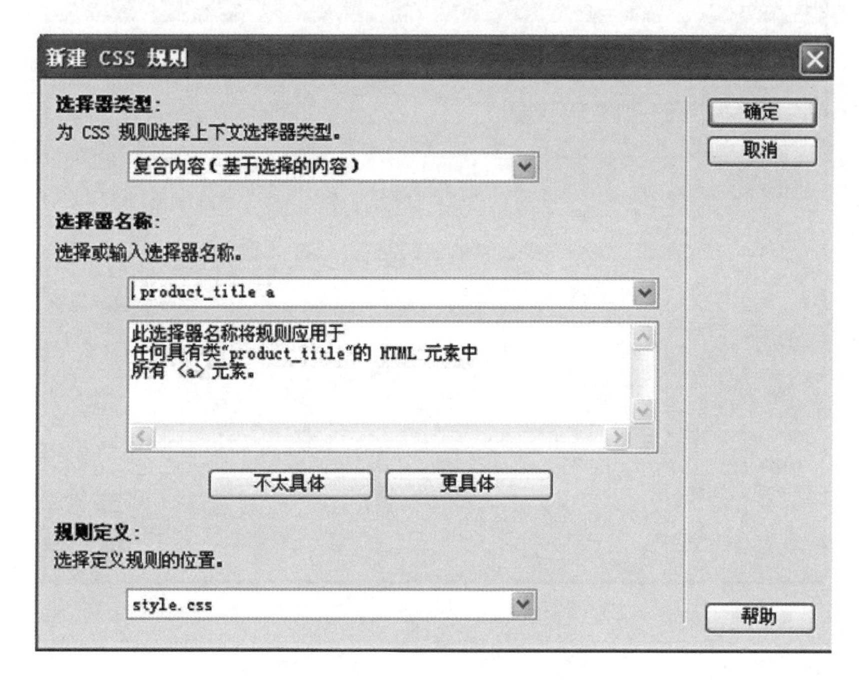

图 16-68 新建 CSS 规则对话框

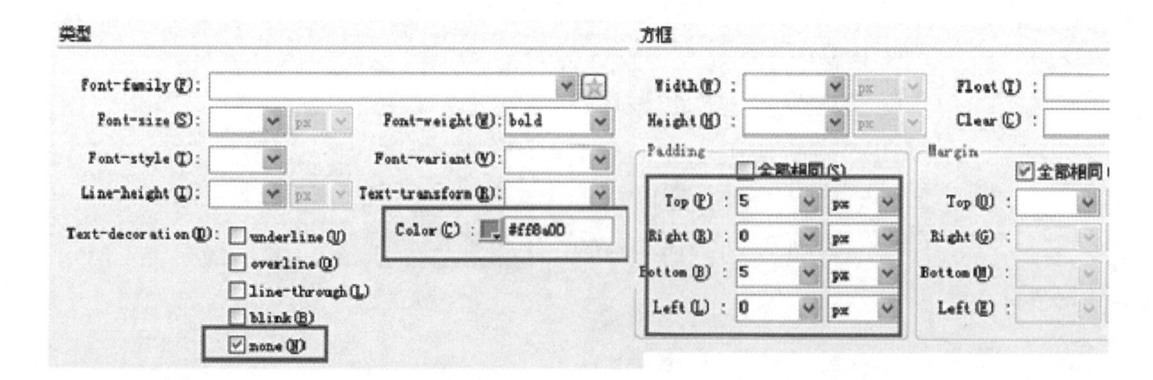

图 16-69 设置对话框

❷选择【CSS 面板】中的“新建 CSS 规则”按钮，弹出“新建 CSS 规则”对话框，如图 16-70 所示，设置参数如图 16-71 所示。

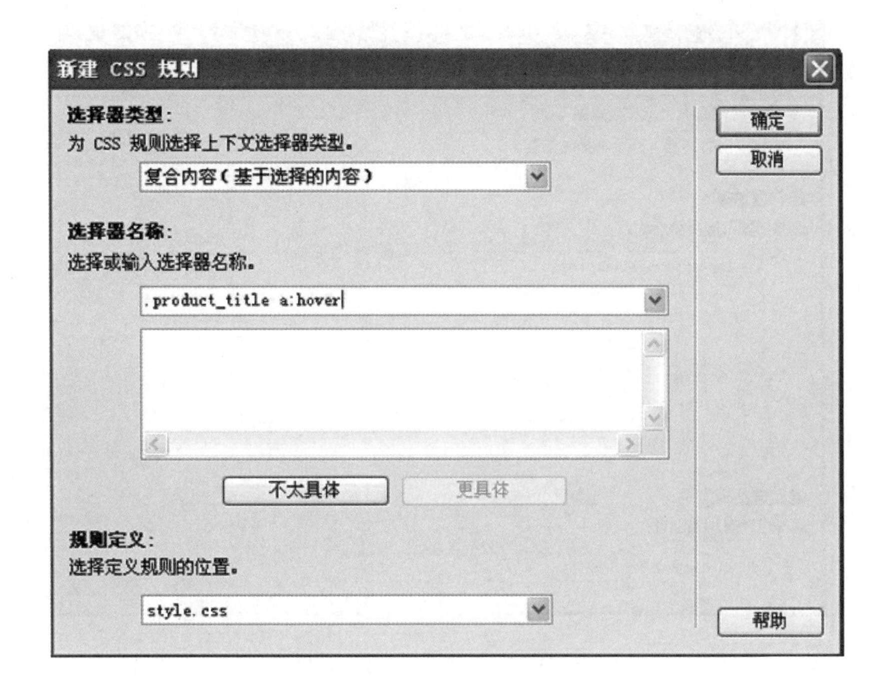

图 16-70　新建 CSS 规则对话框

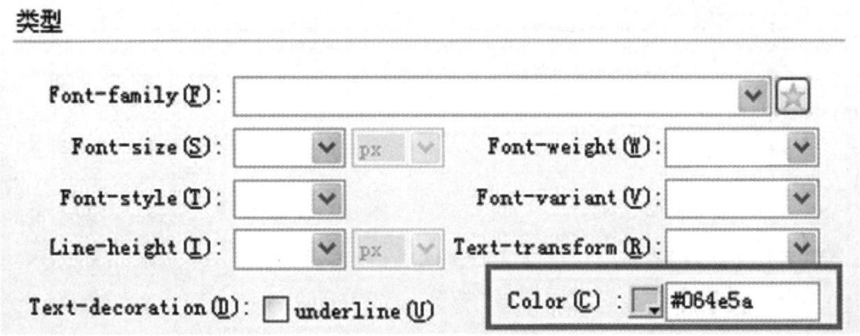

图 16-71　设置对话框

接下来设置订阅表单中输入框的 CSS 规则。

❶在【代码视图】中选中 input 标签，选择【CSS 面板】中的“新建 CSS 规则”按钮，弹出“新建 CSS 规则”对话框，如图 16-72 所示，设置参数如图 16-73 所示。

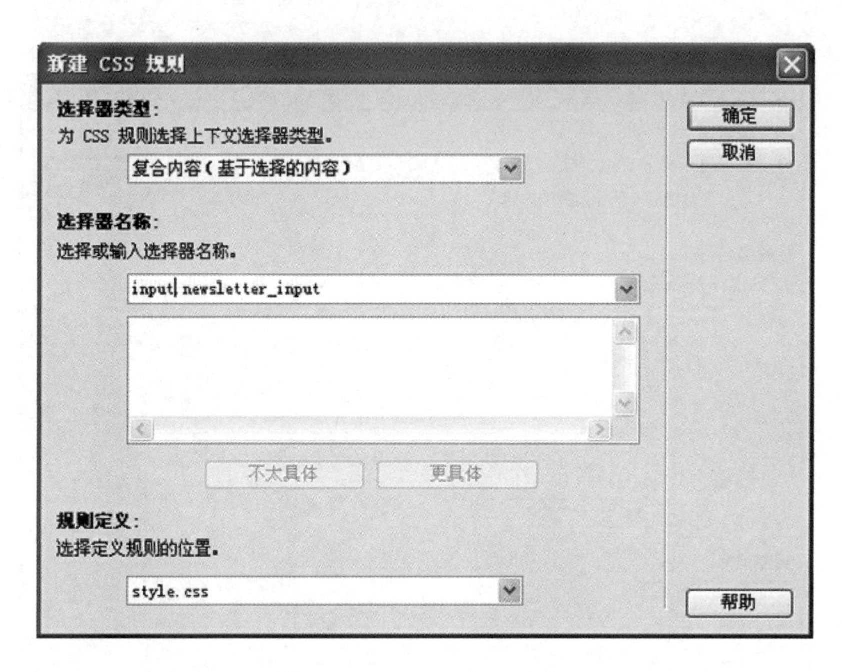

图 16-72　新建 CSS 规则对话框

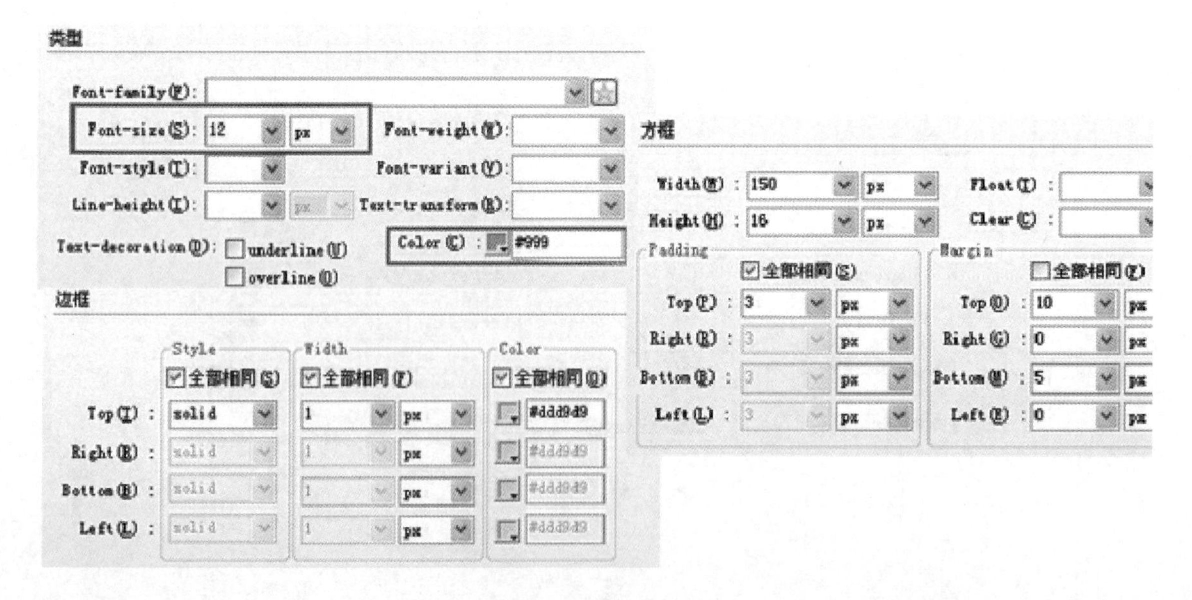

图 16-73　设置对话框

❷在【代码视图】中选中 join 标签，选择【CSS 面板】中的“新建 CSS 规则”按钮，弹出“新建 CSS 规则”对话框，如图 16-74 所示，设置参数如图 16-75 所示。

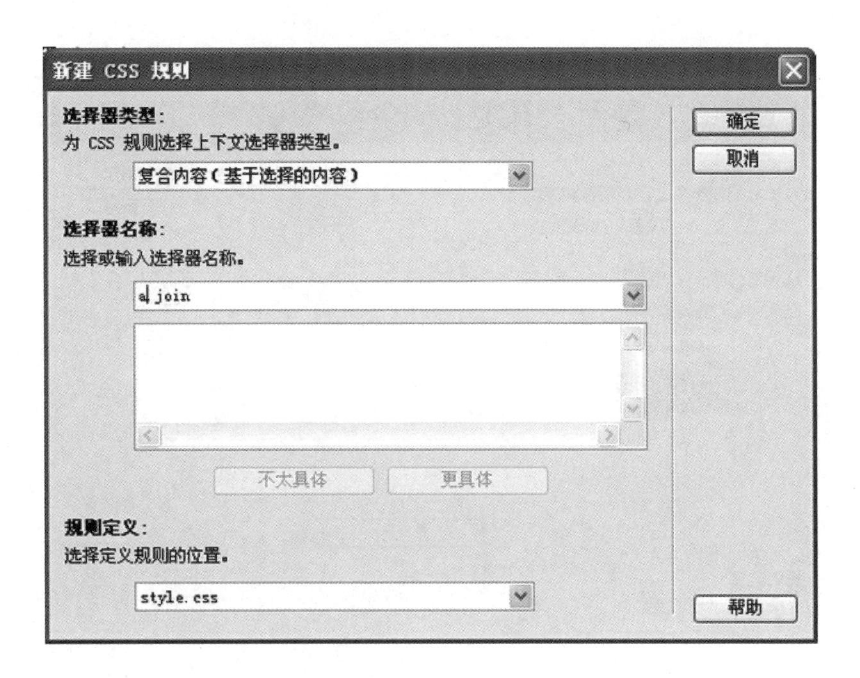

图 16-74　新建 CSS 规则对话框

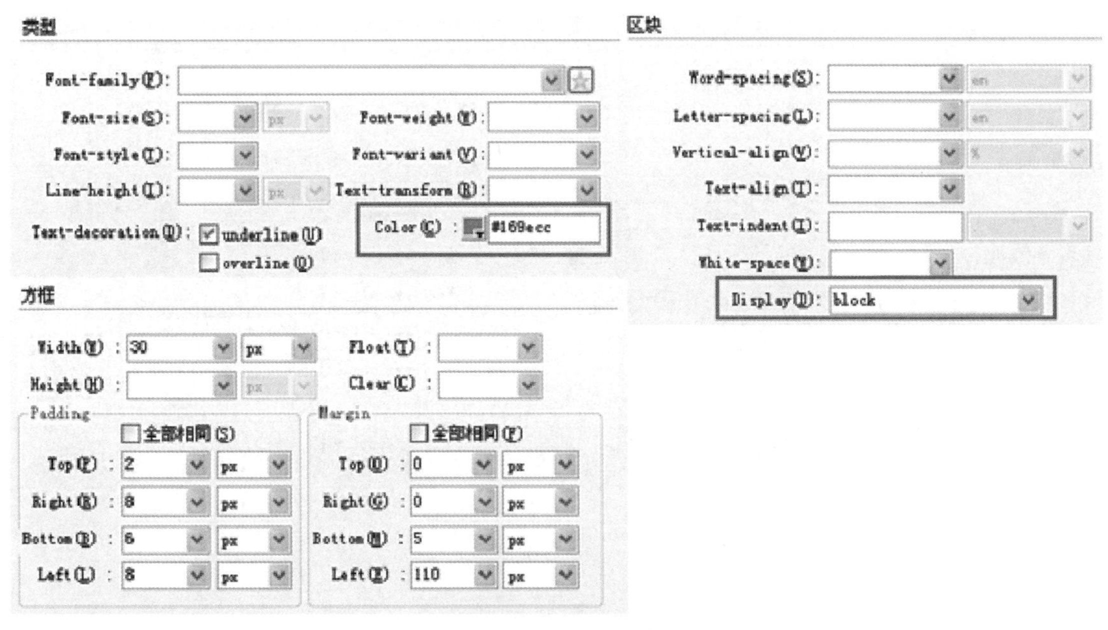

图 16-75　设置对话框

接下来设置 subbanner 的 CSS 样式。

在【代码视图】中选中 subbanner 标签，选择【CSS 面板】中的“新建 CSS 规则”按钮，弹出“新建 CSS 规则”对话框，如图 16-76 所示，设置参数如图 16-77 所示。

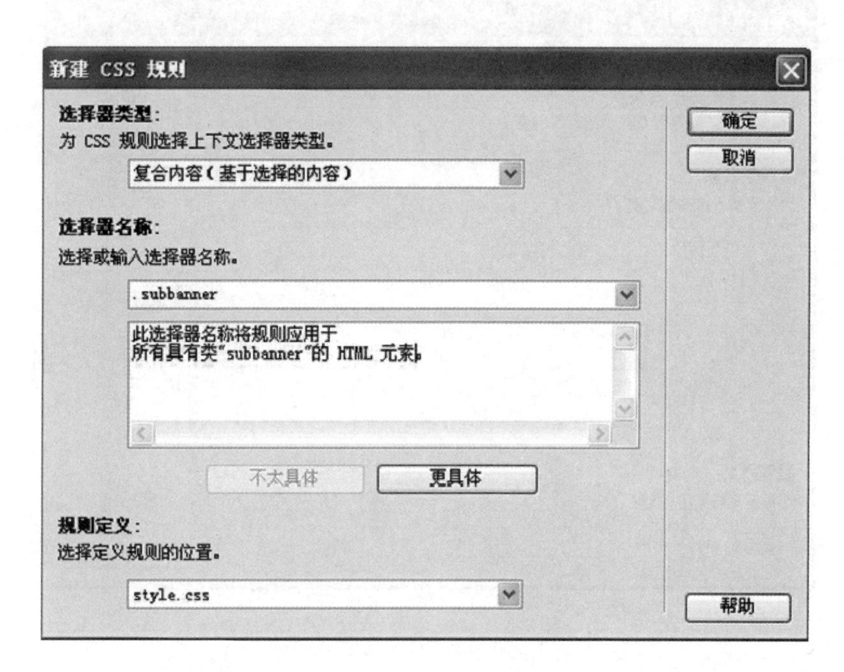

图 16-76　新建 CSS 规则对话框

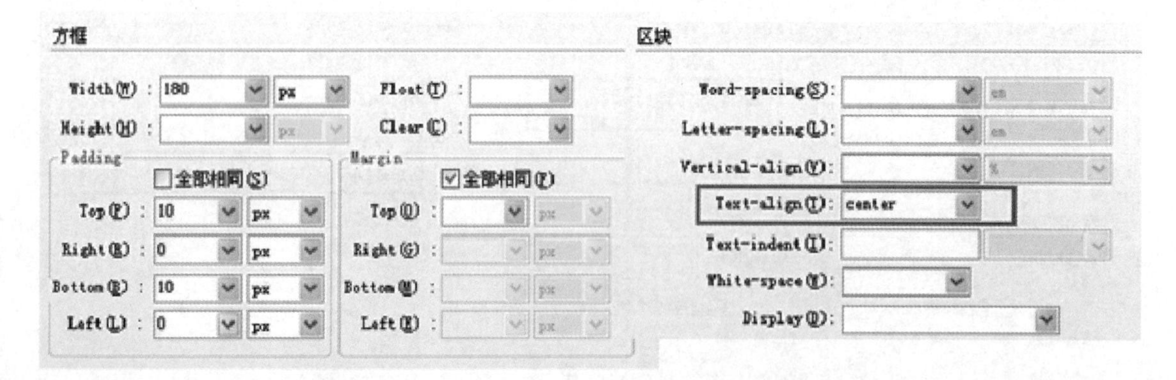

图 16-77　设置对话框

16.4 主体区域的样式设置

该内容被放置在名为 center_content 的 Div 容器中，用来展示最新产品和热卖的产品。

❶在【代码视图】中选中 center_content 标签，选择【CSS 面板】中的“新建 CSS 规则”按钮，弹出“新建 CSS 规则”对话框，如图 16-78 所示，设置参数如图 16-79 所示。

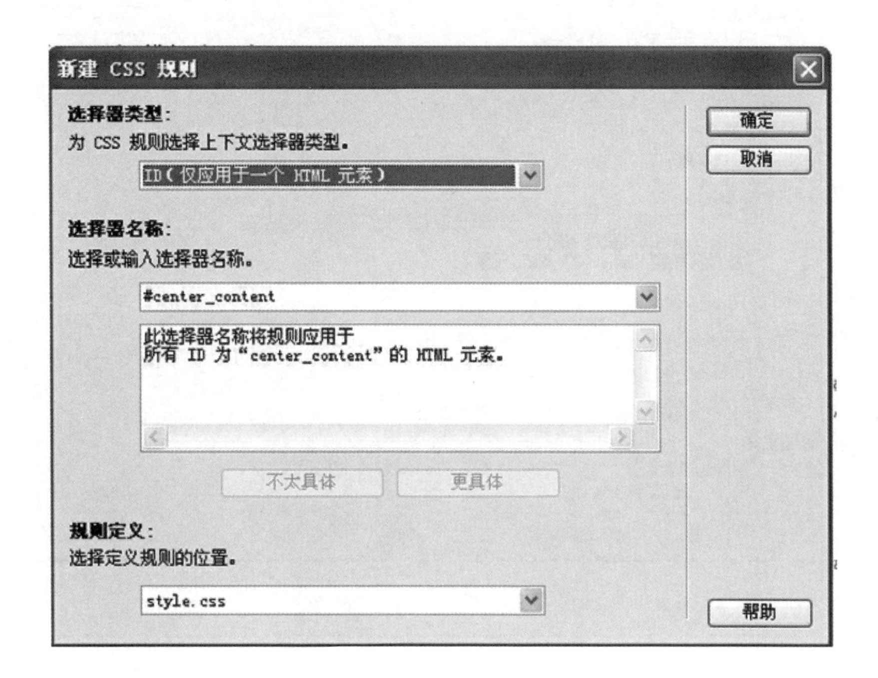

图 16-78　新建 CSS 规则对话框

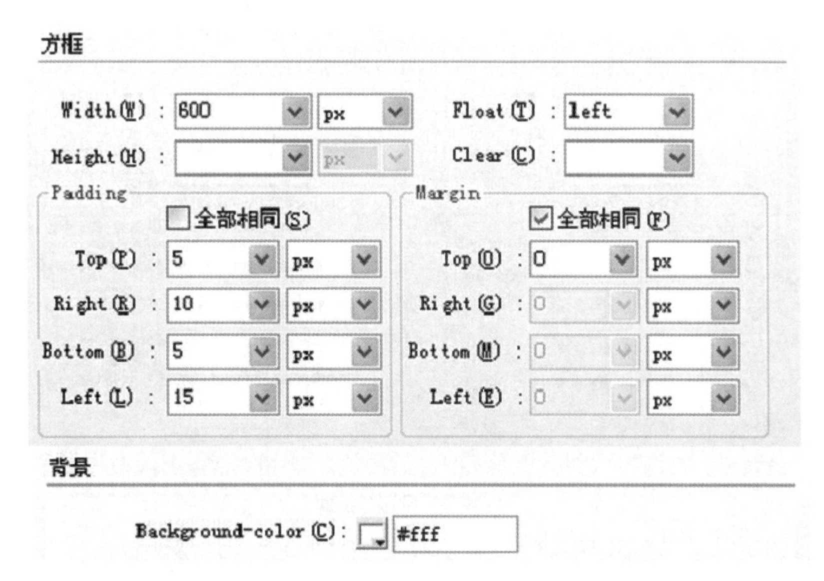

图 16-79　设置对话框

❷在【代码视图】中选中 banner 标签，选择【CSS 面板】中的“新建 CSS 规则”按钮，弹出“新建 CSS 规则”对话框，如图 16-80 所示，设置参数如图 16-81 所示。

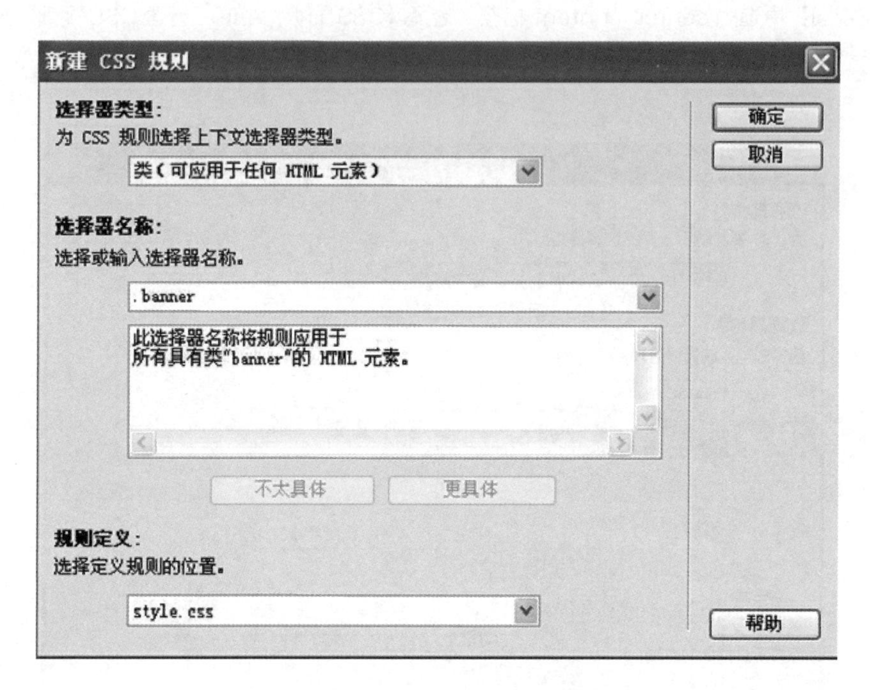

图 16-80 新建 CSS 规则对话框

方框
Width(W) : 585 px
Height(H) : 156 px
Float(T) : left
Clear(C) :
Padding
全部相同(S)
Top(P) : 0 px
Right(R) : 0 px
Bottom(B) : 0 px
Left(L) : 0 px
Margin
全部相同(F)
Top(O) : 0 px
Right(G) : 0 px
Bottom(M) : 5 px
Left(E) : 0 px

背景
Background-color(C):
Background-image(I): slider_bg.jpg
Background-repeat(R): no-repeat
Background-attachment(T):
Background-position (X): center px
Background-position (Y): center px

图 16-81 设置对话框

❸在【代码视图】中选中 center_title_bar，选择【CSS 面板】中的“新建 CSS 规则”按钮，弹出“新建 CSS 规则”对话框，如图 16-82 所示，设置参数如图 16-83 所示。

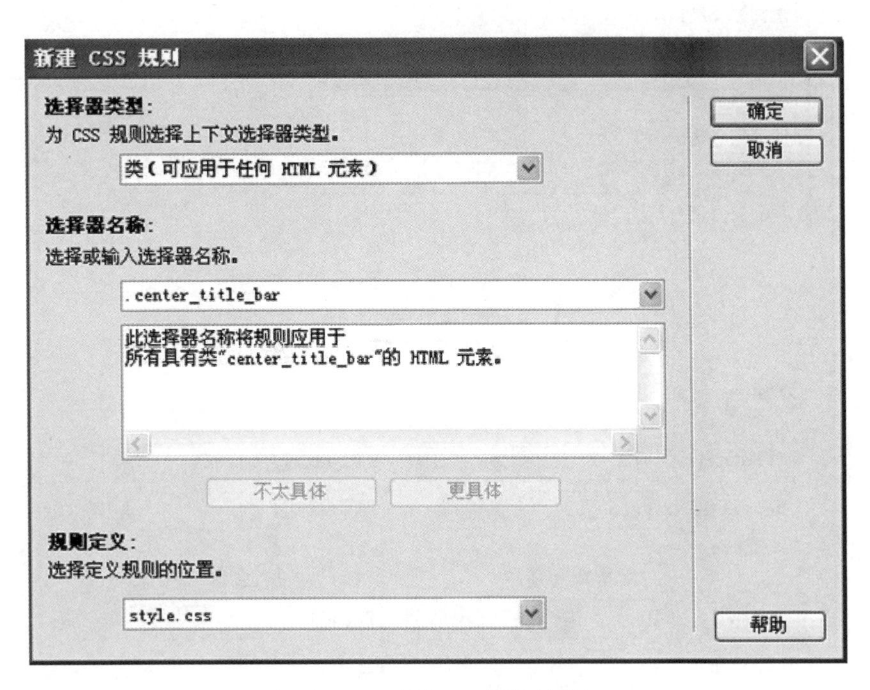

图 16-82　新建 CSS 规则对话框

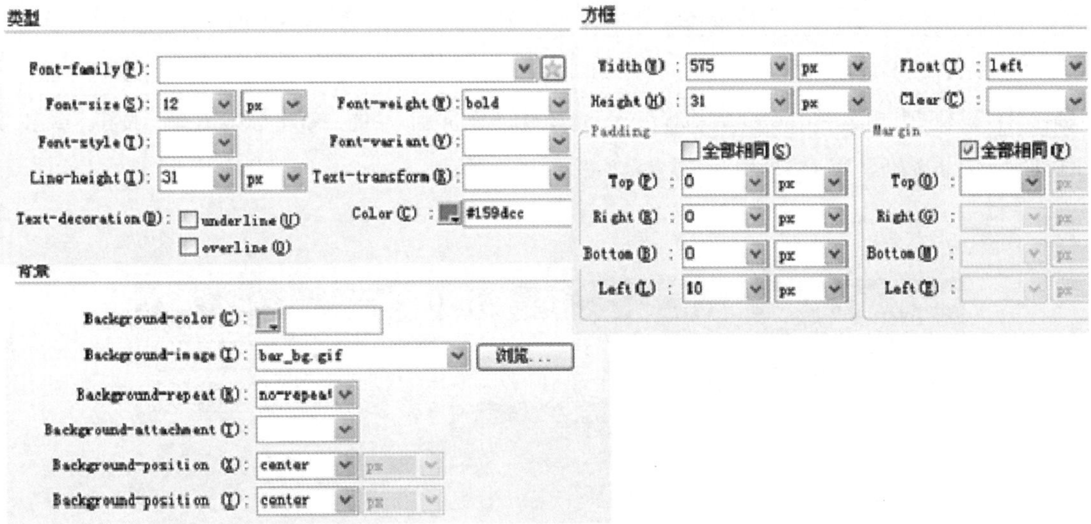

图 16-83　设置对话框

❹在【代码视图】中选中 exhibition，选择【CSS 面板】中的“新建 CSS 规则”按钮，弹出“新建 CSS 规则”对话框，如图 16-84 所示，设置参数如图 16-85 所示。

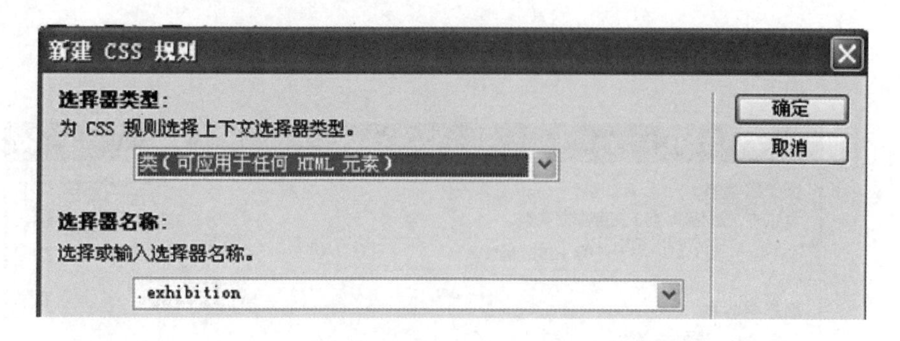

图 16-84　新建 CSS 规则对话框

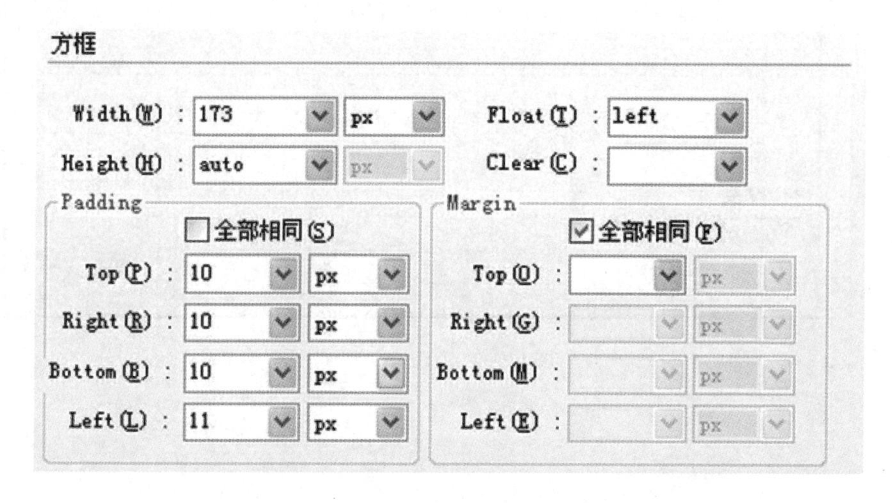

图 16-85　设置对话框

❺在【代码视图】中选中 center_exhibition，选择【CSS 面板】中的“新建 CSS 规则”按钮，弹出“新建 CSS 规则”对话框，如图 16-86 所示，设置参数如图 16-87 所示。

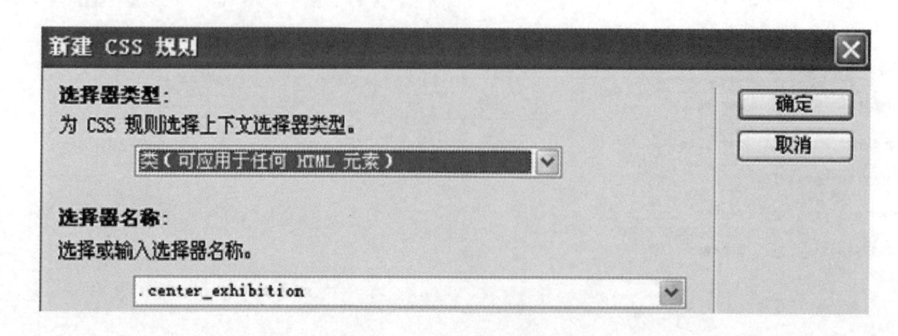

图 16-86　新建 CSS 规则对话框

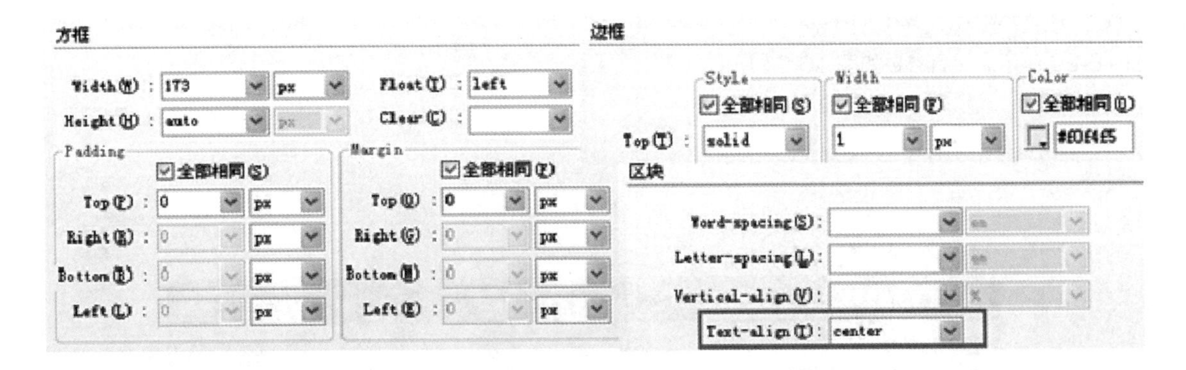

图 16-87　设置对话框

❻在【代码视图】中选中 product_details_tab，选择【CSS 面板】中的“新建 CSS 规则”按钮，弹出“新建 CSS 规则”对话框，如图 16-88 所示，设置参数如图 16-89 所示。

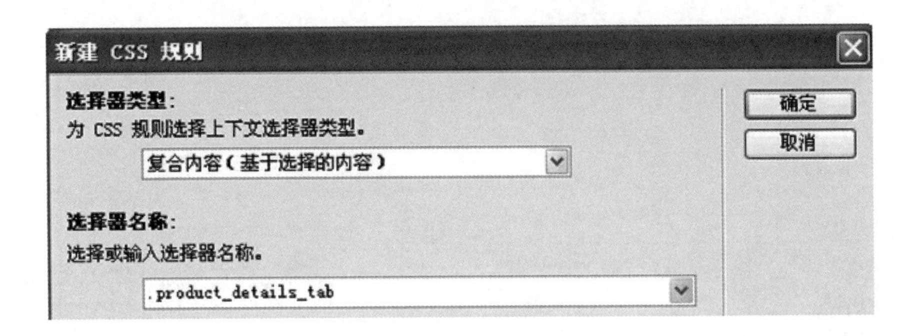

图 16-88　新建 CSS 规则对话框

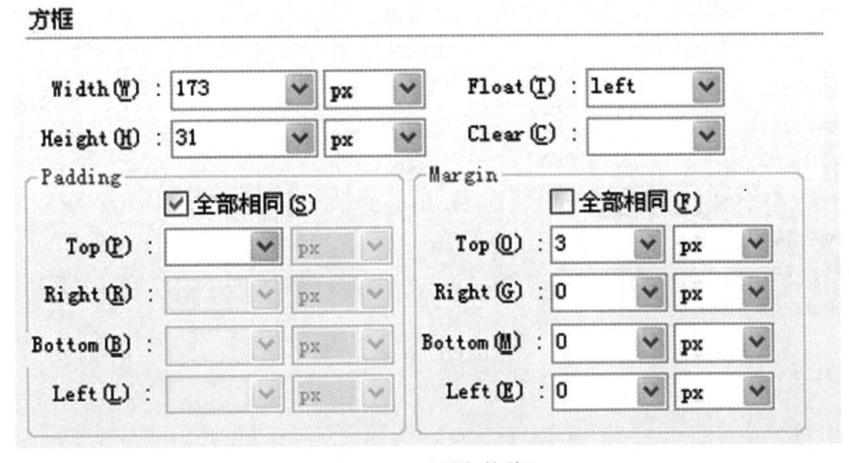

图 16-89　设置对话框

❼在【代码视图】中选中 buy，选择【CSS 面板】中的“新建 CSS 规则”按钮，弹出“新建 CSS 规则”对话框，如图 16-90 所示，设置参数如图 16-91 所示。

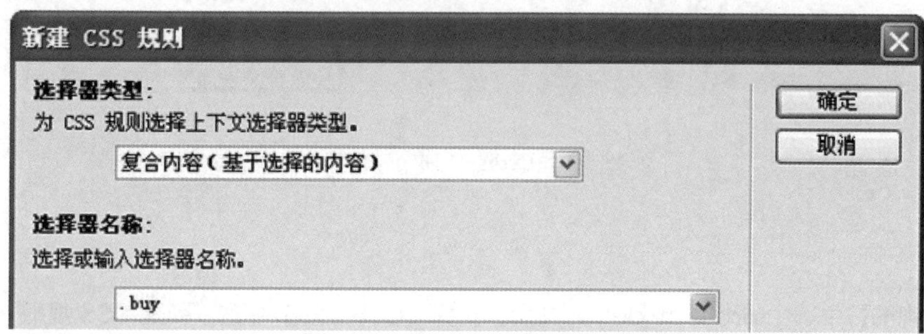

图 16-90　新建 CSS 规则对话框

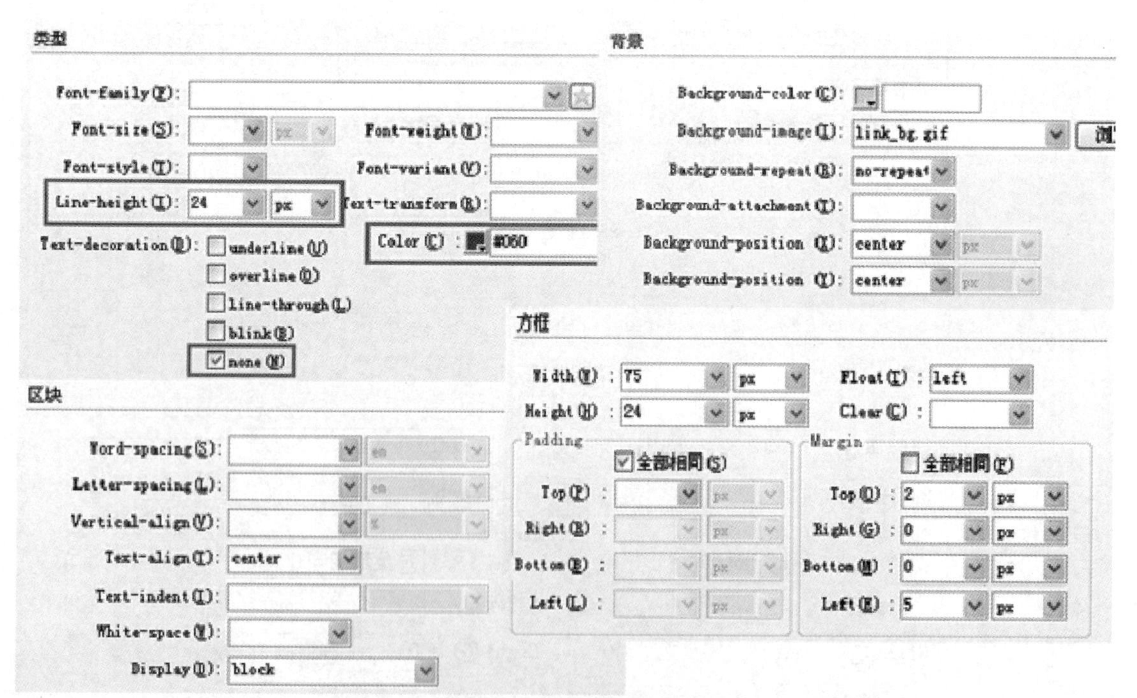

图 16-91　设置对话框

❽在【代码视图】中选中 details，选择【CSS 面板】中的 “新建 CSS 规则” 按钮，弹出 “新建 CSS 规则” 对话框，如图 16-92 所示，设置参数如图 16-93 所示。

图 16−92　新建 CSS 规则对话框

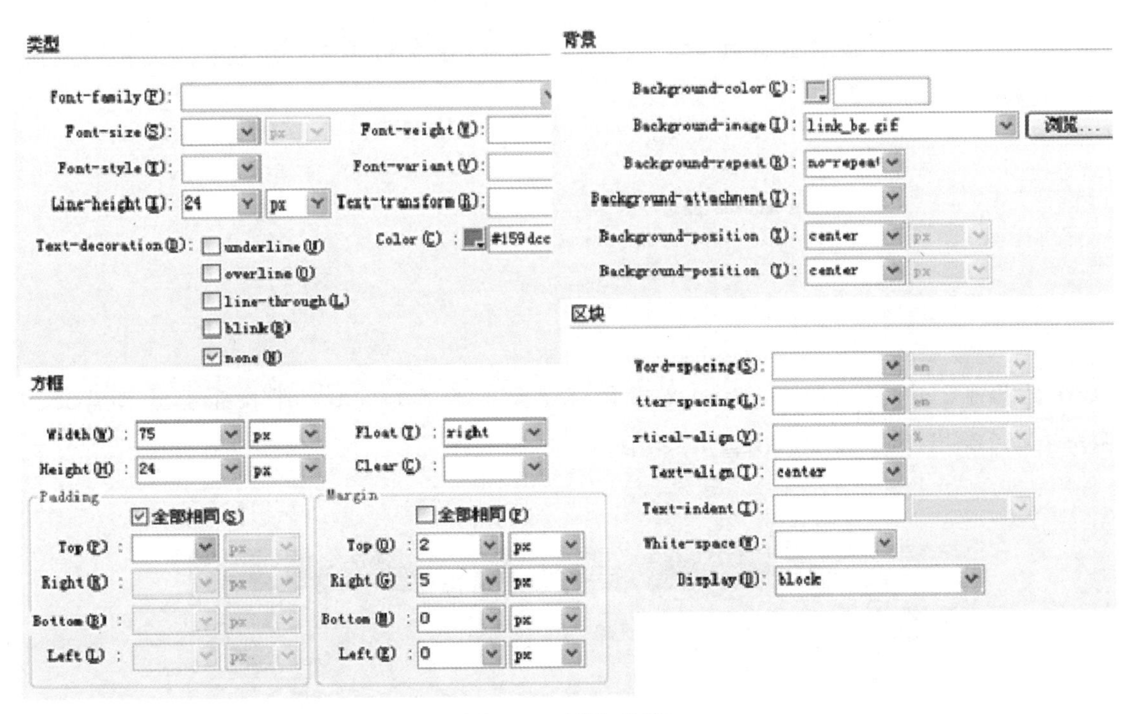

图 16−93　设置对话框

16.5 右侧区域制作

该部分内容被放置在名为 right_content 的 Div 容器中，用来显示商品搜索、购物车、用户问题等信息。

❶在【代码视图】中选中 right_content，选择【CSS 面板】中的“新建 CSS 规则”按钮，弹出“新建 CSS 规则”对话框，如图 16-94 所示，设置参数如图 16-95 所示。

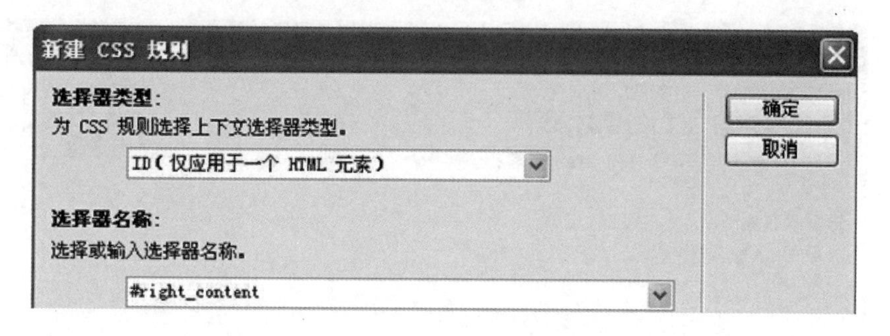

图 16-94 新建 CSS 规则对话框

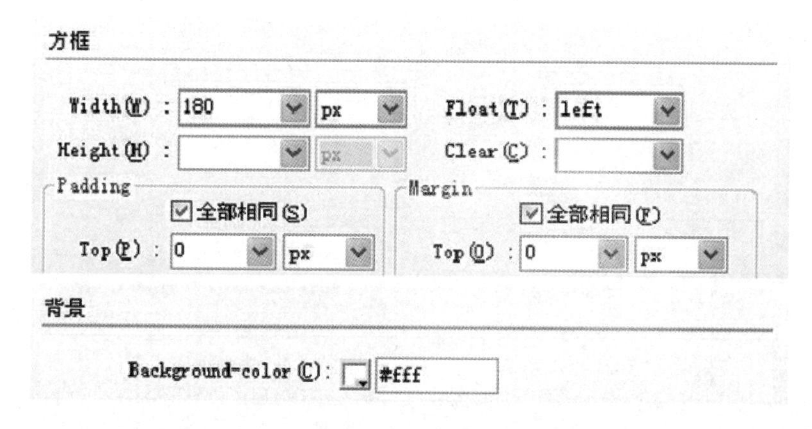

图 16-95 设置对话框

❷在【代码视图】中选中 shopping_cart，选择【CSS 面板】中的“新建 CSS 规则”按钮，弹出“新建 CSS 规则”对话框，如图 16-96 所示，设置参数如图 16-97 所示。

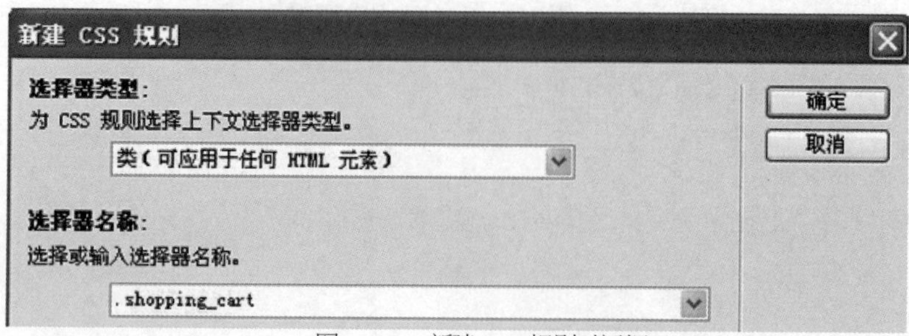

图 16-96 新建 CSS 规则对话框

区块

Word-spacing(S): em
Letter-spacing(L): em
Vertical-align(V): %
Text-align(T): center

方框

Width(W) : 180 px　Float(T) :
Height(H) : 84 px　Clear(C) :

图 16-97　设置对话框

❸在【代码视图】中选中 cart_details，选择【CSS 面板】中的“新建 CSS 规则”按钮，弹出“新建 CSS 规则”对话框，如图 16-98 所示，设置参数如图 16-99 所示。

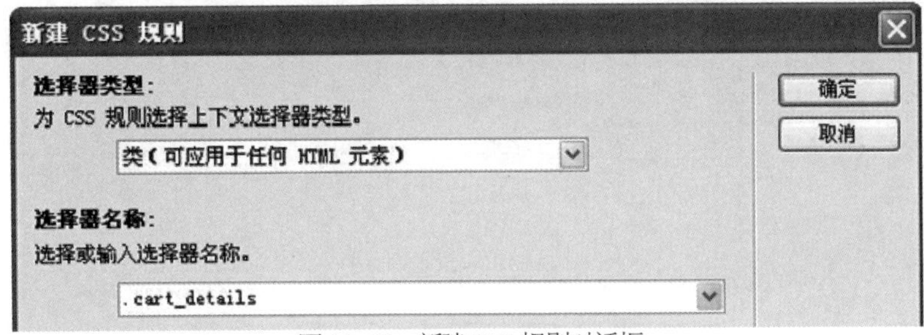

图 16-98　新建 CSS 规则对话框

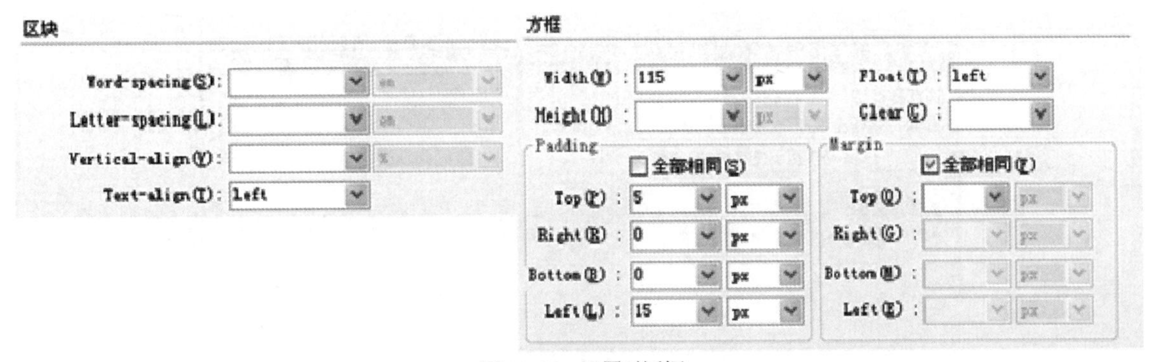

图 16-99　设置对话框

❹在【代码视图】中选中 border_cart，选择【CSS 面板】中的“新建 CSS 规则”按钮，弹出“新建 CSS 规则”对话框，如图 16-100 所示，设置参数如图 16-101 所示。

图 16-100　新建 CSS 规则对话框

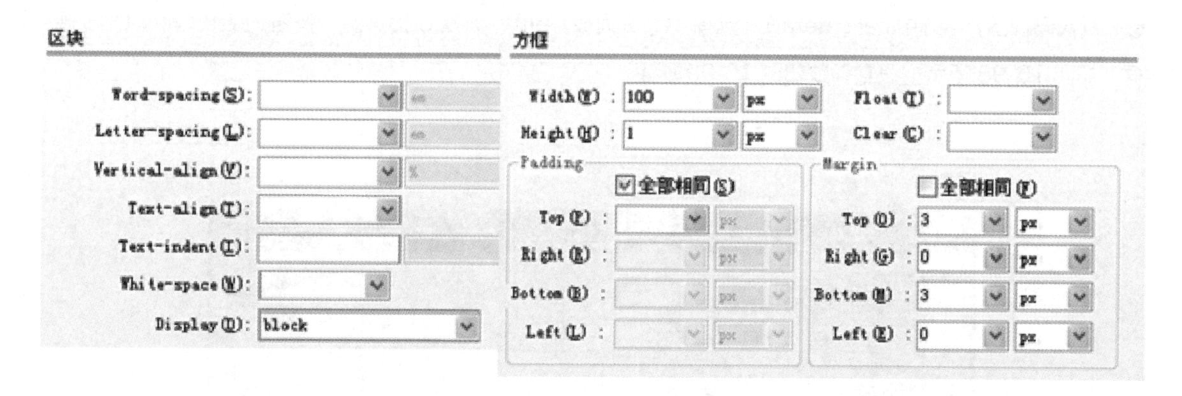

图 16-101　设置对话框

❺在【代码视图】中选中 cart_icon，选择【CSS 面板】中的“新建 CSS 规则”按钮，弹出“新建 CSS 规则”对话框，如图 16-102 所示，设置参数如图 16-103 所示。

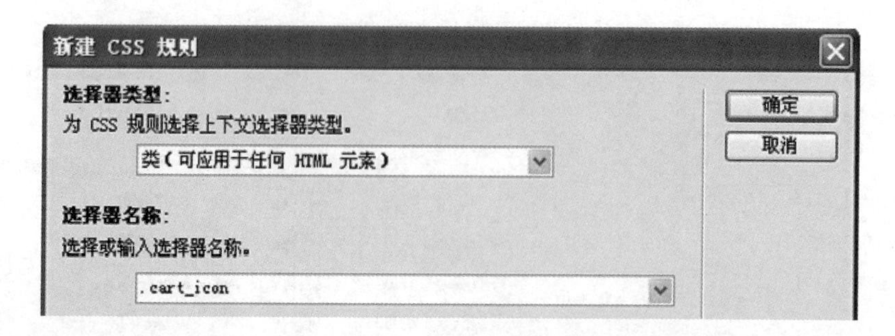

图 16-102　新建 CSS 规则对话框

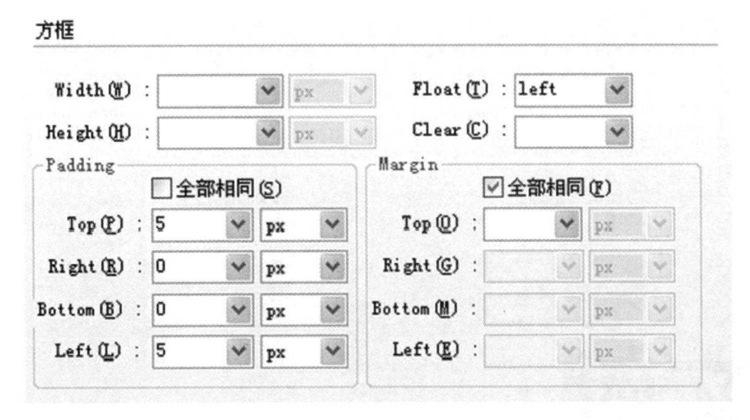

图 16-103　设置对话框

16.6 页面底部区域的设置

在【代码视图】中选中 footer，选择【CSS 面板】中的“新建 CSS 规则”按钮，弹出“新建 CSS 规则”对话框，如图 16-104 所示，设置参数如图 16-105 所示。

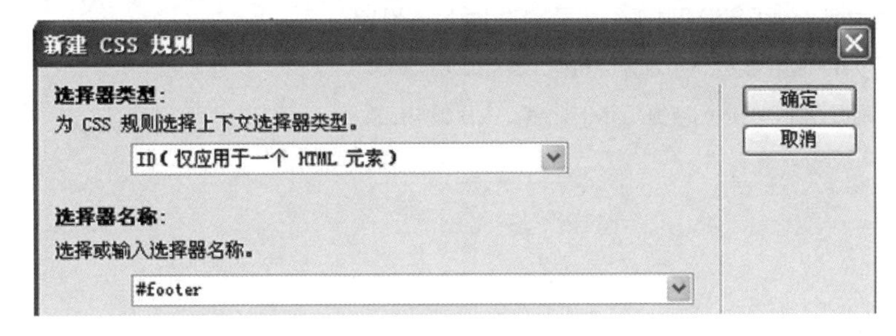

图 16-104　新建 CSS 规则对话框

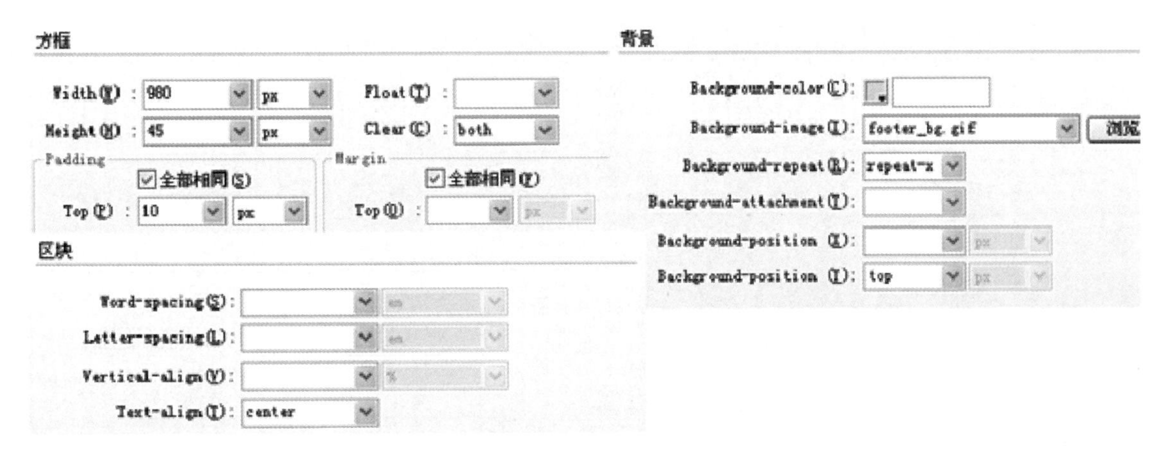

图 16-105　设置对话框

至此，电脑商城首页页面制作完成。

参考文献

1. 贾森・贝尔德 . 完美网页的视觉设计法则 [M]. 石屹译 . 北京：电子工业出版社，2011.

2. 黄玮雯 . 网页界面设计 [M]. 北京：人民邮电出版社，2013.

3. 何琛 . 网页设计与网站建设完全学习手册 [M]. 北京：科学出版社，2011.

4. 刘西杰 . 巧学巧用 DreamweaverCS6[M]. 北京：人民邮电出版社，2013.

5. 刘瑞新，张兵义 . 网页设计和制作教程 [M]. 北京：机械工业出版社，2011.

6. 王维，吴菲，王丽娜 . 网页设计——入门与提高 [M]. 北京：人民邮电出版社，2012.